Michael Eckert · Physik im Schlosspark

Allitera Verlag

MICHAEL ECKERT promovierte an der Technischen Universität München und der Universität Bayreuth in theoretischer Physik. Anschließend war er wissenschaftlicher Mitarbeiter am Deutschen Museum, bevor er einige Jahre als Lektor für Mathematik / Physik / Informatik beim Bayerischen Schulbuchverlag in München arbeitete. Danach wechselte er erneut zum Deutschen Museum. Mittlerweile ist er Senior Researcher am dortigen Forschungsinstitut. Sein Thema »Physik im Schlosspark« war Teil der Vortragsreihe »Wissenschaft für Jedermann«.

MICHAEL ECKERT

PHYSIK IM SCHLOSSPARK

DER LUSTGARTEN ALS SCHAUPLATZ NEUER TECHNIK

SCHLOSS NYMPHENBURG · VERSAILLES · SANSSOUCI

Originalausgabe Februar 2020
Allitera Verlag
Ein Verlag der Buch&media GmbH München

Redaktion: Dietlind Pedarnig
Layout und Satz: Johanna Conrad
Umschlaggestaltung: Franziska Gumpp
Gesetzt aus der Futura
Umschlagvorderseite: Schloss Nymphenburg
Printed in Europe · ISBN 978-3-96233-114-6
Allitera Verlag
Merianstraße 24 · 80637 München
Fon 089 13929046 · Mail info@allitera.de
www.allitera.de

INHALT

VORWORT

Mit den Lustgärten von Fürstenpalästen und Königsschlössern assoziieren wir in erster Linie künstlerische Meisterleistungen vergangener Epochen. Die Parkanlage der Villa d'Este bei Rom – seit 2001 Weltkulturerbe – bietet ihren Besuchern mit Hunderten von Brunnen, Grotten und Wasserspielen einen grandiosen Eindruck italienischer Renaissancekunst. Der 1620 angelegte Heidelberger Schlosspark erschien den Zeitgenossen als achtes Weltwunder (er wurde im Dreißigjährigen Krieg weitgehend zerstört, sodass nur noch Kupferstiche in alten Büchern von seiner Pracht künden). In Versailles ließ der Sonnenkönig um sein Schloss einen Park anlegen, der mit seinen geometrisch angeordneten Pavillons, Bassins, Fontänen und reich dekorierten Brunnen zum Vorbild barocker Gartenkunst in ganz Europa wurde. An der Schwelle zum neunzehnten Jahrhundert wurden Schlossgärten oft kunstvoll in natürlich anmutende Landschaften umgestaltet. In der Gartenkunst hat sich dafür der Begriff des englischen Parks im Gegensatz zum Barockgarten eingebürgert.

Gemeinsam ist all diesen Parkanlagen, dass sie wie die Schlösser und Paläste in ihrem Zentrum die Kunst der verschiedenen Epochen zur Schau stellen. Die von ausgewiesenen Kunsthistorikern verfassten Schlossführer geben Aufschluss über die Maler, Bildhauer und Architekten, die Gartenpavillons ausgestaltet, Brunnen mit Statuen versehen und auf andere Art zur Gartenkunst ihrer Zeit beigetragen haben. Von der Technik der hydraulischen Anlagen, die für das Emporschießen der Fontänen in den Bassins nötig war, ist darin keine Rede. Davon sollten auch die Besucher der Lustgärten verschont bleiben. Die technischen Anlagen eines Schlossparks wurden nicht zur Schau gestellt, obwohl darin Meisterleistungen von Ingenieuren und Physikern aus vergangenen Jahrhunderten Gestalt annahmen. Die Dampfmaschine, mit der im 19. Jahrhundert Wasser aus der Havel in ein höher gelegenes Reservoir für die Fontäne im Schlosspark von Sanssouci gepumpt wurde, ist in einem als Moschee getarnten Pumpenhaus untergebracht – mit einem Minarett als Schornstein. Die großen Fontänen vor dem Nymphenburger Schloss in München werden von Pumpen in die Höhe getrieben, die in einem »Dörfchen« und in einem Flügel des Schlosses versteckt sind.

Dieses Buch will den verborgenen Ingenieurleistungen in den Schlossgärten nachspüren. Für den technikinteressierten Besucher sind die hydraulischen Anlagen im Schlosspark nicht weniger Anlass zum Staunen als die barocken Gartendekorationen für den Kunstliebhaber. Sich mit einem solchen Interesse auf den Weg durch einen Schlossgarten zu machen, wird zu einem wissenschafts- und technikhistorischen Spaziergang – von der frühen Neuzeit durch das Zeitalter des Barock und die industrielle Revolution bis heute. Wir begegnen bei diesem Spaziergang Phänomenen, die auch aus dem Blickwinkel der modernen Physik noch rätselhaft sind. Dabei beobachten wir in verschiedenen Schlossgärten ganz unterschiedliche technische Herausforderungen, für die sich die Ingenieure vergangener Jahrhunderte oft unkonventionelle Lösungen einfallen lassen mussten. In Versailles wussten die Gartenarchitekten zunächst nicht, woher das Wasser für die vielen Brunnen im Schlosspark kommen sollte. Am Ende baute man eine riesige Anlage, mit der Wasser aus der Seine über einen Höhenrücken nach Versailles gepumpt wurde. Diese »Maschine von Marly« ging als ein Monstrum aus Wasserrädern und Pumpen in die Geschichte der Technik im Barock ein. In Potsdam versagten im 18. Jahrhundert alle Versuche, den Schlosspark von Sanssouci mit Wasserspielen zu beleben; hier gelang dies erst 100 Jahre später mit der Maschinentechnik des Industriezeitalters.

Um uns aber nicht in einem kunterbunten Allerlei von Kuriositäten aus Dutzenden verschiedener Lustgärten zu verlieren, betrachten wir die Ausflüge nach Versailles, Sanssouci und einigen anderen Schlossgärten nur als Exkursionen. Am Ende kehren wir immer wieder zurück zum Nymphenburger Schlosspark in München, der im Zentrum unserer physikalisch-technisch motivierten Zeitreise stehen soll. Seine Geschichte beginnt im 17. Jahrhundert als kleiner Lustgarten, der im 18. Jahrhundert nach dem Vorbild von Versailles zu einem barocken Garten mit imposanten Kanälen und Wasserfontänen erweitert und am Beginn des 19. Jahrhunderts zu einem englischen Landschaftspark umgestaltet wurde. In jeder Epoche werden uns die in diesem Schlosspark installierten technischen Anlagen und die davon hervorgerufenen Phänomene zum Staunen und Nachdenken bringen.

Die physikalischen Fragen, die sich beim Betrachten der Wasserspiele im Schlosspark stellen, werden im Anhang noch einmal für sich betrachtet: Welche Kräfte treiben Fontänen in die Höhe? Wie hoch springt eine Fontäne? Warum sind die Rohre in Sanssouci geplatzt? Wie groß ist der Wirkungsgrad von Wasserrädern? Wie funktionieren Windkessel? Warum oszillieren manche Wasserschirme bei Kaskaden? Das soll physikalisch weniger bewanderte Leser und Leserinnen aber nicht abschrecken. Es geht dabei nur um die wesentlichen physikalischen Mechanismen – und zwar mit Blick auf den Wissensstand der jeweiligen Epoche anhand der zeitgenössischen Schriften. Wer sich ein genaueres Bild verschaffen will, findet in der jeweils angegebenen Literatur Hinweise für ein detailliertes Studium.

Ich möchte dieses Vorwort nicht schließen, ohne denen zu danken, die mich in der einen oder anderen Weise zu diesem technik- und wissenschaftshistorischen Abenteuer angeregt haben. Den ersten Anstoß erhielt ich in den 1980er-Jahren bei einer Führung durch den Nymphenburger Schlosspark von Otto Krätz, der als Kurator der Chemieabteilung des Deutschen Museums für seine lebendigen Vorträge bekannt war und mir zuerst vor Augen geführt hat, dass die grandiose Parkanlage viel mehr als nur eine kunsthistorische Sehenswürdigkeit darstellt. Zwanzig Jahre später bot mir die Vortragsreihe »Wissenschaft für Jedermann« im Deutschen Museum die Gelegenheit, der »Physik im Schlosspark« – so das Thema meines Vortrags im Jahr 2005 – weiter nachzuspüren. Die Resonanz auf diesen Vortrag hat mir gezeigt, dass an einer technik- und wissenschaftshistorischen Schlossparkgeschichte großes Interesse besteht. Mein besonderer Dank gilt dem Forschungsinstitut, der Bibliothek und dem Archiv des Deutschen Museums, ohne deren Unterstützung dieses Buch nicht zustande gekommen wäre.

Michael Eckert, im Januar 2020

1 IN DEN LUSTGÄRTEN DER FRÜHEN NEUZEIT

Die Suche nach den physikalischen Prinzipien und Ingenieurleistungen hinter den Anlagen, die einen Lustgarten damals wie heute zu einem Erlebnispark machten, beginnt mit einer Zeitreise. Bei den Gärten um die bayerischen Schlösser des »Märchenkönigs« Ludwig II. brauchen wir nur in das 19. Jahrhundert zurückkehren. Da machte sich auch im ländlichen Bayern schon das Industriezeitalter bemerkbar. Die Geschichte der Wasserkunst in Sanssouci beginnt Mitte des 18. Jahrhunderts. In Versailles führt uns die Zeitreise weiter zurück in das späte 17. Jahrhundert, die Blüte des Barock. Und bei der Villa d'Este liegen die Anfänge noch 100 Jahre weiter in der Vergangenheit im Zeitalter der Renaissance. Aus dem Blickwinkel der Wissenschaftsgeschichte befinden wir uns nun in einer Phase, die man als wissenschaftliche Revolution charakterisiert – kurz nach der kopernikanischen Wende, als Galileo Galilei zum Vorkämpfer einer *nuova scienza* wurde. Aber was haben die Lustgärten der Renaissance mit dieser neuen Wissenschaft zu tun?

DAS VORBILD HERON VON ALEXANDRIA

Noch heute erinnern Bezeichnungen wie Heronsbrunnen oder Heronsball an den griechischen Mathematiker und Ingenieur Heron von Alexandria. Er hat im ersten Jahrhundert nach Christus gelebt und eine Reihe von Schriften hinterlassen, mit denen er bei Architektur- und Kunsthistorikern ebenso wie bei Wissenschafts- und Technikhistorikern für lebhafte Debatten sorgte. Das zeigt sich besonders an seinem Werk *Pneumatika*.[1] Wollte Heron damit demonstrieren, dass man mit Druckluft ganz unmöglich scheinende Bewegungen hervorrufen kann? Wird in eine halb mit Wasser gefüllte Hohlkugel Luft eingepumpt, treibt diese das Wasser durch eine nach oben gerichtete Röhre in die Höhe. Mit einer geeignet angebrachten Düse wird daraus ein Springbrunnen – der Heronsbrunnen. Wie kann das leichte Medium Luft das schwerere Medium Wasser in die Höhe treiben? Steht das nicht in eklatantem Widerspruch zur Lehre des Aristoteles,

[1] Schmidt (1899). Siehe auch www.wundersamessammelsurium.info/heron/buch_pneu [zuletzt geöffnet am 12. Dezember 2019].

die seit der Antike das Denken der Physik beherrschte? Oder man erhitzt das Wasser in einem luftdicht abgeschlossenen Kessel und lässt den entstehenden Wasserdampf durch eine Düse entweichen: Dann macht sich das ausströmende Dampf-Luft-Gemisch mit einem Pfeifen bemerkbar.

Man kann im unsichtbaren Dampfstrahl sogar eine Kugel tanzen lassen, die gar nicht – wie es die aristotelische Physik behauptet – ihrem natürlichen Ort auf der Erde zustrebt, sondern in der Luft schwebt. Wollte Heron seinen Zeitgenossen zu verstehen geben, dass die aristotelische Physik eine Irrlehre ist? War er ein antiker Wissenschafts- und Technikrevolutionär?[2] Oder nur ein Sammler von Wissensbruchstücken, die zu seinen Lebzeiten schon mindestens zweihundert Jahre lang bekannt waren? Als der eigentliche Begründer der Pneumatik gilt Ktesibios, der im dritten Jahrhundert vor Christus gelebt hat, der Blütezeit hellenistischer Wissenschaft. Unbestritten ist jedenfalls, dass Herons Schriften in der frühen Neuzeit für Furore sorgten – und dies nicht nur unter den Gelehrten, die sich über die aristotelische Physik stritten, sondern auch bei Ingenieuren, die in den Schlossgärten des 16. Jahrhunderts Herons Pneumatik Leben einhauchten. Die Vorstellung von hydraulisch-pneumatisch bewegten Tieren erschien geradezu prädestiniert dazu, um sie in Lustgärten Wirklichkeit werden zu lassen.

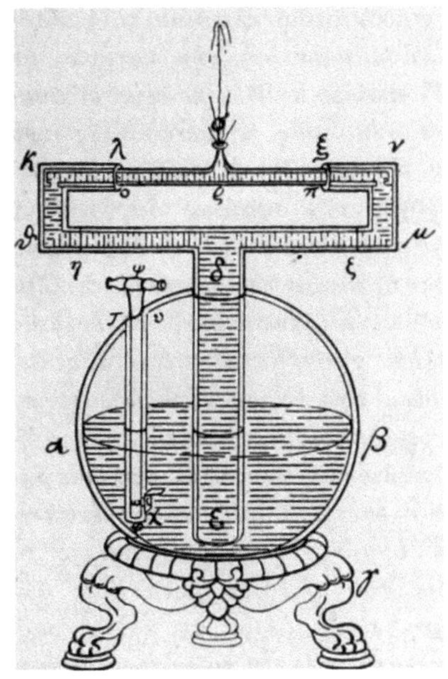

Druckluft treibt Wasser in die Höhe, obwohl Wasser schwerer ist als Luft. Aus Herons *Pneumatika*.

Dabei ging es nicht nur um Bewegungen, die ohne erkennbare Ursache wie von Geisterhand hervorgerufen wurden, sondern auch um akustische Phänomene wie Vogelgezwitscher oder Kuckucksrufe. Das geschah, wie Herons Schriften andeuten, mit Druckluft aus »äolischen Kammern«. Für solche Windkammern gab es verschiedene Möglichkeiten – und die darin erzeugte Druckluft ließ sich vielseitig verwenden. Herons Beschreibungen deuten zwar das Funktionsprinzip an, lassen aber an Deutlichkeit, was die technische Umsetzung angeht, einiges zu wünschen übrig. Hier bot

2 Russo (2005); Boas (1949).

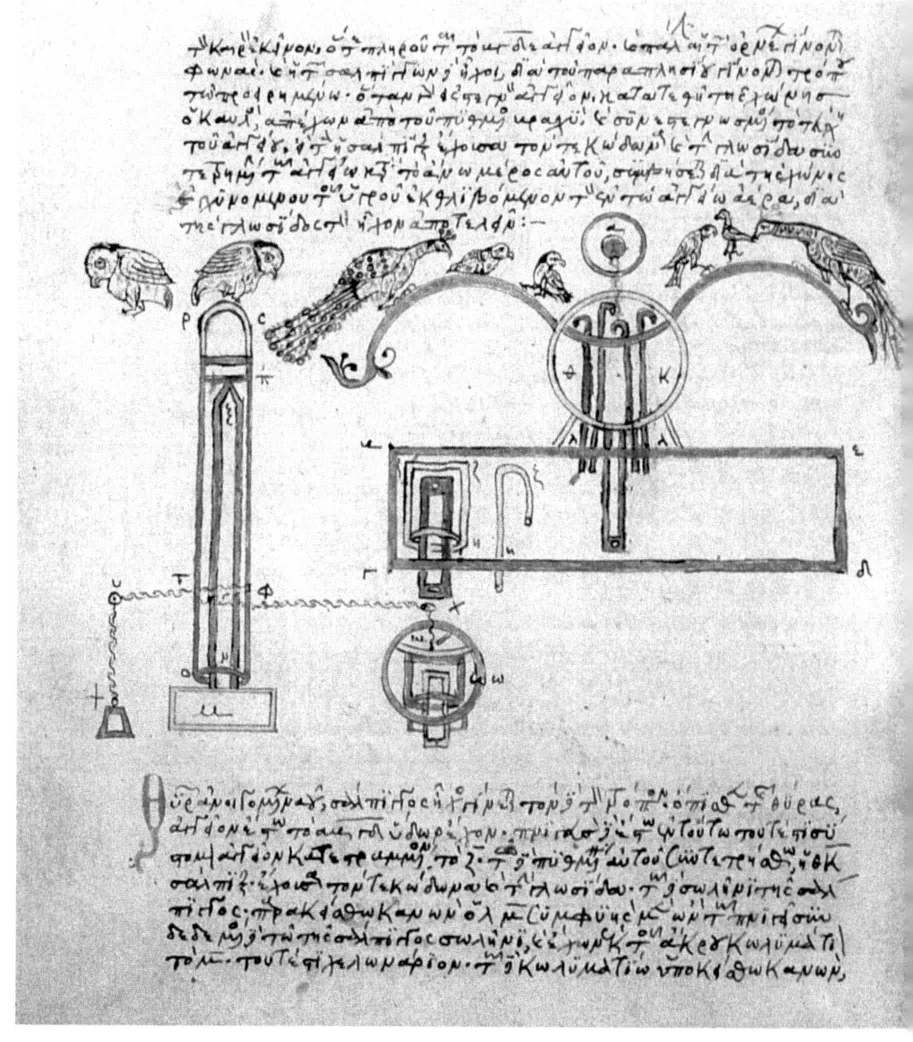

Künstlich animierte Vögel in einer Handschrift von Herons *Pneumatika* aus dem 14. Jahrhundert.

sich den Ingenieuren der Renaissance einiger Gestaltungsspielraum. Giovanni Branca beschrieb in seinem 1629 erschienenen Werk *Le Machine* zum Beispiel, wie man Luft mit Wasser in Fallröhren ansaugen und in einer Windkammer komprimieren kann, von wo sie dann etwa in einer Schmiede benutzt werden konnte.

Um mit Druckluft aus Windkammern Geräusche zu erzeugen, mussten die Öffnungen, durch die die komprimierte Luft ausströmte, zu Pfeifen geformt werden. Das zwitschernde Geräusch von Vögeln entstand, wenn die ausströmende Luft knapp über einer Wasseroberfläche abgesaugt wurde,

Das Prinzip der Windkammer (A), bei der die Luft durch Fallrohre angesaugt wird und anschließend zum Betrieb einer Schmiede verwendet wird.

sodass der Luftstrom in der Pfeife immer wieder kurzzeitig unterbrochen wurde. Für eine geregelte Steuerung der Dauer eines Pfeifentons mussten sich die Renaissance-Ingenieure ebenfalls Lösungen einfallen lassen, für die sie aus Herons *Pneumatika* auch nur erste Anregungen entnehmen konnten. Sie benutzten Stiftwalzen, die von Wasserrädern in gleichförmige Drehung versetzt wurden, und mit den aus der Walzenoberfläche herausragenden Stiften Klappen, die den Luftstrom in die Pfeifen regulierten, öffneten und schlossen. Nach diesem Prinzip ließen sich ganze Wasserorgeln bauen, die vorprogrammierte Musikstücke automatisch abspielen konnten. Auch solche wasserbetriebenen »Automatophone«[3] gehörten um 1600 zu den Gegenständen, mit denen sich ein Ingenieur bei der Anlage eines Lustgartens auseinandersetzen musste.

GARTENTECHNIK IN PRATOLINO

Etwa 15 km südlich von Florenz liegt an den Ausläufern des Apennin der Park von Pratolino. 1568 hatte der Toskanafürst Francesco I. von den Medici hier Land aufgekauft und für seine Geliebte eine Villa errichten lassen. Zwei Jahre später beauftragte er seinen Freund Bernardo Buontalenti, der sich auch als Ingenieur einen Namen machte, mit der Anlage des Parks. Die Villa Medici von Pratolino und der dazugehörige Park sind auch heute noch eine Touristenattraktion, obwohl vom ursprünglichen Renaissancegarten nur noch kümmerliche Reste zu sehen sind. Buontalenti machte seinem Namen jedenfalls alle Ehre. Er stattete den Park mit physikalisch-tech-

3 Ditsche (2017), S. 61–66.

nischen Vorrichtungen aus, die den hydraulisch-pneumatischen Apparaten des Heron von Alexandria nachempfunden waren und den Lustgarten in ganz Europa berühmt machten.[4]

Dabei ging die Technik Hand in Hand mit intensiver Antikenforschung, die ja zum Epochenmerkmal der Renaissance wurde. 1582 gab Buontalenti beim Florentiner Hofarchitekten Oreste Vannoccio Biringuccio, der wie viele Architekten der Renaissance ein Bewunderer und Kenner der Antike war, eine Übersetzung von Herons *Pneumatika* ins Italienische in Auftrag. Die Auseinandersetzung mit der Antike bestand aber nicht in einer bloßen Nachahmung, sondern beförderte angesichts der vielfältigen Nachbauten auch eigene Vorstellungen. Das fand dann in Kommentaren und Neu-Übersetzungen einen Niederschlag, wie etwa von dem Wasserbau-Ingenieur und »architetto mathematico« Giovanni Battista Aleotti, dessen Heron-Ausgabe zur Vorlage weiterer Heron-Übersetzungen wurde und die Hydraulik und Pneumatik der Antike auch noch über die Renaissance hinaus populär machte.[5] Die aus der Antike übernommenen physikalischen Vorstellungen und ihre Anpassung an die mit der technischen Umsetzung in den Lustgärten gewonnenen Erfahrungen beeindruckten auch Galilei, der sich als Höfling und Ingenieur ebenfalls mit hydraulischen und pneumatischen Anlagen beschäftigte.[6]

Um 1600 konnten Reisende in Italien vielerorts bewundern, wie die Ingenieure der Renaissance die Gärten um die fürstlichen Villen mit verblüffenden, meist mit Wasser in Gang gesetzten Apparaten zu wahren Erlebnisparks umgestaltet hatten. In der Kunstgeschichte markiert Pratolino neben den Gärten der Villa d'Este in Tivoli und der Villa Aldobrandini in Frascati das Nonplusultra der Gartentechnik in der Renaissance. In der Wissenschaftsgeschichte der frühen Neuzeit gilt Pratolino als »Werkbank für Heronische pneumatische Anlagen«.[7] Pratolino sei »Tivoli zum Trotz« angelegt worden, so verglich Michel de Montaigne im Tagebuch seiner Reise durch Italien aus dem Jahr 1580 den Garten der Villa d'Este mit dem Park von Pratolino, der den Rivalen von Tivoli aber »an Reichtum und Schönheit der Grotten« übertreffe. »An verschwenderischer Verwendung von Wasser geht Ferrara voran. An Verschiedenheit der Wasserspiele sind

4 Valleriani (2005, 2014).

5 Scherf (1998); Keller (1967).

6 Valleriani (2010).

7 Valleriani (2014).

sie gleich.«[8] Zu den Besonderheiten im Park von Pratolino gehöre eine Grotte mit Musik, die mit Wassers erzeugt werde, ferner Statuen und Tiere, »die bei den verschiedenen Handlungen gleichfalls durch Wasserwerke in Bewegung gesetzt werden«, sowie »künstliche Tiere, die sich zum Trinken niederbeugen und ähnliche Dinge.« Außerdem gab es in der Grotte Sitze, die einem »das Wasser in den Hintern spritzen«.[9]

Was es mit der wassererzeugten Musik in der Grotte und anderen hydropneumatischen Vorrichtungen auf sich hatte, erfahren wir aus dem Reisebericht des deutschen Ingenieurs Heinrich Schickhardt, der Pratolino im Jahr 1600 einen Besuch abstattete. »Ist ein herrlich schöner wolgezierter Lustgarten, dergleichen diser zeit, in gantz Italien kaum soll gefunden werden«, schwärmte auch er.[10] Doch im Unterschied zu dem Philosophen und Essayisten Montaigne begnügte sich Schickhardt nicht mit dem äußeren Eindruck. Er stand im Dienst eines württembergischen Herzogs und unternahm die Reise in der Erwartung, danach selbst mit Bauten nach italienischem Vorbild beauftragt zu werden. Schickhardt wollte es deshalb genau wissen und blickte überall, wo man es ihm erlaubte, hinter die Kulissen. Er fertigte nach dem Besuch Skizzen an, aus denen hervorging, wie Wasserräder angetrieben wurden, die dann ihrerseits Figuren in Bewegung setzen oder mittels äolischer Kammern nach heronischem Vorbild Vogelgezwitscher und Kuckucksrufe erzeugen konnten.

Der komplizierteste Apparat im Garten von Pratolino war eine Wasserorgel, die sich in einem dem Musenfelsen Parnass aus der griechischen Mythologie nachempfundenen künstlichen Hügel befand. Auch davon vermittelte Schickhardt mit einer Zeichnung eine

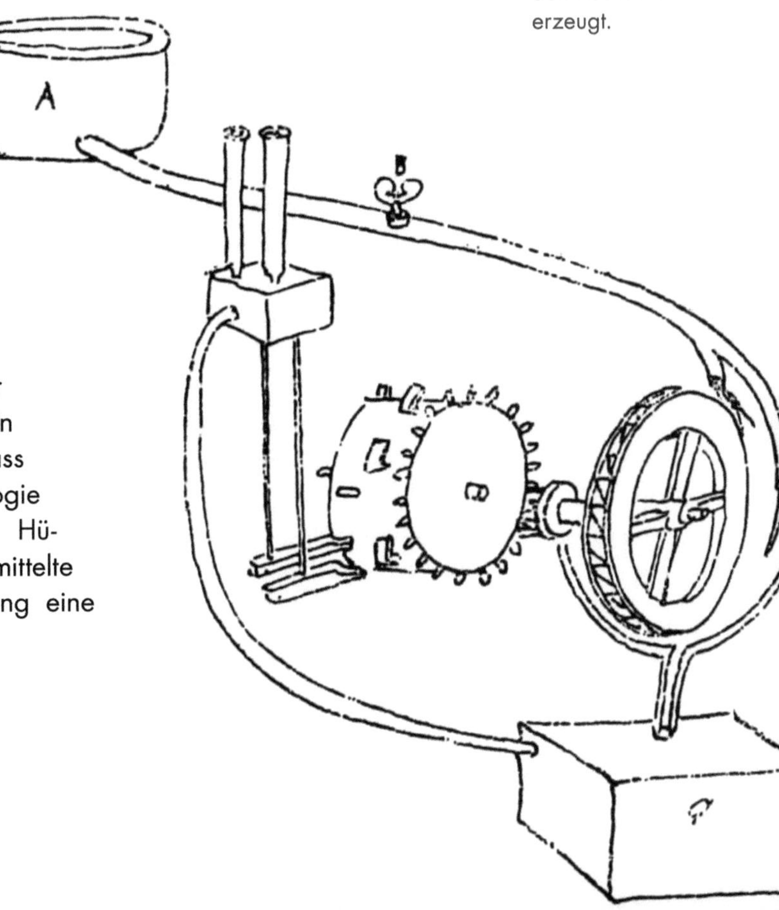

Schickhardts Skizze der Kuckucksmaschine im Garten von Pratolino. Wasser wird aus einem hoch gelegenen Behälter auf ein Wasserrad gelenkt und versetzt eine Stiftwalze in Drehung. Ein Teil des Wassers wird in eine tiefer liegende Windkammer geleitet, um den Luftstrom zu erzeugen, der in zwei Pfeifen die von der Stiftwalze getakteten Töne – den Kuckucksruf – erzeugt.

8 Montaigne (1993), S. 169.
9 Montaigne (1993), S. 109.
10 Heyd (1902), S. 188.

Eine im Wasserstrahl aufsteigende Krone in der Kronengrotte des Schlossparks von Hellbrunn.

Vorstellung ihrer Wirkungsweise.[11] Aber es ging dem deutschen Ingenieur nicht nur um die Technik der verschiedenen hydropneumatischen Vorrichtungen, sondern auch um die Wirkung auf den Betrachter. Wenn man bei Sonnenschein unter dem Dach feiner Wasserstrahlen dahin schreite, die aus gegenüber angeordneten »Röhrlein« über den Betrachter hinweg spritzten, dann sah man eine farbige Erscheinung, die »einem Natürlichen Regenbogen« glich. Aber diesen Effekt könne man nur beobachten, »wann die Sonn scheinet, sonsten aber nicht«.[12] Das Staunen über solche, uns heute selbstverständlich erscheinende Beobachtungen gehörte in einer Zeit, als die Physik des Regenbogens noch rätselhaft war, nicht weniger zum Erlebnis eines Lustgartens wie die aus dem Parnass erschallende Orgelmusik.

Auch in anderen Ländern leisteten sich Könige und Fürsten prächtige Gartenanlagen. Einen an italienischen Vorbildern orientierten Schlosspark kann man noch heute in der Nähe von Salzburg bei Hellbrunn besichtigen. Auch wenn die Apparaturen vielfach erneuert wurden, funktionieren die Springbrunnen und pneumatisch erzeugten Vogelstimmen immer noch nach den zu Beginn des 17. Jahrhunderts konzipierten technischen Verfahren. Dass man diese Anlage vier Jahrhunderte hindurch erhalten habe, sei »eine denkmalpflegerische Leistung hohen Grades«, würdigt eine Studie über die Wasserspiele von Hellbrunn auch diesen konservatorischen Aspekt.[13]

Die berühmteste – heute leider nicht mehr erhaltene – Anlage mit hydropneumatisch betriebenen Wasserkünsten der Spätrenaissance befand sich in Saint-Germain-en-Laye in Frankreich. Hier ließ Heinrich IV. um 1600 einen Schlosspark anlegen, der alle Vorbilder an Größe und Raffinesse übertreffen sollte. Er beauftragte damit den Florentiner Wasserbaumeister Tommaso Francini, der zuvor im Dienst der Medici auch in Pratolino die

11 Ditsche (2017), S. 86–89.

12 Heyd (1902), S. 189.

13 Baur (2000), S. 286. Zu den akustischen Wasserautomaten in Hellbrunn siehe Ditsche (2017), S. 111–117.

dortigen Anlagen verbessert hatte. Tomaso und sein Bruder, Alessandro Francini, der ebenfalls zum Experten für den Bau gartentechnischer Anlagen wurde, machten sich dabei vor allem den Umstand zunutze, dass das Gelände zur Seine abfiel; so konnten sie den Park in Terrassen gliedern, in die sich die für Renaissancegärten so typischen Grotten integrieren ließen. Auch die Nachfahren der Francinis – sie änderten ihren Nachnamen jetzt in »Francine« – waren gefragte Ingenieure und wurden mit der Anlage aufwendiger Wasserspiele in französischen Schlossgärten beauftragt. Hydraulische und pneumatische Anlagen waren im vorindustriellen Zeitalter sehr reparaturanfällig, sodass es den Ingenieuren in der Renaissance und im Barock nicht an Aufträgen mangelte. Derselbe Umstand führte jedoch auch dazu, dass diese Anlagen nur selten mehrere Jahrzehnte überdauerten. Eine der von den Francinis mit Wasserspielen reich ausgestatteten Grotten in Saint-Germain-en-Laye war nach dem Bericht eines Besuchers schon nach zehn Jahren »ungangbar«, die anderen verfielen ebenfalls kurz danach. 1655 scheint keine der ein halbes Jahrhundert zuvor so hoch gepriesenen Anlagen noch funktionsfähig gewesen zu sein.[14]

PHYSIK UND WASSERSPIELE

Wenn wir uns von den Wasserspielen in den Schlossgärten der frühen Neuzeit einen Eindruck verschaffen wollen, sind wir also vorwiegend auf Reiseberichte wie die von Montaigne oder Schickardt angewiesen. Hinzu kommen einige zeitgenössische Werke von Autoren wie Salomon de Caus, der sich im frühen 17. Jahrhundert als Ingenieur und Architekt von Lustgärten einen Namen gemacht hatte.[15] Sein 1615 veröffentlichtes Werk *Von Gewaltsamen Bewegungen* machte auf zahlreichen Kupferstichen die Technik hinter Springbrunnen, Wasserorgeln und anderen »so wol nützlichen alls lustigen Machiner«[16] sichtbar. Es dürfte für die Wasserspiele von Hellbrunn als Vorlage gedient haben. Salomon de Caus konzipierte als »Churfürstlich Pfaltzischer Ingenieur und Bauwmeister« im Dienst des Kurfürsten Friedrich von der Pfalz auch selbst einen Lustgarten, den Hortus Palatinus vor dem Heidelberger Schloss.[17]

Wenn wir den Kupferstichen in de Caus' Werk Glauben schenken, dann boten die Lustgärten dieser Epoche den Fürsten und ihren Gästen man-

[14] Ditsche (2017) S. 99–106.

[15] Hepp u. a. (2008).

[16] de Caus (1615).

[17] de Caus (1620).

Springbrunnen im Heidelberger Schlosspark. Die Fontänen wurden mit Wasser aus einem höher gelegenen Behälter versorgt.

che Überraschungen. Da balancierten Kugeln auf den Wassersäulen von Springbrunnen.

Selbst in Georg Andreas Böcklers 1664 veröffentlichter *Architectura Curiosa Nova*[18] gab es noch »Mancherley lustige Wasserspiel« und »Allerley zierliche Bronnen, Fonteynen und Wasserkünste« zu bestaunen. Böcklers Werk wird dem Barockzeitalter zugerechnet, als das Vorbild der Antike nicht mehr so dominant war wie in der Renaissance. Dennoch werden darin wie bei Salomon de Caus Springbrunnen »mit spielenden Kugeln« abgebildet; andere Brunnen lassen aus Düsen dünne Wasserstrahlen hervorsprießen und »gleich einem subtilen Staubregen« zerfallen. Oder der in einer Röhre aufsteigenden Wassersäule wird am Ende eine Scheibe in den Weg gestellt, die das Wasser zu einem dünnen Wasserschirm formt, der »sich einem runden Glaß vergleichet«; mit einer Stellschraube konnte der Abstand zwischen Rohrende und Scheibe »eng oder weit« gemacht werden, was dem Wasserschirm unterschiedliche wellenförmige Glockengestalt verlieh. De Caus entwarf für den Heidelberger Schlosspark einen Brunnen, bei dem er mit dieser Technik das Wasser so über eine Figur ausbreitete, dass der Wasserschirm wie ein Regenschirm die Figur vor dem Nasswerden bewahrte.[19]

18 Böckler (1664).

19 Morgan (2007), S. 48.

Nicht alles, was die Künstler-Ingenieure der frühen Neuzeit in ihren Kupferstichen abbildeten, entsprach der Wirklichkeit. Böckler ließ seiner Fantasie bei den Brunnenkonstruktionen freien Lauf, aber es handelte sich dabei nicht nur um bloße Gedankengebilde. Der dritte Teil seiner *Architectura Curiosa Nova* enthielt neben eigenen Entwürfen auch Kupferstiche von Brunnen, die ihm bei seinen Reisen vor allem in Italien aufgefallen waren. Im vierten Teil zeigte er »Palacien, Lusthäuser und Lustgärten«, die er »nach dem Leben abgezeichnet« hatte. Auch wenn man es den Springbrunnen nicht auf den ersten Blick ansieht, erforderte ihre Konstruktion einigen Aufwand. Die Wasserkünstler des 17. Jahrhunderts ersannen immer wieder neue Konstruktionen, bei denen das Wasser wie von selbst in den Lustgärten hervorsprudelte. Wenn ein Schlosspark wie der Hortus Palatinus an einem Hang angelegt wurde, konnten höher gelegene Bassins als Reservoir genutzt werden. Das daraus in einen tiefer gelegenen Behälter geleitete Wasser erzeugte einen Überdruck, der Fontänen in die Höhe trieb (siehe Anhang, S. 184). Herons *Pneumatica* lieferte dafür das Vorbild, aber bei der Umsetzung verfielen die Künstler-Ingenieure der Renais-

Bei dieser (vielleicht nie realisierten) Wasserkunst lenkte Salomon de Caus das von Linsen gebündelte Sonnenlicht auf Wasserbehälter. Die Luft im Behälter wurde dabei »dermassen erhitzet/ daß das Wasser mit Gewalt in die Höhe getrieben wird«.

sance auf eigene Lösungen. Salomon de Caus ersann zum Beispiel einen Brunnen, bei dem der Überdruck nicht durch eine Wassersäule erzeugt wurde, sondern durch Sonnenwärme, die mit Linsen auf einen luftdicht abgeschlossenen Kasten fokussiert wurde.

Im Heronsbrunnen wurde Wasser durch zusammengedrückte Luft bewegt. Bei den Wasserorgeln brachte das Zusammenspiel von Luft und Wasser Töne hervor. Auch durch Absaugen von Luft ließ sich Wasser bewegen. Ein Wasserbehälter kann entleert werden, indem das Wasser mit einem gebogenen Rohr über den Rand des Behälters gesaugt wird. Auch dieses Siphon- oder Saugheber-Prinzip wurde in Herons Schriften in vielen Varianten beschrieben. Für die Wasserkünstler des 17. Jahrhunderts gehörte es wie der Heronsbrunnen zu den Mitteln, mit denen sie in den Lustgärten für überraschende Effekte sorgten. Der aus Würzburg stammende Jesuit Kaspar Schott widmete diesem Prinzip 1657 in seinem Werk *Mechanica hydraulico-pneumatica* viele Kapitel.[20] In einem Gedankenexperiment wird mit einem über einen Bergrücken geführten Rohr Wasser aus einer Quelle von der einen Seite des Berges auf die andere geführt, wobei die Luft aus dem Rohr durch oben eingefülltes Wasser verdrängt wird. Ist die Luft erst vollständig aus dem Rohr entfernt, sollte das Wasser nach der Vorstellung Schotts zum tiefer gelegenen Rohrausgang über den Berg gehoben werden.

In Schotts Darstellungen verschmolzen Realität und Ideen zu faszinierenden Bildern zeitgenössischer Physik. Der Weg von der Wasserkunst zu Erörterungen über die treibenden Kräfte dahinter war kurz. Dass man mit einem Siphon Wasser nur über geringe Höhen befördern konnte, war den Wasserkünstlern im 17. Jahrhundert aus der Praxis nur zu vertraut. Aber die Naturgesetze, die einen Wassertransport durch einen Siphon über einen hohen Berg unmöglich machten, waren rätselhaft. Schott benutzte Heronsbrunnen und Siphonwirkungen, um daran verschiedene physikalische Auffassungen zu diskutieren. Die wissenschaftliche Revolution der frühen Neuzeit sorgte für eine Aufbruchstimmung unter den Gelehrten, der sich auch die an Glaubensgrundsätzen orientierten Jesuiten wie Schott nicht entziehen konnten. Seine *Mechanica hydraulico-pneumatica* zeigt, wie die neue Physik das aus der Antike ererbte aristotelische Denken verdrängte.

Kann man aus einem luftdicht abgeschlossenen Behälter die Luft vollständig absaugen? Dass dem Entleeren von Gefäßen ein Sog entgegenwirkt,

[20] Schott (1657).

Bei diesem Siphon sollte Wasser aus einer Quelle (B) über einen Berg zu einem Brunnen (E) geführt werden. Dazu musste die Luft aus dem Siphon verdrängt werden, was Schott durch Auffüllen mit Wasser mit einem Trichter am Scheitelpunkt (D) erreichen wollte.

schien die antike Auffassung von einem »horror vacui« zu bestätigen. Schott glaubte zunächst an die Unmöglichkeit eines Vakuums, ließ sich dann aber durch die Versuche des Magdeburger Bürgermeisters Otto von Guericke mit leer gepumpten Gefäßen davon überzeugen, dass die »Abscheu vor dem Vakuum« andere Ursachen hatte. Der Widerstand gegen das Leerpumpen, der sich mit einem immer größeren Kraftaufwand an der Luftpumpe bemerkbar machte, kam nicht aus dem Innern des leer gepumpten Behälters, sondern erwies sich als Folge des Luftdrucks im Außenraum. Schott unterhielt mit dem Magdeburger Bürgermeister einen regen Briefwechsel und beschrieb in einem Anhang seiner *Mechanica hydraulico-pneumatica* die Vakuumexperimente aus Magdeburg. Er unternahm auch eigene Versuche mit Luftpumpen. 1664 veröffentlichte er Auszüge aus seinem Briefwechsel mit Otto von Guericke und berichtete ausführlich über die jüngsten Vakuumexperimente in Italien und England.[21] In diesem Werk sind auch die berühmt gewordenen Kupferstiche mit den Magdeburger Halbkugeln enthalten, die selbst mit der Kraft von zwei Pferdefuhrwerken nicht auseinandergezogen werden konnten, nachdem sie luftdicht aneinandergefügt und leer gepumpt worden waren. Otto von Guerickes eigenes Buch über diese Versuche erschien erst 1672.[22]

Wie bei der Wasserkunst in den Lustgärten ging es auch bei den Vakuumexperimenten um das Zusammenspiel von Wasser und Luft. In einem Brief an Schott beschrieb Guericke, dass beim Leerpumpen eines über

[21] Schott (1664).

[22] Krafft (1996).

einem Wassertrog angebrachten Rohres das Wasser in das Rohr gesaugt wird und wie in einem Siphon in die Höhe steigt:[23]

> *Da ich aber nichtsdestoweniger vermutete, diese Anziehung und dieses Emporsteigen des Wassers könne nicht ins Unbegrenzte wachsen, brachte ich das Gerät nach höher und höher liegenden Plätzen meines Hauses, bis ich schließlich den Haltepunkt des Wassers fand, der in senkrechter Richtung bei einer Höhe von 20 Magdeburger Ellen lag. Als ich dieses einige Male wiederholte und die ganze Vorrichtung ein paar Tage lang ruhig am selben Platze hatte stehen lassen, bemerkte ich, dass die Höhe, bei der das Wasser haltmachte, nicht immer die gleiche war, sondern um den Betrag einer Elle stieg oder fiel, besonders wenn Regen drohte.*

Eine Magdeburger Elle misst 576 mm. Die Wassersäule im Rohr an der Hauswand des Magdeburger Bürgermeisters reichte also etwa 11,5 m hoch. Sie zeigte wie ein Barometer den Luftdruck an und war ein deutlicher Hinweis darauf, dass das Wasser nicht von einem »horror vacui« aufgesaugt wurde, sondern von der auf der Wasseroberfläche lastenden Luft in das Rohr hinein gedrückt wurde. Mehr als diese wenigen Meter Höhe konnte das Wasser auch in einem Siphon nicht hochgehoben werden. Schotts Bergsiphon blieb ein Gedankenexperiment.

Die Hydropneumatik der Wasserkünste in den Schlossgärten provozierte auch andere physikalische Fragen. Die Luft in einer oben geschlossenen und unten von einer Wassersäule abgedichteten Röhre reagierte auf Wärme. Je nach Temperatur stieg die Wassersäule in die Höhe oder sank ab. Die Wirkung ließ sich noch steigern, wenn der eingeschlossenen Luft am oberen Ende durch eine kugelförmige Erweiterung mehr Raum geboten wurde. Mit einem solchen »Thermoskop« überzeugte sich Galilei um 1615 davon, dass die Physik der alten Griechen auch in diesem Punkt reformiert werden musste.[24] Bis zu unserer modernen Thermodynamik war es noch ein weiter Weg, aber das Thermoskop, der Vorläufer des wenig später entwickelten Thermometers, war ein wichtiger Schrittmacher auf diesem Weg – und passte in das hydropneumatische Repertoire von Lustgärten. So jedenfalls empfand dies der englische Gartenarchitekt John Evelyn, der zu den ersten Mitgliedern der 1660 gegründeten Royal Society gehörte und die wichtigsten Schlossgärten seiner Zeit aus eigener Anschauung

[23] Krafft, (1996), S. 60.

[24] Valleriani (2010), Kap. 5.

kannte. In seinem umfangreichen – aber unvollendeten – Werk *Elysium Britannicum* beschrieb Evelyn, was einen frühneuzeitlichen Garten ausmachen sollte. Nicht zuletzt sollte der Gartenarchitekt darin auch der Wissenschaft den gebührenden Tribut zollen. »How to contrive a Thermoscope or wheather Glass for a Garden«, schrieb er zu einer Abbildung dieses Instruments in seinem *Elysium*. Der »new Gardiner-philosopher« sollte damit den Park nicht nur um eine »ingenious variety« bereichern, sondern sich auch selbst »in the judgement & disposition of the Aer« kundig machen.[25]

Evelyn stand mit seinen hohen Anforderungen an den »Gardiner-philosopher«, der sich mit der Anlage von Lustgärten den Lebensunterhalt verdient, nicht allein. 1671 skizzierte der Autor eines Werkes über italienische Gartenlagen das Berufsbild des Gartenkünstlers folgendermaßen:[26]

> *Mit wenigen Worten / ein rechtschaffener Gärtner muß mit vielen Wissenschaften begäbet seyn / und nicht nur allein einen guten Naturkündiger geben / sondern auch etwas von der Geometria und Feldmeßkunst wissen / die Architectur verstehen / den Himmels-Lauff und die Constellationes erkennen / und einen guten Hand- und Grund-Riß aufziehen können; dann sonsten er vielmehr ein unverständiger Bauer / als ein Kunst-Gärtner / benamet werden mag.*

Mit anderen Worten: Gartenkunst bedeutete in der frühen Neuzeit wesentlich mehr als nur eine dem Zeitgeschmack gefällige Gartengestaltung. Der Gartenkünstler müsse auch »un peu Geometre« sein, so betonte der französische Gartentheoretiker Antoine-Joseph Dézallier d'Argenville in seinem 1709 veröffentlichten Standardwerk *La Theorie et la Pratique du Jardinage* die mathematischen Wissenschaften als eine Art »Leitinstanz der akademisierten Gartenkunst«.[27] Der Lustgarten des Renaissance- und Barockzeitalters verdient deshalb nicht nur wegen der hydropneumatischen Anlagen und Wasserspiele, sondern auch als ein auf vielfache Weise wissenschaftlich-technisch gestalteter Raum unser Interesse.

[25] O'Malley (1998), S. 24–25.

[26] Wolf Albrecht Stromer von Reichenbach, zitiert in: Remmert (2016), S. 13.

[27] Remmert (2008).

MASCHINEN-THEATER

Die Kunstgeschichte verbindet mit Begriffen wie Renaissance und Barock Epochen, die sich durch Kunststile in der Architektur, Malerei und der bildenden Kunst voneinander unterscheiden. Salomon de Caus, Evelyn und den anderen Gartenkünstlern der frühen Neuzeit wäre ein nur auf Stile gerichtetes Kunstverständnis sicher zu eng vorgekommen. Der Begriff der Kunst umfasste von alters her viel mehr. Von der Antike über das Mittelalter bis zum Barockzeitalter verstand man unter Kunst mehr als nur ästhetisch Ansprechendes. Mathematik, Musik und Astronomie zählten zu den freien Künsten, Malerei, Architektur und handwerkliche Technik zu den praktischen oder mechanischen Künsten. In einem Lehrbuch aus dem Jahr 1677 wird so ziemlich alles unter dem Kunstbegriff gefasst, was einem Schüler jener Jahre an Theorie und Praxis beigebracht werden konnte:[28] Schreibkunst, Rechenkunst, Sehkunst (Optica), Waag- und Gewichtskunst, Feuerkunst, Wasserkunst, Scheid- oder Schmelzkunst (Chymia), Baukunst. Noch im 19. Jahrhundert war Kunst auch Ingenieurskunst. »Die Wasserbaukunst oder Hydrotechnik (Architectura hydraulica) lehrt alle Arten von Baue, an und im Wasser nach bestimmten Absichten mit Sicherheit auszuführen,«[29] heißt es in der Einleitung eines Hydraulik-Lehrbuchs aus dem Jahr 1809.

In der Renaissance hatte man bei antiken Autoren wie Heron oder Vitruv wiederentdeckt, was an verschiedenen mechanischen Künsten möglich war, um die Muskelkraft zu vergrößern oder durch Naturkräfte zu ersetzen. Dies fand in einer umfangreichen Maschinenbuch-Literatur einen Niederschlag. Die zeitgenössischen Autoren sprachen gerne vom »Maschinentheater«.[30] Jaques Bessons *Theatrum Instrumentorum Et Machinarum* aus dem Jahr 1578 und Agostino Ramellis *Le Diverse Et Artificiose Machine* von 1588 stehen am Beginn dieser Maschinenliteratur, die mit Jacob Leupolds neunbändigen *Theatrum Machinarum* (1724–1788) ihre Vollendung erreichte. »Die spezifische Bedeutung der barocken Maschine in ihrer Literarizität und Theatralität lässt sich nur wahrnehmen, wenn man hinsichtlich der Theatra Machinarum von einem langen 17. Jahrhundert ausgeht, das zurück ins 16. Jahrhundert und vor ins 18. Jahrhundert ausgreift«, so wird in der Literaturgeschichte der Rahmen für das Genre der Maschinenbücher gesetzt.[31]

[28] Harssdoerffe (1677).

[29] Gilly u. Eytelwein (1809), S. 11.

[30] Hilz (2008).

[31] Roßbach (2013), S. 48.

Im barocken Maschinentheater ging es dabei nicht nur um die Darstellung realer Maschinen, sondern auch um die Illustration von Mechanismen, die bei einer Vervollkommnung der Maschinen möglich schienen. Wie beim Siphon, der Wasser über einen Berg heben sollte, gingen Realität und Fiktion auch bei den Maschinen eine uns heute seltsam erscheinende Mischung ein. Es gab auch immer wieder Vorrichtungen zu bewundern, die völlig ohne menschliches Zutun auskommen und nützliche Arbeit verrichten sollten. Vittorio Zonca zeigte in seinem 1607 erschienenen *Nuovo Teatro Di Machine Et Edificii* ein Schöpfrad, das mit einem Siphon in ununterbrochene Bewegung versetzt wird.[32] Isaac de Caus, ein Verwandter von Salomon de Caus, der sich ebenfalls als Ingenieur und Architekt von Schlossgärten einen Namen machte, benutzte das Prinzip des Heronsbrunnen, um damit ohne jeden äußeren Kraftaufwand Wasser in die Höhe zu befördern.[33] Böckler zeigte in seinen *Theatra Machinarum Novum* ein Perpetuum mobile, das Wasser über archimedische Schrauben in ein hoch gelegenes Reservoir befördert und damit Mühlen antreibt.

Über das Perpetuum mobile wurde viel geschrieben.[34] Auch mit dem Wissen der modernen Physik ist es nicht immer leicht, zu erklären, warum diese oder jene Konstruktion eines Perpetuum mobile keine ewige Bewegung hervorbringt, geschweige denn Energie erzeugt. Das Gesetz von der Energieerhaltung, das die Unmöglichkeit eines Perpetuum mobile begründet, wurde erst im 19. Jahrhundert formuliert. Die Französische Akademie der Wissenschaften weigerte sich aber schon im Jahr 1775, Arbeiten zu prüfen, in denen eine neue Art von Perpetuum mobile behauptet wurde. Im 17. Jahrhundert war das Perpetuum mobile im Arsenal des »Maschinentheaters« auch schon mehr Fiktion als Realität. Es wurde als »eine Art Herausforderung an die Entwicklung einer nützlichkeitsorientierten Maschinentechnik« wahrgenommen.[35] Wer sich mit Vorrichtungen zur Wasserförderung herumschlug, wusste jedenfalls schon im 17. Jahrhundert aus eigener Erfahrung, dass jede Bewegung einer Maschine irgendwann aufhört, wenn man nicht auf diese oder andere Weise für einen Antrieb sorgt. Trotz fantasiereicher Entwürfe von Perpetua mobilia fehlte es de Caus, Böckler und anderen Autoren frühzeitlicher Maschinenbücher nicht an Realitätssinn.

32 Hilz (2008), S. 59.

33 de Caus (1644), S. 15.

34 Ord-Hume (2014).

35 Roßbach (2013), S. 46.

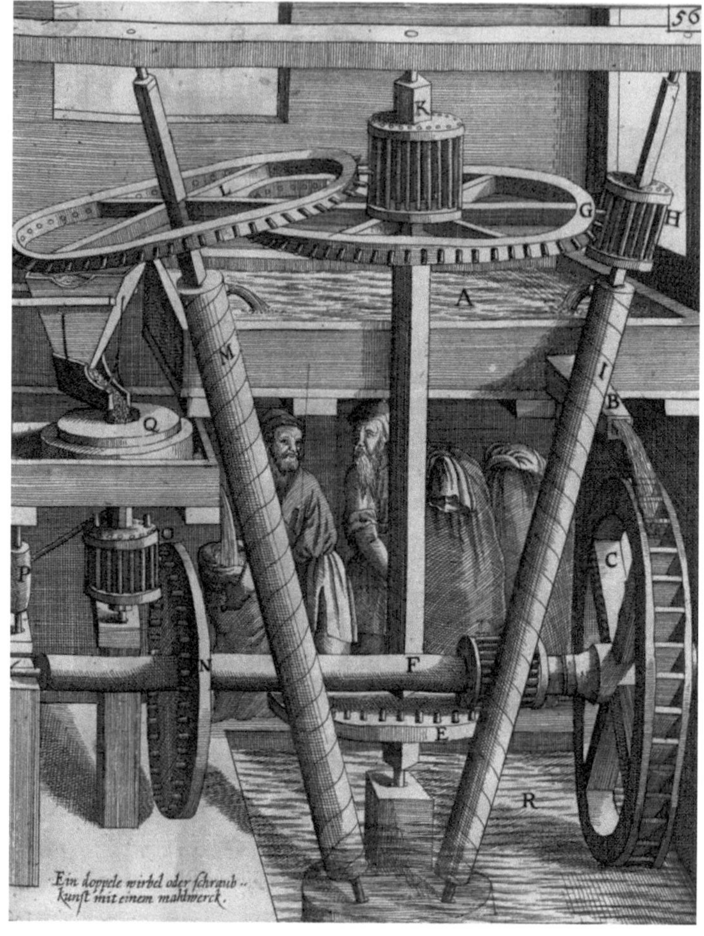

In Böcklers Maschinenbuch *Theatrum Machinarum Novum* mischen sich Fiktion und Realität. Links ein Perpetuum mobile, das mit archimedischen Schrauben Wasser in einen hoch gelegenen Behälter fördert, wo es zum Antrieb einer Mühle genutzt wird.

Im Gegensatz dazu ließen die Wasserkünstler in den frühneuzeitlichen Schlossgärten nicht auf den ersten Blick erkennen, was in der Literatur des Maschinentheaters so demonstrativ zur Schau gestellt wurde. Die Wasserräder und Stiftwalzen zum Betrieb von Wasserorgeln blieben dem Betrachter verborgen. In Hellbrunn gibt es zwar ein »Mechanisches Theater«, doch dabei handelt es sich nicht um ein »Maschinentheater« à la Böckler oder de Caus, sondern um ein animiertes Bühnenbild mit der Zurschaustellung handwerklicher Tätigkeiten – der maschinelle Antrieb dieser Szenerie bleibt verborgen.[36]

[36] Ditsche (2017), S. 176–180.

Rechts ein funktionierendes Prinzip der Wasserförderung: Ein Wasserrad treibt Pumpen an, die aus einem Brunnen Grundwasser in die Höhe befördern. Von dort wird es zu den Abnehmern weitergeleitet. Nach diesem Prinzip wurde in Brunnhäusern Wasser zu Stadtbrunnen geleitet.

Letztendlich war alles, was an physikalischen Kenntnissen und an technischem Können in einem Schlosspark zum Einsatz kam, das Ergebnis von Erfahrungen, die sich über Jahrzehnte und Jahrhunderte in der Alltagspraxis angesammelt hatten. Dies ist besonders deutlich an Böcklers *Theatrum Machinarum Novum* zu sehen, das er zwei Jahre vor der *Architectura Curiosa Nova* veröffentlicht hatte.[37] Wie schon auf dem Titelblatt angekündigt, handelte dieses Werk

> *von Allerhand- Wasser- Wind- Roß- Gewicht- und Hand-Mühlen / Wie dieselbige zu dem Frucht-Mahlen / Papyr- Pulver- Stampff-Segen- Bohren-*

[37] Böckler (1662).

Walcken- Mangen/und dergleichen anzuordnen. Beneben Nützlichen Wasserkünsten Als da seynd Schöpff- Pomppen- Druck- Kugel- Kästen- Blaß- Wirbel- Schnecken Feuer-Sprützen und Bronnen-Wercken. Damit das Wasser hoch zuheben/zuleiten und fortzuführen/auch andern Sachen/so hierzu dienlich und nützlich zugebrauchen/Alles mit grosser Mühe und sonderbahrem Fleiß/auch meisten Theil auß eigner Erfahrung/dem Liebhaber dieser Künste zusammen getragen und colligirt Durch Georg: Andream Böcklern, Architect. & Ingenieur.

Böckler zeigte dem Betrachter seines Maschinentheaters auf eindrucksvolle Weise, wie mit Pferden auf Drehscheiben oder mit Wasserkraft aus kanalisierten Bächen Mühlen angetrieben, Holzstämme durchbohrt, Gruben entwässert und was sonst an praktischen Künsten eingesetzt werden konnte, um mit Technik die Bedürfnisse des Alltags zu befriedigen. Schon ein halbes Jahrhundert vor Böcklers *Theatrum Machinarum Novum* hatte Salomon de Caus in seinem Werk *Von Gewaltsamen Bewegungen* gezeigt, wie einfache Maschinen zum nützlichen Gebrauch eingesetzt werden konnten. Kupferstiche von Flaschenzügen, Seilwinden und Zahnradanordnungen unterschiedlicher Größe illustrierten darin, wie man dank des Hebelgesetzes riesige Lasten hochheben kann. Auch bei diesen Darstellungen gingen Fiktion und Realität Hand in Hand. Daraus sollte man jedoch nicht den Schluss ziehen, dass die Ingenieure der Barockzeit in ihrem Maschinentheater die Wirklichkeit aus den Augen verloren.

BRUNNHÄUSER

Zu den tagtäglichen Bedürfnissen des Alltags gehörte vor allem die Wasserversorgung – in Form von Wasserkraft für Mühlen, für das Entwässern von Gruben oder für die Versorgung mit Trinkwasser.[38] Im 17. Jahrhundert wurden die Schöpf- und Ziehbrunnen, aus denen selbst in großen Städten die Bewohner seit alters her Grundwasser mit eigener Muskelkraft an die Oberfläche beförderten, zunehmend durch Brunnen ersetzt, denen das Wasser aus höher gelegenen Reservoirs über Wasserleitungen zugeführt wurde. Dazu bedurfte es einer Wasserkunst, die mehrere Techniken kombinierte: Als erstes wurde aus Flüssen Wasser in Stadtbäche geleitet, wo man die Wasserkraft ohne Gefahr von Überschwemmungen für Brunnhäuser nutzen konnte. Dort wurden mit Wasserrädern Pumpen angetrieben, die aus Brunnen Grundwasser in hoch gelegene Behälter förderten. Der

[38] Zur Geschichte der Wasserversorgung aus unterschiedlichen historischen Perspektiven siehe Bayerl (1980), Böhme (1988) und von Reden u. Wieland (2015).

Höhenunterschied zwischen dem Hochbehälter im Brunnhaus und den daran angeschlossenen Stadtbrunnen sorgte dafür, dass dort das Wasser wie von selbst sprudelte. Auch dieses Prinzip der Wasserversorgung wird im Maschinentheater dargestellt. Wie es im Alltag zur Anwendung kam, zeigen die Kupferstiche des holländischen Ingenieurs Cornelis Meijer,[39] der im 17. Jahrhundert nach Rom reiste und seine Beobachtungen über die Technik der Springbrunnen und andere Wasserbautechniken ausführlich dokumentierte.

Brunnhäuser mit Wasserrädern, Pumpen und Wasserreservoirs wurden vor allem dort gebaut, wo das Trinkwasser nicht aus nahen Quellen über ein natürliches Gefälle herangeführt werden konnte. Die Reservoirs wurden oft in Wassertürmen getrennt vom Pumpwerk untergebracht, um so für den notwendigen Höhenunterschied zu den Stadtbrunnen zu sorgen. In München zum Beispiel begann die Versorgung mit »laufendem Wasser« im 16. Jahrhundert. Aus der Isar abgezweigte Stadtbäche – ursprünglich natürliche Seitenarme des Wildflusses – wurden in Kanälen um und durch die Stadt geführt, um damit Wasserkraft für Mühlen und Brunnhäuser bereitzustellen.[40] Bis auf Modernisierungen bei der Pumpentechnik bestand diese Art der Wasserversorgung bis ins 19. Jahrhundert fort. Das Wasser wurde durch Bleirohre in die Reservoirs im obersten Stock der Wassertürme gedrückt, die meist an der Stadtmauer lagen. Von dort wurde es durch hölzerne Rohre (»Deicheln«) zu den verschiedenen Stadtbrunnen geführt.[41] Auch wenn den Münchner Wasserkünstlern im 16. und 17. Jahrhundert der physikalische Zusammenhang von Wasserdruck und Fließgeschwindigkeit noch nicht bekannt war, sagte ihnen die Erfahrung, wo ein hoher Druck den Einsatz von Bleirohren erforderlich machte, und wo die einfacheren Holzrohre genügten.

Die Springbrunnen in Rom wurden, wie dieser Kupferstich des holländischen Wasserbauingenieurs Cornelis Meijer zeigt, mit Wasser aus Hochbehältern versorgt. Es musste mit Muskelkraft aus dem Grundwasser hochgepumpt werden.

Auch die Lustgärten erhielten ihr Wasser aus Hochbehältern von Brunnhäusern oder Wassertürmen, sofern sie nicht wie der Heidelberger Schlosspark terrassenförmig an einem Hang angelegt waren und mit Wasser aus höher gelegenen Quellen versorgt

39 Meijer (1685).

40 Rädlinger (2004).

41 Henle (1912).

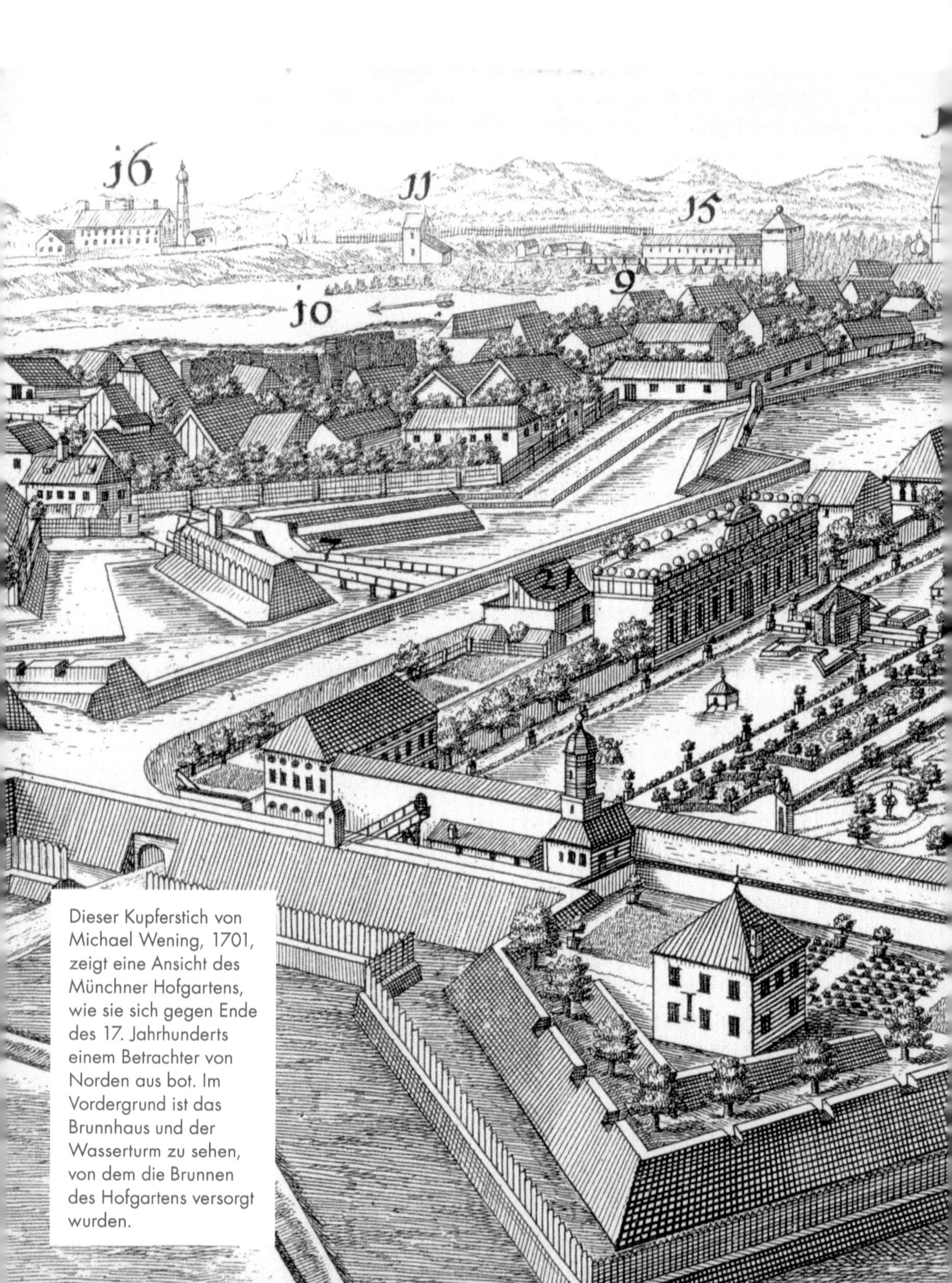

Dieser Kupferstich von Michael Wening, 1701, zeigt eine Ansicht des Münchner Hofgartens, wie sie sich gegen Ende des 17. Jahrhunderts einem Betrachter von Norden aus bot. Im Vordergrund ist das Brunnhaus und der Wasserturm zu sehen, von dem die Brunnen des Hofgartens versorgt wurden.

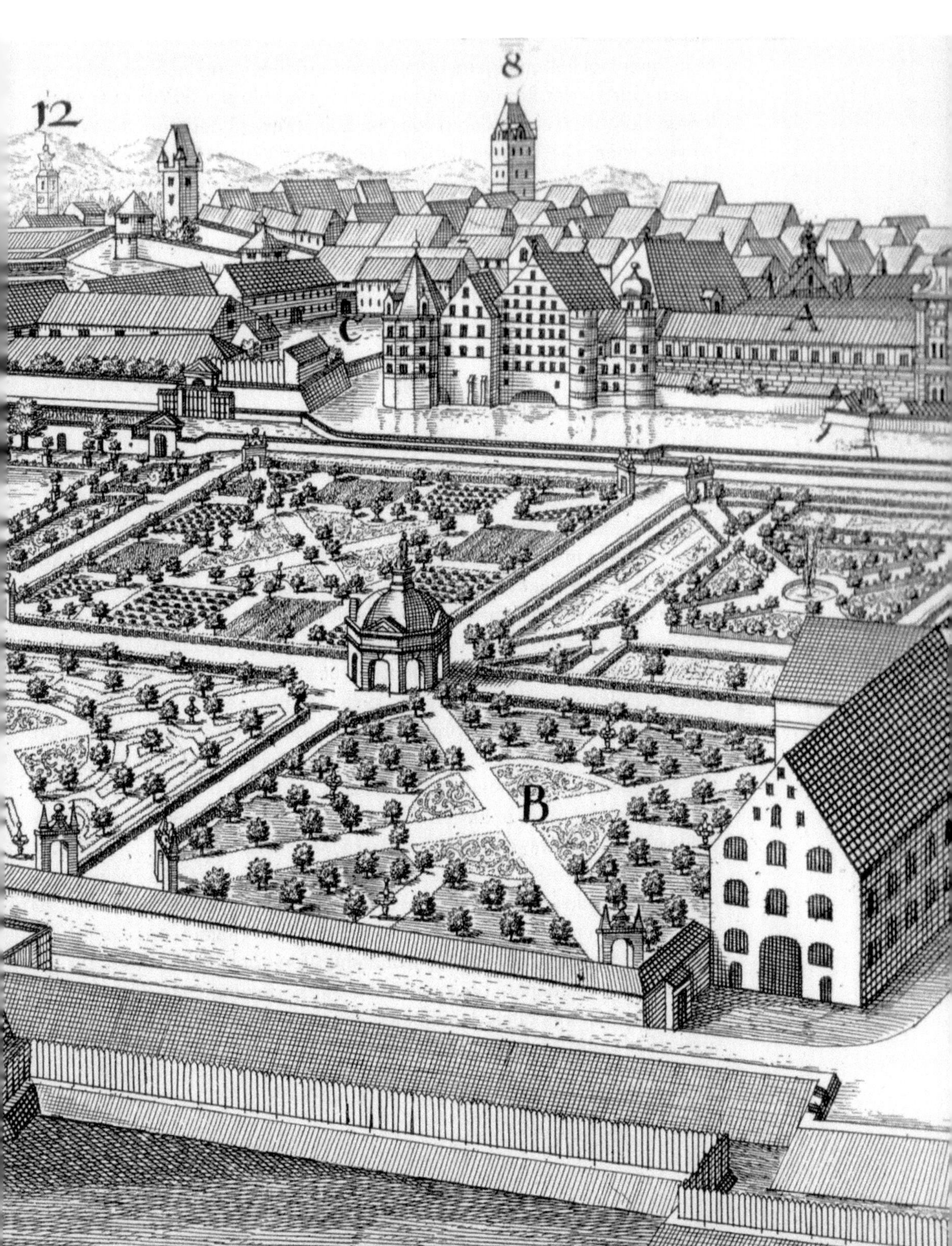
12
8
C
A
B

werden konnten. Die bayerischen Herzöge, Kurfürsten und Könige am Münchner Hof ließen eigene Brunnhäuser errichten, um die Springbrunnen in den Gärten der Residenz und in dem außerhalb der Stadtmauer angelegten Hofgarten unabhängig von den Brunnhäusern der Stadt mit Wasser zu versorgen. Die Energie für den Antrieb der Wasserräder und Pumpen des Hofgarten-Brunnhauses kam aus einem Stadtbach, der westlich entlang der Stadtmauer um München herumführte. Das Brunnhaus und der zugehörige Wasserturm befanden sich, wie auf frühen Stichen deutlich zu sehen ist, an der Nordseite des Hofgartens. Einem Wasserbuch für das »Brunnhaus am Hofgarten« zufolge wurde auch an Abnehmer außerhalb des Hofes gegen Bezahlung Wasser abgegeben.[42]

ADELAIDES NYMPHENBURG

Wo keine Stadtbäche und Kanäle vorhanden waren, um die Wasserräder und Pumpen von Brunnhäusern anzutreiben, fehlte den Lustgärten das belebende Element Wasser. Der Baugrund für das »Lusthauß Nymphenburg«, den der bayerische Kurfürst Ferdinand Maria 1663 nach der Geburt des Thronfolgers Max Emanuel seiner Gemahlin Adelaide schenkte, lag für damalige Verhältnisse zu weit außerhalb der Stadt, um von den Brunnhäusern in der Nähe der Münchner Residenz mit Wasser versorgt zu werden. Die »Schwaige Kemathen«, wie der Gutshof neben dem für das Lustschloss vorgesehenen Baugelände hieß, verfügte zwar über einen Brunnen, aber der reichte nur für den Bedarf des bäuerlichen Betriebes. Als das Lustschloss bereits fertiggestellt und auch der Lustgarten weitgehend angelegt war, erkannte man, dass der Brunnen des Gutshofs nicht genug Wasser für die Springbrunnen im Lustgarten liefern würde. Aus den erhaltenen Quellen – meist Rechnungen über Ausgaben für die Bezahlung der Handwerker – geht nur hervor, dass man im Jahr 1674 den Bau eines Brunnwerks in Angriff nahm. Es war vermutlich in einem Seitenpavillon des Schlosses zusammen mit einer Schlossküche untergebracht.[43]

Woher das Wasser für dieses Brunnwerk kam und wie die Pumpen angetrieben werden sollten, mit denen das Wasser zur Schlossküche und zu den Springbrunnen gelangen würde, ist nicht überliefert. Aus dem Briefwechsel Adelaides mit ihren Verwandten in Turin geht hervor, dass sie auf die Planung des Schlossbaus und seine Ausgestaltung persönlich Einfluss nahm. Sie gab ihm auch den Namen »Nymphenburg« und ließ von italienischen Malern Deckengemälde mit Nymphenmotiven anfertigen. In Ge-

[42] Thiele (1988), S. 83.

[43] Bauer-Wild (1986), S. 40.

stalt von Brunnenskulpturen erfreute sich die antike Nymphenmythologie auch in den barocken Schlossgärten großer Beliebtheit. Eine »Nymphenburg« ohne Wasser hätte Adelaide aber kaum Freude bereitet. Vermutlich sahen ihre Pläne daher auch Kanäle für die Wasserzufuhr vor, doch die Quellen liefern darüber keine Aufschlüsse. Als sie 1676 starb, sprudelte aus den kunstvoll angelegten Brunnen in ihrem Lustgarten jedenfalls noch kein Wasser.

Max Emanuel, mit dessen Geburt im Jahr 1662 Adelaides Nymphenburg ihren Anfang genommen hatte, wurde 1680 der neue Kurfürst von Bayern. Er wollte sich zuerst in der großen Politik einen Namen machen, bevor er sich um die Schlossanlage von Nymphenburg kümmerte. Als die Türken 1683 Wien belagerten, sah er seine Chance gekommen. Anders als sein Vater, der eine eher zurückhaltende Neutralitätspolitik zwischen den europäischen Dynastien verfolgte und sich aus Konflikten heraushielt, wollte Max Emanuel auf dem Parkett der Großmächte mitmischen. Er stellte dem Kaiser ein bayerisches Heer zur Verfügung und zog selbst in die Schlacht, um Wien zu befreien. Nach der Rückkehr aus Wien ließ er sich als siegreicher Feldherr feiern. Enrico Zuccalli, der als kurfürstlicher Hofbaumeister schon mit dem Nymphenburger Bau befasst war, erhielt nun vom »Türkensieger« den Auftrag, im Norden von München ein Jagdschloss zu errichten. In nur fünf Jahren Bauzeit entstand auf diese Weise nahe dem älteren Schloss Schleißheim im Jahr 1688 das neue Schloss Lustheim.[44]

Nymphenburg blieb unterdessen unvollendet. Die den Schlossbau flankierenden Pavillons wurden abgerissen, um Teile davon in Lustheim zu verwenden.[45] In der Zwischenzeit bekräftigte der Kurfürst seinen Ruf als Feldherr bei der Befreiung Belgrads von den Türken. 1691 ging er als Statthalter der spanischen Niederlande nach Brüssel, um nach dem Ableben des spanischen Königs Ansprüche auf dessen Erbe anmelden zu können. Von den Ambitionen des Kurfürsten Max Emanuel als absolutistischer Herrscher und den Plänen für Schleißheim und Lustheim wird noch zu reden sein – der Lustgarten von Adelaides Nymphenburg blieb jedenfalls vorerst ohne eine ausreichende Wasserversorgung. Ein Kupferstich aus dem Jahr 1696 zeigt das Schloss und den dahinter angelegten kleinen Barockgarten, aber die Fontänen in den fünf angedeuteten Brunnenbassins auf dieser ersten Ansicht des Nymphenburger Lustgartens sind Fantasiegebilde.

[44] Heym (1984), S. 42–54.

[45] Bauer-Wild (1986), S. 42.

Michael Wenings Kupferstich aus dem Jahr 1701 zeigt die »Nymphenburg« und hinter dem Schlossbau den Lustgarten, wie er zunächst geplant war. Anders als beim Hofgarten ist hier jedoch keine Wasserversorgung zu sehen. Ohne einen Kanal und ein Brunnhaus blieben die in den Brunnenbassins angedeuteten Fontänen ein Wunschtraum.

Tatsächlich gab es darin nur vier Brunnenbassins; im Zentrum des Gartens befand sich ein kleiner Gartentempel, von dem 1696 aber wohl nur noch die Grundmauern erhalten waren, die der Kupferstecher irrtümlich für ein Brunnenbassin gehalten haben mag.[46]

Vielleicht ließ sich der Kupferstecher auch vom Gartenplan des Turiner Jagd- und Lustschlosses Venaria Reale inspirieren, der Adelaide als Vorbild vorgeschwebt haben mag. Was die halbrunde Gartenbegrenzung und die Schneise durch den dahinter liegenden Wald angeht, besteht zwischen den Anlagen bei Turin und Nymphenburg eine große Ähnlichkeit.[47] Doch die weiteren Planungen für den Nymphenburger Schlosspark folgten nicht mehr den italienischen Vorbildern Adelaides, sondern orientierten sich am Nonplusultra barocker Gartenkunst, das der Sonnenkönig Ludwig XIV. in Versailles anlegen ließ.

46 Bauer-Wild (1986), S. 21.

47 Castellamonte (1672), Fig. XV.

2 GRÖẞENWAHN IN VERSAILLES

Absolutistische Herrscher, die um 1700 ihre Schlösser mit Lustgärten versehen wollten, begnügten sich nicht mehr mit verspielten Wasserspielen wie in Hellbrunn oder im Hortus Palatinus. Größe und Macht sollten sich auch im Schlosspark widerspiegeln. Was sich der bayerische Kurfürst Max Emanuel für Schleißheim und Nymphenburg erträumte, hatte nicht mehr die Brunnen eines Salomon de Caus zum Vorbild, sondern die Fontänen von Versailles. Nirgendwo sonst symbolisierten die Wasserspiele den Größenwahn absolutistischer Herrscher so deutlich wie im Schlosspark des »Sonnenkönigs« Ludwig XIV. vor den Toren von Paris. In Versailles zeigten sich, was die Technik im Schlosspark betrifft, aber auch dieselben Probleme, die für die Anlagen in Nymphenburg zu bewältigen waren: Woher sollte das Wasser für die Springbrunnen kommen? Und wie konnten möglichst hohe Fontänen erzeugt werden?

JEAN PICARD UND DIE KUNST DER NIVELLIERUNG

Im Schlosspark von Versailles stand nicht wie in Paris ein mächtiger Fluss zur Verfügung, um die Springbrunnen mit reichlich Wasser zu versorgen. Für die Gärten der Tuillerien und den Louvre hatte Heinrich IV. 1608 am Pont Neuf ein Brunnhaus bauen lassen, das mit einem großen Wasserrad die Kraft der Seine für den Antrieb von Pumpen nutzte, um Wasser in höher angebrachte Reservoirs zu befördern, von wo es dann zu den Springbrunnen in den nahen Gärten geleitet wurde. La Samaritaine, wie dieses Brunnhaus genannt wurde, konnte pro Tag 700 000 Liter Wasser fördern.[48] In Versailles musste man zu anderen Mitteln greifen. Das für den Park vorgesehene Gelände lag in einer flachen Mulde, weit entfernt von Flüssen. Wasser in ausreichender Menge für die zahlreichen Fontänen heranzuschaffen, die sich der Sonnenkönig wünschte, war *das* Problem von Versailles.

Aber im Zeitalter des Absolutismus schreckte man vor großen Herausforderungen nicht zurück. 1681 wurde nach einer Bauzeit von 15 Jahren der

[48] Viollet (2005), S. 92–93. Für eine ausführliche Beschreibung aus dem 18. Jahrhundert siehe Belidor (1737), Buch III, Kap. IV, S. 170–186.

Canal du Midi in Betrieb genommen, der über eine Distanz von 240 km das Mittelmeer mit dem Atlantik verband und dabei die Wasserscheide zwischen den beiden Meeren in einer Höhe von 190 m über dem Meeresspiegel überwinden musste. Das dafür erforderliche System von Schleusen und die Wasserzuführung aus der Montagne Noire machten dieses Bauwerk zum Nonplusultra aller Kanalbauten in der frühen Neuzeit – und seinen Initiator und Organisator Pierre-Paul Riquet unsterblich.[49]

In Versailles hatten die hydraulischen Arbeiten für die Versorgung der Springbrunnen im Schlosspark ebenfalls in den 1660er-Jahren begonnen. 1663 baute man einen Wasserturm mit einer Pumpe, die von Pferden über Drehräder (»Pferdegöpel«) angetrieben wurde. Damit wurde Wasser aus einem nahen Teich in einen großen Behälter gepumpt, der im obersten Stockwerk des Wasserturms eingebaut war. 1666 legte man nahe beim Schloss drei weitere Reservoirs mit einem Fassungsvermögen von insgesamt 5000 m^3 an. Zusätzlich baute man auf der Anhöhe von Satory südlich des Schlosses ein Reservoir und im Umkreis davon mehrere Windmühlen, die mit Schöpfrädern und Pumpen aus Entwässerungsgräben Wasser in die Höhe und über Aquädukte und Rohrleitungen in die Reservoirs beförderten.[50]

Man musste aber bald einsehen, dass alle Anstrengungen, Wasser aus der näheren Umgebung zum Schloss zu leiten, unzureichend waren, um die extravaganten Wünsche des Königs zu erfüllen. Wenn er die Wasserspiele im Schlosspark Besuchern vorführte, eilten ihm mehrere Brunnenmeister voraus und hinterher, um die Wasserzufuhr zu den Brunnen an- und wieder abzudrehen. Der nächste größere Fluss war in etwa 10 km Entfernung die Seine, aber sie lag deutlich tiefer als der Schlosspark von Versailles. Mühlen und Schöpfwerke, wie sie für die Wasserförderung aus Entwässerungsgräben und Bächen genutzt wurden, konnten hier nicht zum Einsatz kommen. Selbst ein so aufwendiges Brunnhaus wie La Samaritaine hätte nicht ausgereicht, um Seine-Wasser nach Versailles zu befördern.

1674 trat Riquet auf den Plan und machte den Vorschlag, einen Kanal von der Loire in mehr als 160 km Entfernung nach Versailles zu bauen, um auf diese Weise den Schlosspark mit reichlich Wasser aus einem der größten Flüsse Frankreichs zu versorgen. Jean-Baptiste Colbert, der Finanzminister des Sonnenkönigs, reichte diesen Vorschlag an Charles Perrault weiter, der für die Kontrolle aller staatlichen Bauvorhaben verantwortlich

[49] Mukerji (2009).

[50] Barbet (1907), S. 22–51.

war, und der berichtete in seiner Autobiografie sehr ausführlich von den weiteren Entwicklungen:[51]

> *Man hielt den Vorschlag, einen Teil der Loire nach Versailles zu führen, für sehr aussichtsreich. [...] Der Vertrag* [mit Riquet] *war schon unterschriftsreif, als ich zufällig mit Abbé Picard von der Académie des Sciences über dieses Vorhaben sprach. Er sagte mir, dass dies unmöglich sei. Er habe das Gelände nivelliert – zugegebener Weise nur grob, aber ausreichend, um versichern zu können, dass nicht genügend Gefälle vorhanden sei, um das Wasser wie vorgeschlagen über die Hügel von Satori gegenüber von Versailles zu bringen. Ich berichtete dies Colbert, der darüber sehr betrübt war; er ließ Abbé Picard kommen, der ihm genau dasselbe wie mir sagte. Colbert war verärgert darüber, dass sich damit dem Plan, den er dem König zu präsentieren gehofft hatte, ein Hindernis in den Weg stellte.*

Abbé Jean Picard war nach dem Studium in einem Jesuitenkolleg Priester geworden, hatte sich danach aber als Astronom und Erfinder von Präzisionsinstrumenten für Vermessungen einen Namen gemacht. Die Pariser Académie des Sciences wählte ihn schon kurz nach ihrer Gründung im Jahr 1666 zu ihrem Mitglied. Drei Jahre später erwarb er sich neuen Ruhm mit einer genauen Vermessung des Meridianbogens zwischen zwei Breitengraden (von Paris nach Amiens). Aus seinem Ergebnis konnte man den Umfang bzw. Radius der Erde mit bislang unerreichter Präzision berechnen. Als Perrault ihm von Riquets Plan eines Kanals von der Loire nach

[51] Perrault (1909), S. 115–116, zitiert nach Loriferne (1987), S. 281–282: *On écouta plus favorablement la proposition que l'on fit d'amener à Versailles une portion de la riviére de Loire. M. Riquet, qui a fait le canal de la communication des mers, étoit l'entrepreneur de ce travail, et le devoit exécuter moyennant la somme de deux millions quatre cens mille livres. Le traité étoit prét à signer, lorsqu'ayant par hasard parle de cette proposition à M. l'abbé Picard, de l'Académie des sciences, il me dit que cela étoit impossible, qu'il avoit nivelle le terrain, fort légérement à la vérité, mais suffisamment pour pouvoir assurer qu'il n'y avoit pas de pente pour l'amener ou on le proposoit, qui étoit sur la montagne de Satori, vis-à-vis de Versailles. Je dis cela à M. Colbert, qui marqua du chagrin de ce que je lui disois ; il m'ordonna cependant de faire venir M. l'abbé Picard, qui lui dit positivement les mémes choses. M. Colbert, fache de voir de l'obstacle å la satisfaction qu'il espéroit donner au Roi, poussa un peu l'abbé Picard en lui disant qu'il devoit prendre garde à ce qu'il avancoit, que M. Riquet n'etoit pas un homme ordinaire, et que les grandes choses qu'il avoit faites dans le canal de la communication des mers étoient un préjugé qu'il ne se trompoit pas aussi lourdement que l'on vouloit le lui faire entendre.*

Versailles erzählte, erschien ihm dies nach eigenem Bekunden reichlich kühn.[52]

Danach kam es zur unvermeidlichen Konfrontation zwischen Riquet und Picard. Expertenmeinung stand gegen Expertenmeinung. Colbert sah sich gezwungen, Riquets Plan auf den Prüfstand einer neuen Vermessungsinitiative zu stellen. Picard und weitere Akademiemitglieder wurden beauftragt, das Gelände zwischen der Loire und Versailles möglichst genau zu vermessen. Die Messungen wurden im September 1674 durchgeführt. Picard und seine Assistenten von der Akademie wurden, so berichtet Perrault, mit königlicher Ermächtigung ausgestattet, um ihnen Zugang zu allen Orten zu verschaffen, die sie für die Nivellierung des Geländes aufsuchen mussten. Am Ende zeigte sich, dass der Schlosspark von Versailles höher lag als die Stelle, wo Riquet den Kanal von der Loire abzweigen wollte:[53]

> *Die Nivellierung wurde mit größtmöglicher Genauigkeit durchgeführt und mit einer unendlich viel größeren Sorgfalt als jene der Leute um Riquet, von denen die meisten einfache Maurer aus den Dörfern waren. Man fand, dass das Wasser der Loire nur bis auf eine Höhe deutlich unterhalb des Schlosses von Versailles herangeführt werden konnte und so nicht die erhoffte Wirkung haben würde. Dadurch wurden dem König nicht nur Ausgaben von 2,400,000 Livres und möglicherweise noch viel mehr erspart (denn diese Art von Ausgaben übersteigen bei vielen Projekten die ursprünglichen Schätzungen), sondern auch die Aufregung, die Unruhe und Belästigungen, die überall im Land heraufbeschworen worden wären* [...] *Es war mir eine Freude, dass ich helfen konnte, dieses verrückte und unglückliche Unternehmen abzuwenden.*

Picards Kunst der Nivellierung beruhte nicht nur auf dem akribischen und mit akademischen Mitarbeitern durchgeführten Vorgehen, das seine Vermessungen von denen seines Rivalen unterschied, sondern auch auf einem

[52] Picard (1684), S. 142–144. Siehe dazu auch Loriferne (1987), S. 281.

[53] Perrault (1909), S. 106–107, zitiert nach Loriferne (1987), S. 284: *Le nivellement fut fait avec toute l'exactitude possible et avec des niveaux d' une justesse infiniment plus grande que celle des gens de M. Riquet, la plupart macons de village, et il fut trouvé que l'eau ne pouvoit venir que plus bas que le pied du chateau de Versailles, et qu' ainsi elle ne feroit point les effets pour lesquels on avoit désiré de l'avoir. Cette precaution n'epargna pas seulement au Roi 2,400,000 livres, et peut-être beaucoup davantage (car ces sortes de dépenses excédent toujours de beaucoup les projets qu'on en dresse), mais le trouble, l'inquiétude et le dommage qu'on auroit fait dans tous les pays ... Ce me fut un plaisir d'avoir aidé à détourner cette folle et malheureuse entreprise.*

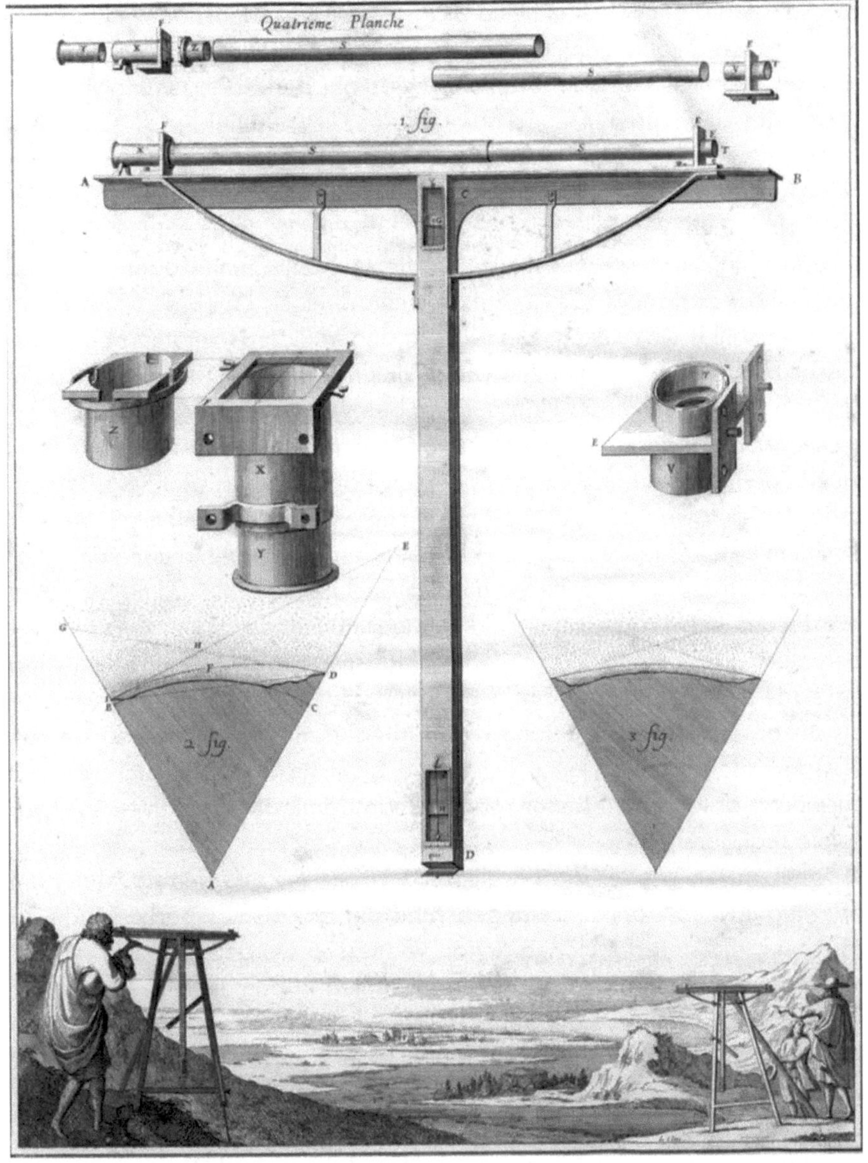

Mit diesem Nivellierinstrument bestimmten Jean Picard und seine Assistenten von der Académie des Sciences die Höhenunterschiede im Gelände zwischen der Loire und Versailles. Da Versailles wenige Meter höher lag als die Loire, wurde der Plan eines Kanals von der Loire nach Versailles fallen gelassen.

von ihm erfundenen Messinstrument, bei dem die Waagerechte mit einem Senkblei eingestellt wurde und das Ablesen von entfernten Messlatten durch ein Fernrohr mit Fadenkreuz erfolgte.

Im Vergleich zu den älteren Vermessungsinstrumenten konnte damit die Genauigkeit deutlich gesteigert werden. Wo man früher auf einen Kilometer Entfernung Höhenunterschiede auf ein paar Dezimeter genau messen konnte, betrug der Fehler mit Picards Nivelliergerät kaum noch einen Zentimeter.[54] Picard konnte das Gelände zwischen Versailles und der Loire also fast auf den Meter genau nivellieren, was bei den geringen Höhenunterschieden von wenigen Metern durchaus ins Gewicht fiel.

HERAUSFORDERUNGEN FÜR AKADEMIKER

Picard war nicht nur bei der Überprüfung des Plans für einen Kanal von der Loire nach Versailles als Experte gefragt. 1678 machten die Wasserbautechniker des Königs, die für die hydraulischen Fragen rund um das Schloss zuständig waren, den Vorschlag, einen Nebenfluss der Seine nach Versailles umzuleiten. Die Nivellierungen Picards zeigten aber, dass dieser Fluss auf seiner ganzen Länge unterhalb des Schlossparks dahinfließt, sodass auch dieser Plan aufgegeben werden musste.

Die Versorgung des Schlossparks von Versailles mit ausreichend Wasser wuchs den Technikern vor Ort über den Kopf. Colbert und sein Bauaufseher Perrault wandten sich deshalb immer wieder an die Mitglieder der Académie des Sciences, um ihren Rat bei den vielfältigen Fragen einzuholen, die sich auf den Baustellen um das Schloss stellten.[55] Edme Mariotte, wie Picard ein Akademiemitglied der ersten Stunde, hatte zum Beispiel berechnet, dass die mittlere Niederschlagsmenge im Seine-Becken rund um Paris ausreichen sollte, um auch den Schlosspark reichlich mit Wasser zu versorgen. Wenn es gelänge, den Niederschlag auf einer Fläche von 100 km^2 nach Versailles zu leiten und nicht im Boden versickern oder ungenutzt ablaufen zu lassen, könnte man damit alle geplanten Wasserspiele realisieren.[56]

Damit waren wieder die Nivellierungskünste Picards gefragt, denn um das Regenwasser an den Hängen rund um das Schlossparkgelände zu sammeln, mussten die Höhen genau vermessen werden, um das Wasser mit künstlich angelegten Gräben und Kanälen in Sammelteiche zu leiten, von wo es dann über Aquädukte und durch Rohre zu den Reservoirs am Rand des Schlossparks fließen konnte. Nach Picards Tod im Jahr 1682 wurden diese Arbeiten von Thomas Gobert als »Architekt für die Bauwerke des Königs« und dem Akademiker Philippe de la Hire fortgeführt. So entstand ein ausgedehntes Netz von Kanälen, Teichen und Wasserleitungen, mit denen die Niederschläge aus einem riesigen Einzugsgebiet gesammelt und nach Versailles geführt wurden. Die Kapazität der Sammelbecken be-

[54] Kasser (1987).

[55] Soullard (2001).

[56] Guillerme (1983), S. 192.

trug 8 000 000 m³, und das Netz der Abflussgräben und Kanäle erstreckte sich auf eine Länge von 180 km. Mit diesem System wurde mehr als zwei Jahrhunderte hindurch der Wasserbedarf im Schlosspark von Versailles befriedigt.[57]

Das Heranschaffen von Wasser war eine Sache, die hydraulischen Anlagen zum Betrieb der Fontänen eine andere. Wieder überließ Colbert dies nicht allein den mit Brunnenanlagen erfahrenen »Fontainiers«, sondern suchte auch dafür den Rat der Physiker aus der Akademie. Einer von ihnen war Christian Huygens, ein Akademiemitglied der ersten Stunde. Er hatte schon ein Jahr nach der Akademiegründung eine Abhandlung über *Die bewegende Kraft fließenden und fallenden Wassers* verfasst und damit die Forschungsthemen benannt, die für die Wasserspiele von Versailles eine maßgebliche Rolle spielten. Dazu gehörte zum Beispiel die Überprüfung des von Galileis Schüler Evangelista Torricelli 1643 formulierten Gesetzes, dass die Geschwindigkeit, mit der Wasser aus einer Düse am Boden eines bis zu einer bestimmten Höhe gefüllten Gefäßes ausströmt, gleich der Geschwindigkeit ist, die ein Körper im freien Fall aus dieser Höhe bis zum Boden erhalten würde. Daraus ließ sich umgekehrt der Schluss ziehen, dass ein aus einer Düse austretender Wasserstrahl maximal bis zur Höhe des Wasserspiegels im Reservoir hochschießt, aus dem die Fontäne gespeist wird.

Torricelli hatte seine Formel jedoch auf einem fragwürdigen theoretischen Fundament aufgebaut (Anhang, S. 185). Er konnte auch keine zwingenden experimentellen Belege dafür liefern. Dennoch scheint Huygens anfänglich von ihrer Richtigkeit überzeugt gewesen zu sein, wie er in einem Manuskript aus dem Jahr 1668 zu erkennen gab:[58]

> *Wenn wir die Experimente betrachten, die wir über die Strömung und das Springen von Wasser angestellt haben, müssen wir meines Erachtens zu dem Schluss kommen, dass die auf ähnlichen Versuchen begründete Theorie Torricellis wahr ist; wenn man gelegentlich die Praxis nicht in exakter Übereinstimmung mit dem theoretisch zu Erwartendem*

[57] Soullard (2001), S. 7–8.

[58] Zitiert nach Calero (2008), S. 274: *After having considered the experiments we made concerning the flow and springing of water, I think we must conclude that the theory given by Torricelli based on similar experiments is true, and that although sometimes one finds that practice does not correspond exactly to speculation, this depends only on some special circumstances, which upon examination allow the cause of this difference to be seen.*

III. Partie. 309

Pour toutes les differentes hauteurs on se servira de la Table suivante.

Hauteur du Iet.	Hauteur du Reservoir.	
5. pieds	5 pieds	1 pouce.
10.	10.	4.
15.	15.	9.
20.	20.	16.
25.	25.	25.
30.	30.	36. ou 33. pieds.
35.	35.	49.
40.	40.	64.
45.	45.	81.
50.	50.	100.
55.	55.	121.
60.	60.	144. ou 72. pi.
65.	65.	169.
70.	70.	196.
75.	75.	225.
80.	80.	256.
85.	85.	289.
90.	90.	324. ou 117. pi.
95.	95.	361.
100.	100.	400.

Ainsi le jet de 30 pieds aura 33 pieds de reservoir; celuy de 60 pieds 72 pieds, celuy de 90 pieds 117 pieds; celuy de 100 pieds 133 pieds $\frac{1}{3}$; celuy de 120 pieds 168 pieds: il ne faut point de table plus lon-

N

Mariottes Tabelle über die Höhe von Fontänen und die dafür nötigen Höhen des Reservoirs.

findet, so hängt dies nur von besonderen Umständen ab, bei deren genauer Überprüfung man die Ursache dieser Abweichung herausfinden kann.

Doch schon ein Jahr später kamen ernsthafte Zweifel an Torricellis Formel auf, da sich bei den in der Akademie angestellten Experimenten deutliche Abweichungen zeigten. Ein mit Wasser gefüllter Zylinder von 35 Zoll (947 mm) Höhe und 5 Zoll 9 Linien (156 mm) Durchmesser wurde zum Beispiel durch eine im Boden angebrachte kreisrunde Öffnung von 4 Linien (9 mm) entleert. Die Zeitspanne für das Ausfließen dieser Wassermenge (bei gleichzeitigem Nachfüllen, um den Wasserdruck am Gefäßboden konstant zu halten) betrug 95 Sekunden, hätte nach Torricelli aber nur 65,4 Sekunden betragen dürfen. Huygens fand diese Abweichung zu groß, um sie noch mit irgendwelchen theoretisch nicht berücksichtigten Einflüssen zu rechtfertigen.

Experimente dieser Art wurden Teil des Forschungsprogramms, das insbesondere für Mariotte von 1668–1669 einen Großteil seiner akademischen Tätigkeit ausmachte.[59] Philippe de la Hire stellte nach Mariottes Tod die Ergebnisse dieser Forschungen in einem 1686 publizierten Werk unter dem Titel *Traite du mouvement des eaux et des autres corps fluides* (*Abhandlung über die Bewegung von Wasser und anderen strömenden Körpern*) zusammen.[60] Darin finden sich nicht nur Mariottes Schätzungen der mittleren Niederschlagsmenge für das Seine-Becken, das die Grundlage für die Anlage von Sammelgräben und Teichen rund um die Abhänge um Versailles bildete, sondern auch Experimente über Fontänenstrahlen, Wasserreservoire und Rohrleitungen. Dabei zeigte sich noch einmal, dass ein Fontänenstrahl

[59] Blay (1986).

[60] Mariotte (1686).

im Schlosspark nicht die von Torricelli berechnete Höhe erreichen kann. Mariotte kam jedoch zu dem Schluss, dass die Abweichungen von Torricellis Formel erst bei größeren Höhen ins Gewicht fielen: Für einen 30 Fuß hohen Fontänenstrahl musste der Höhenunterschied zum Reservoir 33 Fuß betragen; bei einem 60 Fuß hohen Strahl betrug die erforderliche Höhe des Reservoirs schon 72 Fuß, und ein 90 Fuß hoher Fontänenstrahl erforderte ein Reservoir in einer Höhe von 117 Fuß.

Es blieb allerdings offen, wie diese Beziehung von der Länge und dem Durchmesser der Rohrleitung zwischen Reservoir und Fontäne sowie von der Größe und Form der Düse abhing, durch die der Fontänenstrahl austrat. Die von Daniel Bernoulli, Leonhard Euler und anderen Theoretikern erarbeiteten Erkenntnisse über Strömungen in Rohren sind Errungenschaften des 18. Jahrhunderts – und auch damit konnten noch längst nicht alle Fragen der Hydraulik auf dem Weg über die Theorie gelöst werden. Vor allem die Höhe eines Fontänenstrahls gehörte auch im 19. Jahrhundert noch zu den besonderen Herausforderungen der Wasserbau-Ingenieure. Experimentelle Messergebnisse und theoretische Formeln ließen sich nur schwer miteinander in Einklang bringen. In einem Hydraulik-Lehrbuch aus dem Jahr 1880 beschrieb der Verfasser in einem eigenen Kapitel über »springende Strahlen« die in verschiedenen Schlossgärten gemachten Versuche und konnte am Ende nur resigniert feststellen:[61]

> *Die Steighöhe eines springenden Wasserstrahles wird offenbar durch so mannigfache und komplizierte Einflüsse bedingt, dass eine im befriedigenden Maße zutreffende Analyse und mathematische Formulierung kaum zu gewärtigen ist.*

DIE »MASCHINE VON MARLY«

Um 1680 war mit den Nivellierungen Picards für ein Netz von Auffanggräben, Kanälen und Sammelteichen rund um Versailles, den beim Schloss angelegten Reservoirs und den darunter im Schlosspark angelegten Brunnen eigentlich die Voraussetzung für ein funktionierendes hydraulisches System geschaffen, das den Sonnenkönig mit ansehnlichen Wasserkünsten hätte erfreuen können. Doch der wollte mehr und forderte mit einer Ausschreibung Ingenieure aus dem ganzen Land dazu auf, seinem Finanzminister Colbert Vorschläge für ein neues System der Wasserversorgung von Versailles zu unterbreiten. Der wählte aus den vorgeschlagenen Projekten eines aus, das darauf abzielte, bei Marly an der Seine ein Wehr

[61] Rühlmann (1880), S. 565.

Die »Maschine von Marly«, hier auf einem Gemälde von Pierre-Denis Martin aus dem Jahr 1723, illustriert die gigantischen Ansprüche des Sonnenkönigs für seine Wasserkünste in Versailles.

zu bauen. Mit der Energie des aufgestauten Wassers sollten Pumpen angetrieben werden, die das Wasser über das Ufer der Seine heben und zu einem Sammelteich leiten würden, von wo es dann durch Rohrleitungen nach Versailles fließen sollte.

Nach etwa vierjähriger Bauzeit ging diese »Maschine von Marly« 1685 in Betrieb. 14 Wasserräder mit einem Durchmesser von knapp 12 m setzten Pumpen in Bewegung, die Seine-Wasser in Etappen zu einem Aquädukt hochbeförderten. Mit den Pumpen bewegten die Wasserräder auch ein Holzgestänge, das die an der Seine erzeugte Hin- und Herbewegung für das Auf und Ab der Pumpenkolben über Hunderte von Metern zu Zwischenreservoirs und den dort installierten Pumpen übertrug. Von dort wurde das Wasser schließlich zum Aquädukt auf dem Kamm des Hochufers in 162 m Höhe über der Seine befördert – hoch genug, um es dann ohne den Einsatz weiterer Pumpen in ein Sammelbecken fließen zu lassen. Auch für das Netz aus Rohrleitungen scheute man keinen Aufwand. Es umfasste eine Länge von etwa 40 km und Rohre unterschiedlicher Stärke und Weite. Wo hoher Wasserdruck anfiel, benutzte man Gusseisenrohre mit Flanschen – eine Technik, die vor dem Industriezeitalter noch weitgehend unerprobt war. Beim Zusammenfügen dieser Rohre wurde zwischen den Flanschen Blei oder Kupfer eingefügt, um so die Leitung abzudichten. Die größten Rohre dieser Bauart hatten einen Innendurchmesser von knapp 50 cm.[62]

Bei Inbetriebnahme lag die aus der Seine zum Aquädukt hochgepumpte Wassermenge bei 4000 m³ pro Stunde. Aber die Reparaturanfälligkeit sorgte dafür, dass meist das eine oder andere Wasserrad ausfiel oder ein Gestänge auf dem Weg zu den Zwischenreservoirs brach, sodass immer nur ein Teil der Pumpen genutzt werden konnte oder die ganze Anlage zeitweilig stillgelegt werden musste. Aus einer Tabelle für das 18. Jahrhundert geht hervor, dass zum Beispiel von 1738 bis 1744 die nach Versailles geförderte Wassermenge im Mittel nur noch 160 m³ pro Tag ausmachte.[63] Tatsächlich wurde dieses Monstrum überwiegend für die Wasserversorgung eines näher gelegenen Schlossparks bei Marly genutzt. Für Versailles spielte es nur eine untergeordnete Rolle.

Dessen ungeachtet wurde die Anlage an der Seine wie kein anderes mechanisches Erzeugnis des 17. Jahrhunderts als ein Wunderwerk zeitgenössischer Technik bestaunt. Es repräsentierte die Macht des Sonnenkönigs. Das Missverhältnis von Aufwand und Ertrag wurde erst im Zeitalter der Industrialisierung kritisiert. Am Diskurs um die »Maschine von Marly« in verschiedenen Epochen zeigt sich, so konstatiert eine technikhistorische Studie unserer eigenen Epoche, »dass die Entwicklung hin zu jener ›Technokratischen Moderne‹, die das 19. und 20. Jahrhundert bestimmte, historisch kontingent war«. Der Wirkungsgrad einer Maschine wurde erst mit den Errungenschaften des Industriezeitalters als wesentlicher Faktor des technischen Fortschritts betrachtet. »Erst seit diesem Zeitpunkt konnte die Geschichte der Technik als ›Kampf um den Nutzeffekt‹ erzählt und die Maschine von Marly als kraftverschwenderisches Ungetüm beschrieben werden.«[64]

DER KANAL DER EURE

Die »Maschine von Marly« war kaum im Betrieb, da begannen 1685 schon die Planungen für ein neues technisches Ungetüm: den Bau eines Kanals, der aus 80 km Entfernung Wasser aus dem Fluss Eure nach Versailles

[62] Zu den technischen Einzelheiten der »Maschine von Marly« siehe Belidor (1737), Buch III, Kap. IV, S. 195–203, Barbet (1907), S. 93–140 und Viollet (2005), S. 93–99; zur Verwendung gusseiserner Rohre siehe Kottmann (1987).

[63] Barbet (1907), S. 134.

[64] Brandstetter (2006), S. 242–243.

abzweigen sollte.[65] Nach dem Tod von Colbert im Jahr 1683 übernahm der Kriegsminister Marquis de Louvois die Verantwortung für die Wasserversorgung von Versailles, und der betraute den Architekten für Festungsbauten, Marquis de Vauban, mit der Durchführung dieses Kanalprojekts. Im Unterschied zu dem gescheiterten Plan eines Kanals von der Loire nach Versailles standen dem Plan des Eure-Kanals vonseiten der Nivellierung keine Hindernisse entgegen. Der Ort, an dem die Eure angezapft werden sollte, lag 80 Fuß höher als das Schloss von Versailles. Die Nivellierung des Geländes, durch das der Kanal führen sollte, wurde von Philippe de la Hire durchgeführt, der schon an den Vermessungsarbeiten von Picard teilgenommen hatte und ebenfalls zu den Akademiemitgliedern der ersten Stunde zählte. In seinem 1686 geschriebenen Vorwort zu Mariottes *Traite du mouvement des eaux* gab la Hire dem Kanalprojekt auch den Vorzug vor reparaturanfälligen Wasserhebeanlagen wie in Marly:[66]

> *Ohne Zweifel ist es besser, Wasser durch Aquädukte fließen zu lassen, als es mit Maschinen in die Höhe zu befördern. Denn das so herangebrachte Wasser kann in ausreichender Menge herangeführt werden und ist nicht beeinträchtigt durch die häufigen Unterbrechungen, die als Folge von Reparaturarbeiten an den Wasserleitungen zu machen sind. Aber da Wasserhebemaschinen bei vielen Gelegenheiten eben doch sehr nützlich sind und man sich ihrer bedienen muss, hätte man sich gewünscht, dass Monsieur Mariotte uns eine schriftliche Äußerung seiner Meinung über die verschiedenen Pumpen und sonstigen Maschinen hinterlassen hätte, die bereits in Gebrauch sind oder für diesen Zweck auch nur vorgeschlagen wurden.*

Darin kommen die rivalisierenden Technik-Auffassungen des Ancien Regime zum Ausdruck, die mit Colbert und Louvois ihre politischen Repräsentanten hatten. Wo Colbert auf neue Technik in Gestalt von Maschinen

[65] Zum Projekt des Eure-Kanals siehe Barbet (1907), S. 74–81.

[66] Mariotte (1686), Preface: *On doit sans doute preferer les eaux courantes, qui sont conduites dans des aqueducs, à celles qui sont élévées par des machines, puisqu'elles ne sont pas sujettes à être souvent interrompues par les reparations qu' il faut faire aux conduites, & d'ailleurs 1'eau pouvant venir facilement en tres-grande abondance: mais comme il y a plusieurs occasions ou les machines sont d'une tres grande utilité, & ou 1'on est méme oblige de s'en servir pour 1'élevation des eaux, il auroit été à souhaiter que Monsieur Mariotte nous eût laissé par écrit ses sentimens sur les differentes pompes & autres machines qui sont en usage, ou qui ont été seulement propose pour cet effet …*

Reste des Aquädukts für den Eure-Kanal bei Maintenon.

setzte, favorisierte Louvois das an römischen Vorbildern orientierte Festungsbauwesen mit der Anlage von Kanälen und Aquädukten.[67]

Was die Größe der jeweiligen Projekte angeht, war das jedoch kein Gegensatz. Die Gigantomanie im Reich des Sonnenkönigs, die im Wasserhebewerk an der Seine ihren monströsen Ausdruck fand, verlieh auch dem Eure-Kanal einen monumentalen Charakter. Das Projekt wurde mit einem beispiellosen Aufwand vorangetrieben. Vauban erhielt vom König die Erlaubnis, dafür bis zu 30000 Soldaten als Bauarbeiter einzusetzen, und Louvois überzeugte sich höchstpersönlich zweimal im Monat auf den Kanal-Baustellen vom Fortgang der Arbeiten. Auf halber Wegstrecke galt es, ein Tal zu überbrücken. Dazu wurden zunächst zwei vertikale Schächte vorgesehen, die auf beiden Talseiten in die Abhänge gegraben und am Talgrund durch eine Rohrleitung verbunden werden sollten. Doch Louvois war diese Siphon-Lösung nicht imposant genug. Stattdessen sollte das Tal mit einem gewaltigen Aquädukt überbrückt werden, der mit 5 km Länge und bis zu 73 m Höhe selbst den Pont du Gard, das Relikt römischer Baukunst in Südfrankreich, an Monstrosität in den Schatten stellte. Dann setzte der pfälzische Erbfolgekrieg dem Einsatz der Soldaten als Bauarbeiter ein Ende. 1688 wurden die Arbeiten am Aquädukt eingestellt, und der bis dahin schon fertig gestellte Kanal endete wie in einer Sackgasse auf halber Strecke nach Versailles. Auch was die Kosten angeht, war der Eure-Kanal ein Monstrum. In den knapp zwei Jahren Bauzeit von 1686 bis 1688 verschlang er über acht Millionen Livres, mehr als doppelt so viel wie die »Maschine von Marly«.[68]

67 Weber (1998).

68 Barbet (1907), S. 79 und S. 134.

3 »SPRINGENDE WASSER« IN NYMPHENBURG

Der bayerische Kurfürst Max Emanuel hatte sich im Machtkampf der europäischen Dynastien um das spanische Erbe 1701 auf die Seite Frankreichs geschlagen. Seinen Hofbaumeister Joseph Effner und andere, die in Schleißheim und Nymphenburg die Schlösser und Parkanlagen gestalten sollten, schickte er nach Frankreich, um dort das notwendige Know-how zu erwerben. Ihm selbst brachte die Allianz mit dem Sonnenkönig einige Jahre der Verbannung aus Bayern ein, das nun unter österreichischer Besatzung litt, aber dies festigte nur seine Beziehungen nach Frankreich. Als er 1715 aus dem Pariser Exil nach München zurückkehrte, kamen in seinem Gefolge auch namhafte französische Künstler und Ingenieure an seinen Hof. Nymphenburg und Schleißheim wurden keine bloßen Kopien von Versailles, aber Le Notres Parkanlagen und die dort installierten Wasserkünste besaßen Vorbildcharakter. Und es gab Ähnlichkeiten, was die Probleme der Wasserversorgung betraf. Die Schlösser vor den Toren Münchens lagen in einem sehr flachen Gelände. Auch hier mussten sich die Gartenarchitekten fragen, woher das Wasser kommen sollte, wenn man die ambitionierten Pläne für den Ausbau der Schlossgärten zu großartigen Anlagen à la Versailles verwirklichen wollte.

EIN KANALSYSTEM VOR DEN TOREN MÜNCHENS

Anders als in Versailles stand dem bayerischen Kurfürsten keine Akademie zur Verfügung, bei der er sich Expertenrat einholen konnte. Aber die Lehren aus Frankreich waren deutlich genug: Eine bayerische Version der »Maschine von Marly«, mit der man weit entferntes Isarwasser zu den Schlossgärten hätte pumpen können, verbot sich angesichts der immensen Kosten und der absehbar hohen Reparaturanfälligkeit. Auch für ein gigantisches Kanalprojekt nach dem Muster des Eure-Kanals hätten die Finanzen des bayerischen Hofes kaum ausgereicht.

Doch man konnte sich andere Erfahrungen aus Versailles zum Vorbild nehmen. Die Nivellierung des Geländes, wie sie Picard und la Hire in den 1670er und 1680er-Jahren durchgeführt hatten, um das Regenwasser zu sammeln und über Kanäle in Sammelbecken zu leiten, versprach auch für Nymphenburg und die anderen Schlösser Max Emanuels im Norden Münchens in Schleißheim, Lustheim und Dachau einige Aussicht auf Erfolg – nicht zum Sammeln von Regenwasser, sondern zur Heranführung von Wasser aus nahen Flüssen und Bächen. (Das höher gelegene Jagdschloss Fürstenried im Südwesten von München wurde nicht an das Kanalnetz angeschlossen; auch innerhalb des kleinen Schlossparks wurden keine Kanäle angelegt; das Wasser für Fürstenried kam aus einem Brunnhaus an der Isar bei Großhesselohe.)[69]

Über Kanäle Verbindungen mit den Flüssen Isar, Würm und Amper herzustellen bot auch die Möglichkeit, auf dem Wasserweg das für den Ausbau der Schlösser benötigte Baumaterial herbeizuschaffen. Der Schlosspark von Schleißheim und Lustheim, der etwa 30 m tiefer lag als Nymphenburg, konnte mit Wasser aus den von der Isar abgezweigten Stadtbächen versorgt werden. Westlich von Nymphenburg bot die Würm die Möglichkeit einer direkten Kanalanbindung. Sie floss in einer Entfernung von 2 km auf einem wenige Meter höheren Niveau als das Nymphenburger Schlossparkgelände nordwärts. Um Höhendifferenzen auf so kurze Entfernungen festzustellen, mussten nicht wie in Versailles Präzisionsgeräte eingesetzt werden, die noch auf 100 km Entfernung Niveau-Unterschiede auf den Meter genau messen konnten. Es genügte die Erfahrung von Versailles, dass die Nivellierung des Umlandes für die Anlage von Wasserspielen im Schlosspark eine wichtige Maßnahme darstellt. Dem Bau von Springbrunnen vor den Schlössern des bayerischen Kurfürsten ging deshalb wie in Versailles zunächst die Nivellierung des Geländes voraus. Danach konnte man die Trassierung von Kanälen in Angriff nehmen, um die Schlossgärten mit ausreichend Wasser zu versorgen.

Von 1687 bis 1704 wurde mit dieser Zielsetzung ein weit verzweigtes Kanalsystem zwischen Isar, Würm und Amper angelegt.[70] Für Nymphenburg wurde im Jahr 1701 von der Würm auf einer Höhe von 526 m über dem Meeresspiegel ein Kanal gegraben, der bei einem Gefälle von nur 5 m auf 2 km Länge Würmwasser nach Nymphenburg leitete. Die Federführung dafür lag in den Händen von Le Notres Schüler Charles Carbonet, der damit als erster Experte aus dem Reich des Sonnenkönigs die Erfahrungen bei der Anlage von Kanälen in französischen Schlossgärten für die Planungen des Kanalnetzes vor den Toren Münchens zur Geltung

69 Ich danke Doris Fuchsberger für diese Auskunft.

70 Michel (1983); Kleinschroth u. Michel (1984); Hierl-Deronco (2001); Ongyerth (2005, 2006); Lamey (2007).

Das Kanalnetz im Münchner Norden, mit dem die Schlösser des Kurfürsten Max Emanuel verbunden werden sollten. Die Anbindung an die Residenz in München (punktiert) wurde später aufgegeben.

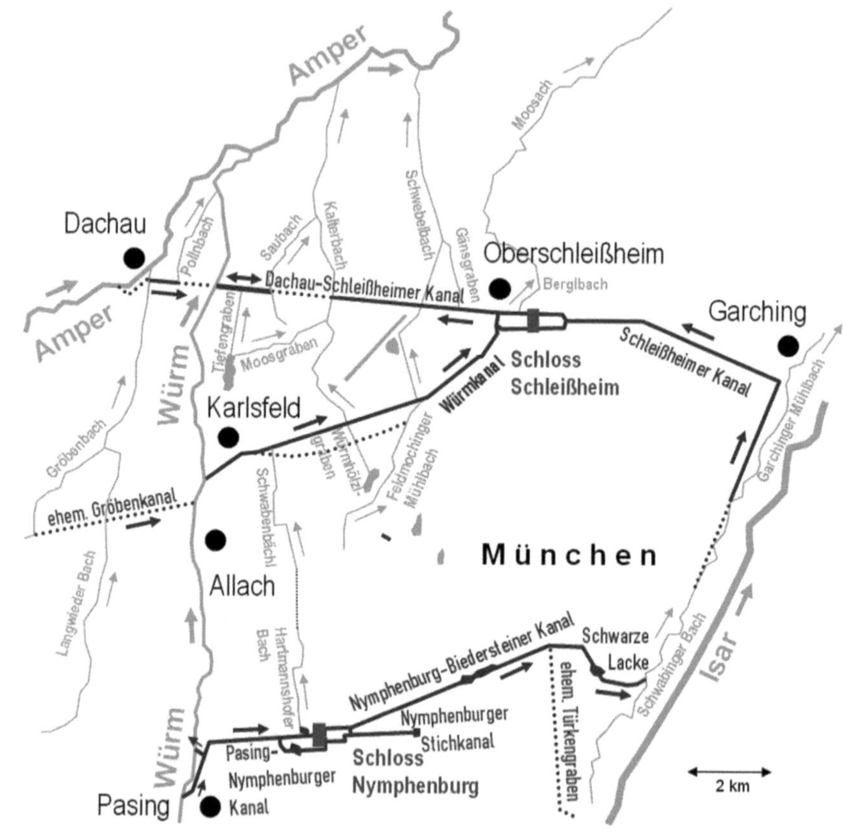

brachte.[71] Nach der Durchquerung des Nymphenburger Schlossparks wurde dieser Kanal nach Nordosten weitergeführt, wo er mit einem aus der Isar abgezweigten Stadtbach verbunden wurde. Von dort gelangte das Wasser über einen 11 km langen Kanal bei einem Gefälle von 14 m nach Schleißheim und Lustheim. Insgesamt erstreckte sich das Kanalnetz im Norden Münchens über eine Länge von mehr als 50 km.

Für den Aushub der Kanäle wurden vor allem Soldaten herangezogen. Sie dienten in Friedenszeiten als billige Arbeitskräfte. Über ein Kanalstück im Norden Münchens (Georgenschwaige) schwärmte der Kurfürst in einem Brief an eine seiner Geliebten, es sei »sehr schön« geworden, »und die Kosten dafür sind nicht hoch«.[72] Nicht alle Kanäle wurden so wie zuerst geplant realisiert. Der von der Residenz nordwärts führende Kanal

[71] Hager (1955), S. 24, Fuchsberger u. Vorherr (2015), S. 78.

[72] Fuchsberger u. Vorherr (2015), S. 81.

sollte ursprünglich in gerader Linie nach Schleißheim geführt werden; er wurde aber nur bis zur Kreuzung bei der Georgenschwaige mit dem aus Nymphenburg kommenden Kanal gebaut – und schließlich wieder aufgegeben. Vermutlich scheiterte dieses Projekt an der Schwierigkeit, das Wasser bei dem geringen Gefälle im Kanalbett zu halten. Der kiesige Untergrund der von den letzten Eiszeiten geschaffenen Münchner Schotterebene bereitete auch an anderen Stellen des Kanalnetzes erhebliche Probleme. Es dauerte mehrere Jahre, bis der im Kanalwasser mitgeführte Schlamm aus erdigen Bestandteilen den Boden und die Seitenwände soweit »angetränkt« hatte (wie man dies unter Kanalbauern ausdrückte), dass er als dicht gelten konnte.[73]

Doch diese Verzögerung spielte angesichts der politischen Verhältnisse in Bayern am Beginn des 18. Jahrhunderts keine Rolle. 1704, als das Kanalnetz bereits weitgehend fertiggestellt war, kam es im Spanischen Erbfolgekrieg mit der Niederlage des bayerisch-französischen Heeres in der Schlacht von Höchstädt zu einer entscheidenden Wende. Max Emanuel ging ins Exil, und alle Bauarbeiten in Nymphenburg und Schleißheim wurden eingestellt. Erst zehn Jahre später hatten sich die Verhältnisse so weit geändert, dass er an eine Rückkehr nach München und an eine Fortsetzung der Schlossbauten und Gartenanlagen denken konnte.

DIE WASSERFÜHRUNG IM NYMPHENBURGER SCHLOSSPARK

Als Max Emanuel 1715 aus dem Pariser Exil nach München zurückkehrte, hatte er nicht nur den französisch ausgebildeten Josef Effner als seinen Hofbaumeister im Gefolge, sondern auch Dominique Girard, der wie Carbonet sein Handwerk bei Le Notre gelernt hatte. Ludwig XIV. überließ ihm diesen erfahrenen Gartenarchitekten und Ingenieur als eine Art Geschenk für langjährige Bündnistreue. Außerdem gab es einschlägige Fachliteratur über die Anlage von Wasserkünsten in Schlossgärten. Schon 1665 hatte der Mathematiker und Jesuit Jean François in einem Werk unter dem Titel *L'art des fontaines* die Wasserversorgung für Springbrunnen detailreich dargestellt;[74] Carbonet hatte im Jahr 1701 bei der Anlage des aus der Würm abgezweigten Kanals dieses Wissen erfolgreich in die Praxis umgesetzt. 1713 hatte Antoine-Joseph Dézallier d'Argenville *La théorie et la pratique du jardinage* veröffentlicht, *das* Standardwerk spätbarocker Gartenarchitektur; auch darin handelte ein ganzes Kapitel »Von

[73] Ponten (1928).

[74] François (1665).

Auf diesem Plan des Nymphenburger Schlossparks aus dem Jahr 1755 ist die Wasserführung mit unterschiedlichen Grautönen angedeutet. Der dunkelgrau gefärbte Kanal hielt einen Teil des Wassers auf dem höchsten Niveau. Dazu wurde das in den Park eintretende Wasser mit einer Kaskade (oben) gestaut. Das über den Kaskadenrand überlaufende Wasser wurde in dem breiten, 2 m tiefer angelegten Hauptkanal weitergeführt und am Ende wieder mit einer Kaskade gestaut, wo das überlaufende Wasser auf die niedrigste Höhenstufe (hellgrau) gelangte.

der Suche nach Wasser und den verschiedenen Arten, es in die Gärten zu leiten«.[75]

Trotz dieser Fachliteratur und der aus Frankreich mitgebrachten Erfahrungen standen Effner als Hofbaumeister und Girard als sein Gartenarchitekt und Wasserbauingenieur vor einer gewaltigen Herausforderung. Die Anlage von Springbrunnen im Nymphenburger Schlosspark war mit dem 1701 von der Würm abgezweigten Kanal noch lange nicht gelöst. Zwar strömte damit reichlich Wasser durch den Park – mit 1,8 m³ Wasser pro Sekunde übertraf dieser Kanal[76] sogar die von der »Maschine von Marly« zu ihren besten Zeiten aus der Seine hochgepumpte Fördermenge von 4000 m³ pro Stunde; doch um Fontänen hochschießen zu lassen, musste man einen Teil dieses Wassers in höher gelegene Reservoirs pumpen. Bei dem geringen Gefälle des Kanals war die Fließgeschwindigkeit viel zu gering, um damit Wasserräder und Pumpen anzutreiben. Erst wenn man es mit einem Wehr aufstaute und einen Teil des Wassers in einem abgezweigten Kanal auf einem höheren Niveau hielt, konnte man damit Wasserräder antreiben und deren Drehbewegung über Kurbeln in eine Auf- und Ab-Bewegung für Pumpen überführen.

Diese Art der Wassernutzung war nicht grundsätzlich neu. In so manchem städtischen Brunnhaus wurde schon im 16. Jahrhundert mit dieser Technik das Wasser aus einem aufgestauten Stadtbach genutzt, um ein Wasserrad in Drehung zu versetzen und mit dieser Kraft Grundwasser aus einer Zisterne in ein Reservoir auf einem Wasserturm zu pumpen, von wo aus es dann zu den tiefer liegenden öffentlichen Stadtbrunnen fließen konnte.[77] Im flachen Gelände des Schlossparks erforderte eine Wasserführung, die eine Anlage von Brunnhäusern ermöglichte, jedoch besondere Maßnahmen. Zuerst musste – wie schon bei der Anlage des gesamten Kanalnetzes – das Gelände innerhalb des Schlossparks genau nivelliert werden, um eine Wasserführung auf unterschiedlichen Höhenstufen zu gewährleisten. Effner ließ gleich beim westlichen Eintritt des Kanals in den Park ein Wehr anlegen, dem er die Form einer halbrunden Kaskade gab. Das heranströmende Wasser wurde vor dieser Kaskade aufgestaut und in einen Seitenkanal abgezweigt, der es auf dieser Höhe weiter durch den Park leitete. Das über den Kaskadenrand fallende Wasser wurde in einem

[75] Dézallier d'Argenville (1713), Teil IV, Kap. I, S. 262–276: »De la recherche des Eaux, & des differentes manières de les conduire dans les Jardins«.

[76] Michel (1983), S. 45.

[77] Hoffmann (2000).

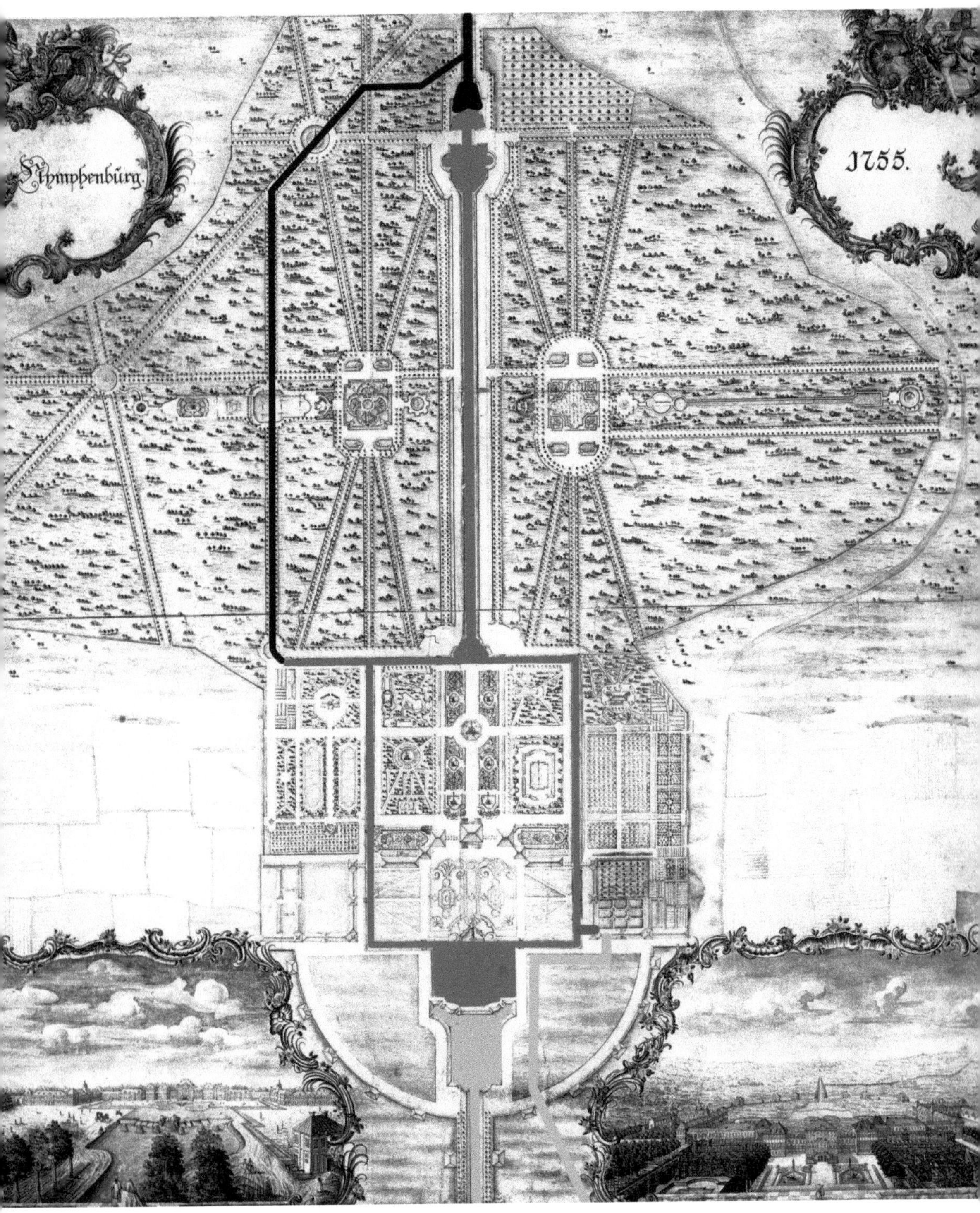
Nymphenbürg.
1755.

etwa 2 m tiefer liegenden und sehr breiten Hauptkanal auf direktem Weg dem Schloss entgegengeführt. Vor dem Schloss teilte sich dieser Kanal wieder in zwei Seitenkanäle, die auf der anderen Seite des Schlosses zusammengeführt und erneut mit einer Kaskade aufgestaut wurden. Das über diese Kaskade fallende Wasser endete in einem Stichkanal; der Rest des aufgestauten Wassers wurde vor der Kaskade abgezweigt und dem schon früher angelegten Kanal zugeführt, der es Richtung Schleißheim weiterbeförderte.

SCHLEUSEN

Die Kanäle sollten – wieder nach dem Vorbild von Versailles – auch mit Schiffen befahrbar sein. Die Schifffahrt gehörte zu den großen Vergnügungen der bayerischen Herrscher. Auf dem Würmsee unterhielten sie ein legendäres Prunkschiff namens »Bucentaur« mit einer Reihe von Begleitschiffen, die für die Jagd vom See aus benutzt wurden.[78] In Schleißheim und Nymphenburg dienten die neu angelegten Kanäle nicht nur dem praktischen Zweck, das Material für den Schlossbau heranzuschaffen; sie sollten auch vergnügliche Gondelfahrten in nächster Umgebung der Schlösser ermöglichen.

Da die Kanäle auf unterschiedlichen Höhenstufen verliefen, erforderte die Schiffbarmachung den Einbau von Schleusen. Auch dabei handelte es sich nicht um eine gänzlich neue Technik. Das Prinzip der Kammerschleuse wurde schon 1452 in dem Buch *De re aedificatoria* des Renaissance-Architekten Leon Battista Alberti folgendermaßen beschrieben: »Mach die Sperren doppelt, indem du den Fluss an zwei Stellen einschneidest und einen Zwischenraum lässt, der die Länge eines Schiffes fasst, so dass, wenn ein berganfahrendes Schiff hier landet, die untere Sperre geschlossen, die obere geöffnet werden muss; ist es aber ein zu Tal fahrendes, dagegen die obere geschlossen und die untere geöffnet werden muss.«[79] Einem Bericht des niederländischen Wasserbauingenieurs Simon Stevin zufolge war die Kammerschleuse um 1600 bereits seit Langem in Gebrauch. Im 17. Jahrhundert konnten die Ingenieure beim Schleusenbau also bereits auf eine Vielzahl von einschlägigen Erfahrungen zurückgreifen.[80] Gegen Ende dieses Jahrhunderts war das herausragende Vorbild für den Kanal- und

[78] Schober (2008).

[79] Zitiert nach Wreden (1919), S. 153.

[80] Eckoldt (1950).

Schleusenbau der 1681 fertiggestellte Canal du Midi mit Dutzenden von Kammerschleusen in unterschiedlichen Anordnungen.[81]

Auch in Nymphenburg orientierten sich die Garteningenieure an den französischen Kanalbauten, folgten bei den einzelnen Schleusen aber durchaus eigenen Vorstellungen. Bei den Schleusen des Canal du Midi sorgte eine ovale Kammerform dafür, dass die Schleusenwand dem Druck des dahinter liegenden Erdreichs standhielt. In Nymphenburg wählte man dafür einen achteckigen Grundriss, der Platz für zwei bis drei »welsche Gondeln« von maximal 8 m Länge bot und diese beim Füllen der Kammer von der stärksten Strömung fernhielt. Als Baumaterial für die Wände und den Schleusenboden wählte man »Tuffstein und Nagelstuck«, ein durch vulkanische Eruptionen abgelagertes und verschiedenen Sedimenten zusammengebackenes Gestein, das als besonders hochwertig galt und auch beim Bau der Schlossfundamente verwendet wurde. Für die zweiflügeligen Schleusentore benutzte man Eichenholz, das mit Eisenbändern verstärkt wurde. Zum Schutz der Gondeln wurden Boden und Wände jeder Schleusenkammer mit Holzbrettern bedeckt. Außerdem wurden, wie in einem Bauverzeichnis von 1754 festgehalten wurde, »Stüegen bey der Clusen« angebracht, aus Steinquadern bestehende Treppen, »damit die gdiste Herrschaften, wan solche auf dem Wasser fahren aussteigen können«.[82]

Die erste Schleuse im Nymphenburger Schlosspark wurde 1722 errichtet. Damit konnte die Hofgesellschaft auf dem Wasserweg vom Hauptkanal vor dem Schloss über den höher gelegenen südlichen Seitenkanal die Kaskade am westlichen Parkrand erreichen. Später wurde bei der Kaskade noch eine Schleuse angelegt, über die man direkt in den Hauptkanal gelangen konnte, und eine weitere außerhalb des Parks auf der Ostseite des Schlosses, die den Richtung Stadt führenden breiten Stichkanal für Gondeln befahrbar machte. Ferner bedurfte es mehrerer Brücken, um die Schifffahrt nicht an den Zufahrtswegen für Kutschen enden zu lassen. Sie wurden als Klappbrücken oder als verschiebbare Brücken aus Holz hergestellt. Bei der geringen Kanalbreite von wenigen Metern bedeutete auch dies keine besondere technische Herausforderung, macht jedoch einmal mehr deutlich, mit welch vielfältigen Aufgaben und Problemen die Ingenieure und Gartenarchitekten im Schlosspark konfrontiert waren.

81 Mukerji (2009).

82 Zitiert nach Fuchsberger (2014), S. 7.

DIE »HYDRAULISCHE MASCHINE« DES GRAFEN VON DER WAHL

Aus dem Blickwinkel zeitgenössischer Physik und Technik bestand die größte Herausforderung zweifellos in der Anlage der Wasserhebemaschinen, die mit dem Energieunterschied von Wasser auf geringfügig unterschiedlichen Höhenstufen mächtige Fontänen in die Höhe treiben sollten. Dafür empfahl sich Ferdinand Franz Xaver Graf von der Wahl, der von Max Emanuel bei seiner Rückkehr aus Frankreich zum Generalbaudirektor für die kurfürstlichen Baumaßnahmen ernannt worden war. Der Graf bedankte sich dafür 1716 mit einem dem Kurfürst gewidmeten Werk *Traite de l'Elévation des Eaux.*[83] Allerdings erwies er sich für den Posten des Baudirektors schon bald als schlechte Wahl. 1718 beschuldigte ihn ein Bauschreiber, dass in Nymphenburg »durchgehends bei alldortigem Bauwesen sehr schlecht gewirtschaftet und alles in Confusion« hinterlassen worden sei; außerdem habe der Graf sein privates Personal aus der kurfürstlichen Kasse bezahlt und für Nymphenburg bestimmtes Baumaterial für den Umbau seines eigenen Palais benutzt. Graf von der Wahl verteidigte sich mit Anschuldigungen gegen den Bauschreiber und warf ihm Verfehlungen wie Erpressung und Bestechung vor. Am Ende wurden beide entlassen.[84]

Was die Wasserkunst in seinem Nymphenburger Schlosspark angeht, konnte sich der Kurfürst jedoch nicht über seinen Baudirektor beklagen. Von der Wahls *Traite de l'Elévation des Eaux* bestand aus zwei Teilen. Im ersten Teil ging es um die Wasserleitungen, die von einem höher gelegenen Reservoir für die Fontänen im Parterre des Schlossparks benutzt werden sollten, und um die richtige Dimensionierung der Zuleitungsrohre und Fontänendüsen. Der zweite, mit *Essay des Machines Hydrauliques* überschriebene Teil widmete sich der Technik, mit der das Wasser in ein höher gelegenes Reservoir befördert wurde; er gipfelte in der Beschreibung einer »Maschine«, wie sie der Graf für den Nymphenburger Schlosspark konstruiert hatte.

Von der Wahl erklärte schon im Vorwort, dass er mit seiner Abhandlung Theorie und Praxis hydraulischer Anlagen zusammenbringen wollte. Er habe sich nach dem überstandenen Krieg auf sein Landgut zurückgezogen und »Fontainiers« damit beauftragt, in seinem Garten Brunnen anzulegen. Dabei habe er festgestellt, dass die Praktiker ihr Handwerk ohne ein theoretisches Rüstzeug ausübten (»... qu'un fontenier, quelque verse qu'il soit dans la pratique, ne sauroit travailler qu'en aveugle ...«), und sich

83 Wahl (1716).

84 Hauttmann (1913), S. 41 und Hierl-Deronco (2001), S. 211–214.

vorgenommen, solche Regeln und Maximen selbst zusammenzustellen. Er gab sich nicht den Anschein, als habe er diese Regeln aus einer bislang unpublizierten Theorie abgeleitet. Sein Werk enthält keine einzige Formel. Bei den meisten Regeln und Maximen handelte es sich um Verallgemeinerungen praktischer Erfahrungen. Die theoretische Grundlage hätten zum großen Teil französische Gelehrte geliefert:[85]

> *Zum Schluss muss ich den Leser darauf aufmerksam machen, dass alles, was ich in der Abhandlung über das Wasserheben und über die hydraulischen Maschinen zum Besten gebe, nicht nur auf den mathematischen Grundlagen beruht, über welche uns die Elemens de Mecanique & de Phisic der Herren von der Academie Royale des Sciences und die cours de Mathematique von Mr* [Jacques] *Ozanam, Pere Gaspar Schott, Pere* [Claude Francois Milliet] *Deschales, Mr* [Philippe] *de la Hyre,* [Blaise] *Pascal,* [Edme] *Mariotte und vieler anderer in der Wissenschaft der Mathematik versierter Autoren unterweisen; sondern mich berechtigt auch die Erfahrung selbst, die ich mit meinen Maximen gemacht habe, dazu, wie mir scheint, dass ich sie als Allgemeine und unfehlbare Regeln der Öffentlichkeit übergebe.*

Für die Zuleitung zu einer Fontäne, die von einem hoch gelegenen Reservoir gespeist wird, und die Größe der Düse, durch die der Fontänenstrahl zur maximalen Höhe emporschießen sollte, formulierte der Graf zum Beispiel folgende Maxime:[86] Bei einem 11 Fuß hohen Reservoir sollte der Rohrdurchmesser das Vierfache des Düsendurchmessers betragen, bei einem 21 Fuß hohen Reservoir das Fünffache, bei einer Höhe von 41 Fuß das Sechsfache, und bei 81 Fuß das Siebenfache. Bei dieser Maxime handelte es sich um eine durch eigene Versuche gewonnene Erfahrung, denn keine hydrodynamische Theorie des 18. Jahrhunderts (und darüber hinaus) konnte eine solche Gesetzmäßigkeit begründen.

[85] Wahl (1716), S. 229: *Avant que de finir je dois avertir le Lecteur, que tout ce que j'avance dans le Traité de l'Elevation des Eaux & dans celui des Machines Hydrauliques, n'est pas seulement fondé sur les principes des Mathematiques, que nous enseignent les Elemens de Mecanique & de Phisic par Mrs de l'Academie Royale des Sciences, les cours de Mathematique de M.* [Jacques] *Ozanam, le Pere Gaspar Schott, le Pere* [Claude Francois Milliet] *Deschales, M.* [Philippe] *de la Hyre,* [Blaise] *Pascal,* [Edme] *Mariotte, & beaucoup d'autres Autheurs consommes dans la science des Mathematiques: mais la propre Experience que j'ay fait de mes Maximes, me met assez en droit, ce me semble, de les donner pour Regies Generales & infaillibles au public.*

[86] Wahl (1716), S. 32.

Die »hydraulische Maschine« des Grafen von Wahl bestand aus einem Wasserrad, dessen Drehung in eine Auf- und Ab-Bewegung übersetzt und zum Antrieb von 12 Pumpen genutzt wurde. Das Wasserrad hatte einen Durchmesser von 24 Fuß. Es wurde über einen 2 Fuß tiefen Zustrom bei einem Gefälle von 10 Fuß mit 36 Kubikfuß Wasser pro Sekunde versorgt, das einem Kanal mit aufgestautem Wasser entnommen wurde.

Entsprechende Maximen, Regeln und Tabellen finden sich zu vielen anderen hydraulischen Problemen. »Gegeben sei die Menge des Wassers, die pro Sekunde in einem Zufluss einströmt, und das Gefälle, das man ausnutzen kann: man bestimme die Kraft, die damit auf ein Wasserrad übertragen werden kann«, so lautete zum Beispiel das »Problem I« im zweiten Teil von Wahls Abhandlung über hydraulische Maschinen: »Bekannt sei die Menge Wasser, die pro Sekunde in einem Fluss dahinfließt & und das Gefälle, das man dem Wasserlauf geben kann: Man finde die Kraft, die der so beschriebene Fluss auf das Wasserrad ausüben kann.«[87] Von Wahl setzte die Kraft auf die Schaufeln des Wasserrads einfach mit dem Gewicht des zuströmenden Wassers gleich, was das Problem jedoch nicht löst. Das Wasserrad wurde trotz seiner jahrtausendealten Geschichte erst um die Mitte des 18. Jahrhunderts zum Gegenstand von experimentellen und theoretischen physikalischen Untersuchungen, die über seine Wirkungsweise genauere Aussagen erlaubten.[88] Beim vertikalen Wasserrad lassen sich grob zwei Betriebsarten unterscheiden: Wenn es von oben angetrieben wird (»oberschlächtig«), wird die kinetische und die potenzielle Energie des heranströmenden und nach unten fallenden Wassers wirksam; wenn dagegen nur die unteren Schaufeln des Wasserrades in einen horizontal fließenden Wasserstrom eintauchen (»unterschlächtig«), können sie sich höchstens mit der Fließgeschwindigkeit des Wasserstroms bewegen, also nur dessen kinetische Energie ausnutzen.[89] Das Wasserrad der »hydraulischen Maschine«, die von Wahl für Nymphenburg konstruierte, wurde von einem schräg nach unten geführten Wasserzustrom bewegt.

Selbst mit dem Wissen des 19. Jahrhunderts hätte eine Berechnung des Wirkungsgrades noch erhebliche Schwierigkeiten bereitet. Wenn die Angaben des Grafen stimmen, war seine Maschine in der Lage, 260 m^3 Wasser pro Stunde (»325 pouces d'eau«) in ein Reservoir auf knapp 20 m Höhe (»58 pieds«) zu befördern. Die Pumpen drückten das in ihren »Stiefeln« stehende Wasser in die Steigleitungen zum Reservoir – im Prinzip eine alte Technik, für die aber erst wenige Jahre vorher in dem von Samuel Morland 1685 veröffentlichten Werk *Elévation des Eaux* quantitative

87 Wahl (1716), S. 171: »Etant connu la quantité d'Eau qui s'ecoule par seconde dans une riviere & la chutte qu'on lui peut donner, trouver la force, que la riviere proposée peut imprimer à la roue«.

88 Reynolds (1983).

89 Redtenbacher (1858).

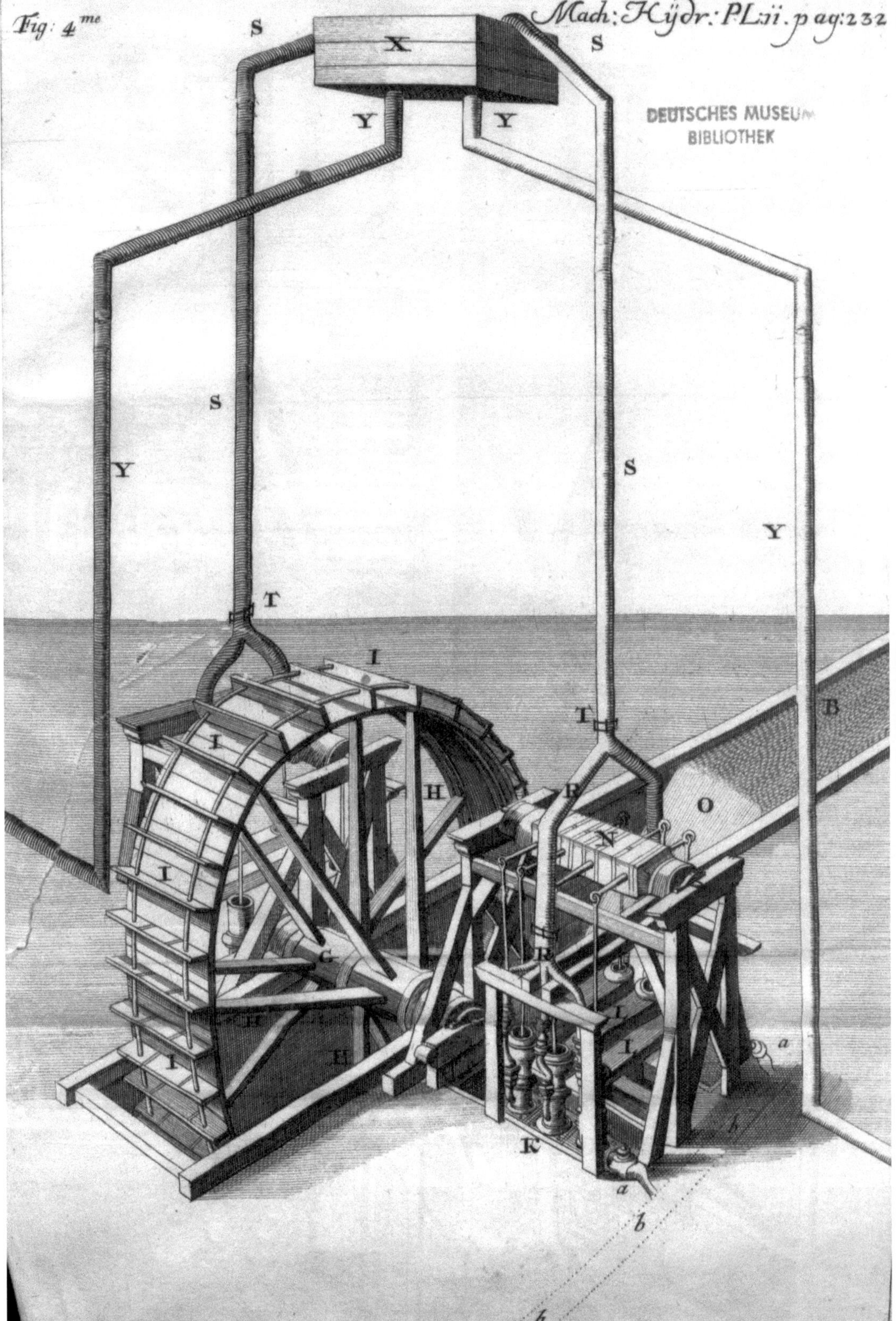
Fig: 4me
Mach: Hÿdr: Pl.11. pag:232
S
X
S
Y
Y
S
Y
S
Y
T
I
T
B
I
H
R
O
N
I
G
R
H
L
a
I
H
I
K
a
b
b

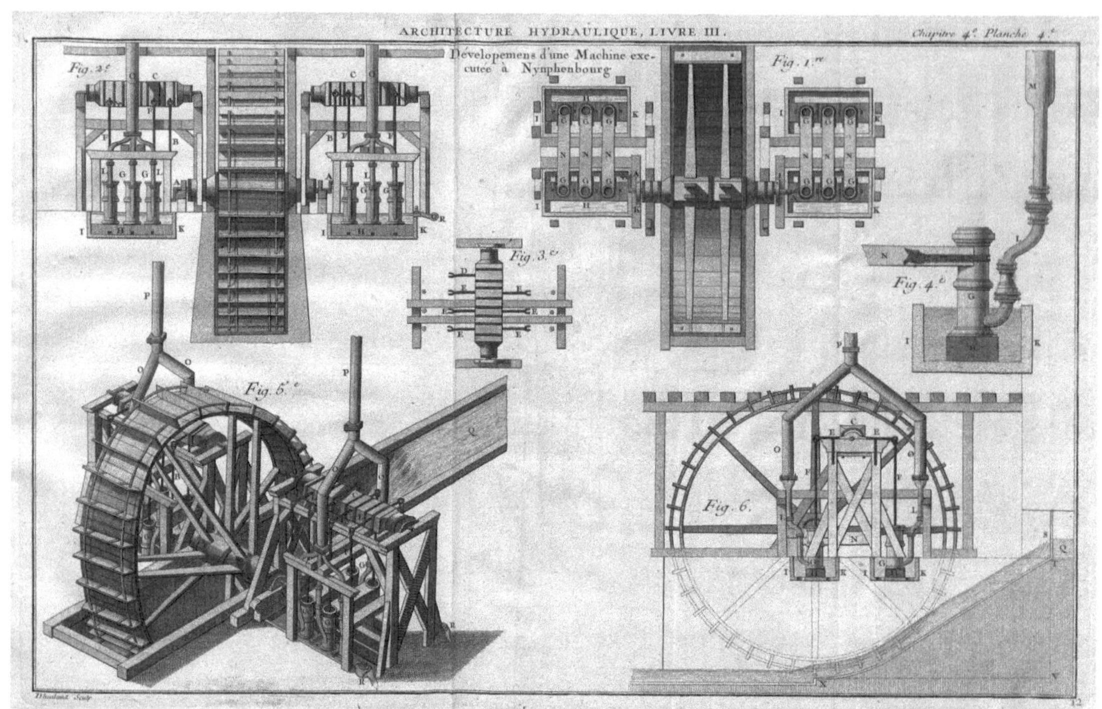

Details der »Machine executée à Nymphenbourg« in Bélidors *Architecture hydraulique*.

Daten zur Verfügung standen.[90] Morland hatte sich als Mathematiker, Diplomat, Spion und Erfinder von Pumpen, Rechenmaschinen und anderen Instrumenten einen Namen gemacht; auch für Versailles unterbreitete er Vorschläge, wie man mit neuester Pumpentechnik Wasser in den Schlosspark befördern könne. Außer den Bemerkungen darüber in seinem Werk *Elévation des Eaux* hat er jedoch keine bleibenden Spuren für die Wasserkünste in Versailles hinterlassen. Auch in Nymphenburg kam Morlands Erfindergeist nur indirekt durch die Erwähnung seines Buches in von Wahls *Traite de l'Elévation des Eaux* zum Ausdruck.[91]

Am Ende seiner Abhandlung gab der Graf seiner Genugtuung darüber Ausdruck, dass es ihm mit seiner Maschine gelungen sei, auch Zweifler zu überzeugen. Angebliche Experten der Hydraulik (»qui prétendent être connoisseurs dans les Hydrauliques«) hätten ihm entgegengehalten, dass die Wasserkraft nicht ausreiche, um seine Maschine in Gang zu setzen.

90 Morland (1685).

91 Wahl (1716), S. 184 und S. 227.

Erst als sie die Maschine tatsächlich in Betrieb gesehen hätten, seien sie eines Besseren belehrt worden:[92]

> *Wenn es in entfernten Gegenden noch Leute gibt, die an dem zweifeln, was ich hier geschaffen habe, so kann ich denen nur raten, sich persönlich hierher zu begeben, um sich mit eigenen Augen von den Wasserwirkungen zu überzeugen, die ich verspreche; und es würde mir großes Vergnügen bereiten, sie ihnen vorzuführen.*

Man ist nicht auf die Ausführungen des Grafen angewiesen, um sich vom erfolgreichen Einsatz seiner Maschine in Nymphenburg zu überzeugen. Bernard Forest de Bélidor, der wie kein anderer das Ingenieurwesen in Frankreich modernisierte und mit seiner *Architecture hydraulique* für das 18. Jahrhundert das Standardwerk der Wasserbautechnik schuf, beschrieb darin ausführlich die »fort belle Machine exécutée à Nymphenbourg par M. le Comte de Wahl«.

Auch die berühmte, als Schaustück der Aufklärung gepriesene *Encyclopédie* zählte in dem 1765 erschienenen achten Band im Artikel über Hydraulik »la machine de Nymphimbourg en Baviere« zu den Musterbeispielen hydraulischer Maschinen. Man könne sie an Ort und Stelle in Augenschein nehmen und daher sicher sein, dass sie auch wirklich funktionierten, so die *Encyclopédie*, während das bei vielen anderen sehr ungewiss sei.[93]

BAROCKE PRACHTENTFALTUNG MIT »SPRINGENDEM WASSER«

Auch anderen zeitgenössischen Darstellungen zufolge brachte die Maschine des Grafen eindrucksvolle Fontänen hervor. Der 1718 an den Hof des bayerischen Kurfürsten berufene Garteningenieur Matthias Diesel lieferte in einem 1722 erschienenen Werk mit einer Folge von Kupferstichen den ersten bildlichen Eindruck von den Wasserspielen im Nymphenburger Schlosspark.[94]

92 Wahl (1716), S. 231–232: *Si dans les pais eloignés d'icy il y a encore des personnes assez incredules, pour douter de ce que j'etablis icy, je n'ay d'autre conseil à leur donner, que de venir icy eux memes, pour rendre temoins leur propres yeux des Effets d'Eau, gue je promets, et que je me feray un plaisir sensible, de leur faire voir.*

93 Encyclopédie (1765), S. 361: »on est sûr de la réussite des machines exécutées, qu'on peut consulter sur le lieu; au lieu que le succes des autres seroit trés-incertain.«

94 Diesel (1722).

Dieser Kupferstich des Garteningenieurs Matthias Diesel zeigt die große Fontäne auf der Stadtseite vor dem Schloss. Sie wurde von der Maschine des Grafen von der Wahl im Johannis-Brunnhaus (im Bild ganz rechts) angetrieben.

Diesel hatte zusammen mit Effner sein Metier in Frankreich gelernt. Seine Darstellungen gelten als »das beste deutsche Gartenwerk«.[95] Sie zeigen auf der östlichen Seite des Schlosses das vor einer breiten Kaskade aufgestaute Wasser, das als Energie- und Wasserreservoir für eine große und mehrere kleine Fontänen diente.

Von Wahls Maschine, die diese Fontänen erzeugte, ist nicht zu sehen; sie war im nördlichen Schlossflügel im sogenannten Johannis-Brunnhaus installiert, das sich äußerlich nicht von den übrigen Gebäuden in der Schlossfront unterschied. Aus dem Vergleich mit den in den Stichen abgebildeten Personen dürften die großen Fontänen 10 bis 15 m Höhe erreicht haben. Ein anderer Stich Diesels zeigt die große Kaskade, mit der das aus der Würm mit einem Kanal zugeführte Wasser beim westlichen Parkeingang aufgestaut wurde. Auch hier sind mehrere Fontänen zu sehen, die jedoch nur eine Höhe von etwa 2 m erreichten.

[95] Hager (1955), S. 26.

Um die gleiche Zeit besichtigte auch Pierre de Bretagne, ein französischer Augustinermönch und Prediger, Schleißheim und Nymphenburg. In seiner 1723 veröffentlichten »accuraten Beschreibung was in obbenannten Chur-Fürstl. Jagt- und Lustschlössern merckwürdiges zu besehen und zu bemercken« erwähnte er auch die Wasserspiele des Nymphenburger Schlossparks. Sie hätten ihren Ursprung in dem »Canal, dessen Wasser aus der See bey Starenberg kommt«. Das Wasser aus dem Kanal sei »gleichsam die Quelle und ein Behälter aller Wasser zu Nymphenburg«, es »formiret gleich 3 schöne große Wasser-Wercke« und »allwo verschiedene springende Wasser«. Vor dem Schloss »springt das Wasser 1 Schuh dick und 20 hoch«.[96] Die Beschreibung lässt einiges zu wünschen übrig, was die »Wasser-Wercke« betrifft. Vermutlich handelte es sich dabei um das Johannis-Brunnhaus im Nordflügel des Schlosses, das 1720 errichtete Grüne Brunnhaus im südlichen Teil des Schlossparks – das Wasser dafür kam aus dem vor der Kaskade am westlichen Parkeingang abgezweigten Kanal – und ein heute nicht mehr existierendes Brunnhaus bei der Kaskade.

Auch aus dem Reisebericht eines Ingenieurs, der 1737 im Auftrag des Bamberger Fürstbischofs architektonisch interessante Bauten und Schlossgärten inspizierte, geht hervor, dass es neben dem Johannis-Brunnhaus, das die hohen Fontänen vor dem Schloss erzeugte, noch weitere Pumpwerke gegeben haben muss:[97]

> *Den 16ten May habe die Reiß bis Nimphenburg in der frühe genohmen umb alda das garten Gebäu mit dem Garten zu sehen [...] überhaupt ist der garten recht schön und angenehmb. ich habe 4 gantze stund zugebracht bis denselben gantz zu sehen bekommen. Der brunen wercker seynd alda 4. das erste gantz zu End des gartens ist ein alte machin, welches ein truckwerck, das 2te ein hebwerck, so sehr kostbahr, das tritte wieder ein Truckwerck mit 8 stiemen, so beßer als beede erstere, und das 4te und größte so in dem vorhof stehet mit 12 stieffel ist ein rechtes herrliges und gutes werck ...*

Bei dem zuletzt genannten »Truckwerck« handelte es sich um die von Wahlsche Anlage. Die »alte machin« dürfte das Brunnhaus bei der Kaskade am westlichen Parkeingang bezeichnen; das zweite »hebwerck« und

[96] Bretagne (1723), Kap. XII, XVI und XVIII.

[97] Zitiert nach Glüsing (1978), Band 2, S. 5–7.

Auf diesem Gemälde von Bernardo Bellotto aus dem Jahr 1761 sind neben der großen Fontäne auf der Parkseite vor dem Schloss mehrere kleinere Fontänen zu sehen. Die Kanäle waren schiffbar und mit beweglichen Brücken versehen, um im Schlosspark auch mit Kutschen promenieren zu können.

das dritte »truckwerck« waren vielleicht die Pumpen im Grünen Brunnhaus, mit denen die Badenburg und ihre davor angeordneten kleineren Springbrunnen versorgt wurden.

Außer der Maschine des Grafen von der Wahl gibt es über die verschiedenen hydraulischen Anlagen im Schlosspark keine genaueren Angaben. Vermutlich waren sie sehr reparaturanfällig. So mussten zum Beispiel die Rohrleitungen, die vom Grünen Brunnhaus zur Badenburg führten, bereits 1734 erneuert werden.[98] Dennoch besteht kaum ein Zweifel daran, dass die Wasserspiele das höfische Bedürfnis nach Repräsentation erfüllten.

Kurfürst Max Emanuel, dem für den Ausbau der Anlagen in Schleißheim und Nymphenburg nichts zu teuer war, starb 1726. Manche seiner weitgespannten Pläne wurden mit ihm begraben, aber was Nymphenburg betraf, wollten sich auch seine Nachfolger Karl Albrecht (reg. 1726–1745) und Max III. Joseph (reg. 1745–1777) nicht nachsagen lassen, dass sie dieses Prachtwerk vernachlässigten. 1762 wurde das Grüne Brunnhaus erneuert. Es wurde mit neuen, 1767 installierten Pumpen ausgestattet, die das Wasser in Reservoirs auf zwei Wassertürme beförderten. Wie unter Max Emanuel ein halbes Jahrhundert zuvor holte man sich auch jetzt für die Erneuerung wieder Expertenrat aus Frankreich in Gestalt eines Mitglieds der Académie Royale de Nancy, Jacques Fage de Poitevin, der als »machiniste de Stanislas a Lunéville« auch für die praktische Ausführung technischer Anlagen einen guten Ruf hatte.[99]

An der grundsätzlichen Vorgehensweise für den Betrieb der Wasserspiele änderte sich jedoch das ganze 18. Jahrhundert hindurch nichts: Das an den Kaskaden aufgestaute Wasser wurde wie bei der Maschine des Grafen von der Wahl über kurze Kanäle mit dem durch das Aufstauen

[98] Hager (1955), S. 84, Anm. 47.

[99] Bühler (2017).

Dieser Kupferstich zeigt die als Wehr dienende Kaskade und den Kanal, mit dem das Wasser der Würm zum Park geleitet wurde.

ermöglichten Gefälle auf die Schaufeln von Wasserrädern geleitet; deren Drehbewegung wurde mit einer exzentrischen Vorrichtung in eine Auf- und Ab-Bewegung für den Antrieb von Pumpen übersetzt, die das Wasser in hoch gelegene Reservoirs beförderten. An den Planzeichnungen des Grünen Brunnhauses mit den Poitevinschen Pumpen (siehe Farbteil I und II) wird dies noch einmal deutlich.

Die mit dieser Technik betriebenen Wasserspiele machten den Nymphenburger Schlosspark zu einer immer wieder gerühmten Attraktion. In einem Inventar des Schlosses aus dem Jahr 1789 werden über 600 »laufende und springende« Wasser als die belebenden Elemente in den Parterreanlagen und Bosketts des Schlossparks aufgezählt.[100] Dank seiner Wasserkünste sei der Nymphenburger Schlosspark »der schönste und prächtigste in Deutschland«, schwärmte der Historiker und Aufklärer Lorenz von Westenrieder in seiner 1783 veröffentlichten Beschreibung der Haupt- und Residenzstadt München:[101]

Unter die ersten Vorzüge dieses Gartens gehört unstreitig das Wasser. Dieses wird von dem Würmsee hergeleitet, und der ganze Garten ist mit Kanälen, Teichen, großen und kleinen Springwässern erfüllt, welche bey großen Partien in mächtigen Wassersäulen emporschäumen, in kleinen sanft und Rührend plätschern, und die geruchreiche Luft mit angenehmer Kühlung erfüllen. Auf dem Kanal kann man den ganzen Garten durchschiffen, und dieß durch eine geschwinde Schwellung des Wassers, auf eine sehr künstliche Art, indem der entfernte Theil des Gartens höher liegt, als der nähere.

[100] Zitiert in Hager (1955), S. 25 und S. 28.

[101] Westenrieder (1783), S. 66–67.

4 DAS FIASKO VON SANSSOUCI

Ob der Nymphenburger Schlosspark mit seinen Wasserspielen tatsächlich »der schönste und prächtigste in Deutschland« war, wie Westenrieder mit einer gehörigen Portion Lokalpatriotismus schrieb, sei dahingestellt. Aber es ist unstrittig, dass das Kanalsystem mit seinen Kaskaden und Schleusen und die Brunnhäuser mit ihren Wasserrädern und Pumpen den ihnen zugedachten Zweck erfüllten. Der Blick auf andere Schlossgärten zeigt, dass dies nicht selbstverständlich war.

Das Musterbeispiel dafür liefert Sanssouci vor den Toren Berlins, wo der Preußenkönig Friedrich II. vergeblich auf eine seinen Ansprüchen genügende Wasserkunst wartete. Der Fall ging in die Wissenschafts- und Technikgeschichte ein, denn kein Geringerer als der berühmte Mathematiker und Hydrodynamiker Leonhard Euler wurde für das Versagen verantwortlich gemacht. »Friedrich der Große ließ 1749 von Euler eine Wasserhebemaschine berechnen, die die Wasserkünste in Sanssouci betreiben sollte. Aber Eulers Berechnungen waren praktisch nicht zu verwerten.«[102] So illustrierte ein Technikhistoriker mit diesem Beispiel das Auseinanderklaffen von Theorie und Praxis im 18. Jahrhundert. Eulers Verdienste für die Entwicklung der Mathematik wurden hoch gelobt, aber bei den Anwendungen in der Praxis wurde er zum Opfer von Hohn und Spott: »Wenn die Welt nicht zu Eulers Analysis passte, dann lag für ihn der Fehler stets bei der Welt«, lesen wir in einem Werk über *Die großen Mathematiker*.[103] Und ein Physikhistoriker kam zu dem Urteil: »Der geniale Mathematiker Euler war zweitklassig als Physiker.«[104]

BERSTENDE ROHRLEITUNGEN

Allerdings liefern Eulers Kritiker keinen Beleg dafür, worin das Versagen der Theorie eigentlich bestand. Ein Physiker vermutete, die Vernachlässigung der Reibung sei der Grund für die »peinlichen praktischen Kon-

[102] Klemm (1982), S. 201.

[103] Bell (1967), S. 150.

[104] Hermann (1991), S. 80–81.

sequenzen« in Sanssouci gewesen.[105] Aber spielte die Reibung für das Sanssouci-Problem eine so entscheidende Rolle? Die Schuld für das Versagen – dies sei schon an dieser Stelle vorweggenommen – ist woanders zu suchen. Werfen wir zuerst einen Blick auf die zeitgenössischen Quellen, die uns über das Fiasko von Sanssouci überliefert sind. Tatsache ist, dass die Wasserspiele zu Lebzeiten von Friedrich dem Großen nicht funktioniert haben. Darüber legte Friedrich der Große höchstpersönlich Zeugnis ab, als er 1778 in einem Brief an Voltaire schrieb:[106]

> *Ich wollte in meinem Garten einen Springbrunnen anlegen. Euler berechnete die Leistung der Räder, die das Wasser in einen Behälter heben sollten, damit es dann, durch Kanäle geleitet, in Sanssouci in Springbrunnen wieder in die Höhe steige. Mein Hebewerk ist nach mathematischen Berechnungen ausgeführt worden, und doch hat es keinen Tropfen Wasser bis auf fünfzig Schritt vom Behälter heben können. Eitelkeit der Eitelkeiten! Eitelkeit der Mathematik!*

Was ist damals passiert im Schlosspark von Sanssouci? Glücklicherweise gibt es aus der Feder des »Königlich Preußischen Ober-Hof-Baurath und Garteninspectors« Heinrich Ludewig Manger am Hof Friedrich des Großen eine Baugeschichte von Potsdam, wo der König Mitte der 1740er-Jahre seine Sommerresidenz »Sans-Souci« errichten ließ. Darin wird aus der Sicht eines sachkundigen Zeitzeugen das Debakel des missratenen Wasserkunstprojekts geschildert, sodass wir nicht auf bloße Vermutungen angewiesen sind, was die konkreten Baumaßnahmen im Schlosspark angeht.[107]

Die Geschichte nahm 1748 ihren Anfang, ein Jahr nach der Einweihung des Lustschlosses, als der König seinen Baudirektor beauftragte, Wasserspiele in seinem Park zu konzipieren. »Nach dem königlichen Entschlüsse«, so berichtet Manger, sollte neben einer Vielzahl von kleineren Springbrunnen in einem Bassin vor dem Schloss eine Fontäne »mit einem 100 Fuß hohen Sprunge«, also von etwa 30 m Höhe emporschießen.

105 Perkovitz (1999), S. 82.

106 Das Originalzitat lautet: »Je voulus faire un jet-d'eau en mon Jardin; le Ciclope Euler calcula l'effort des roues, pour faire monter l'eau dans un bassin d'oü elle devoit retomber par des Canaux, afin de jaillir à Sans-Souci. Mon Moulin a été execute géométriquement, et il n'a pu élever une goute d'eau à Cinquante pas du Bassin. Vanité des Vanités; Vanité de la géométrie.« Besterman (1976), S. 185.

107 Manger (1789).

Das Wasser dazu sollte von der Havel herangeschafft werden, die in nicht allzu großer Entfernung vom Schlosspark vorbeifloss – allerdings so träge, dass an eine direkte Ausnutzung der Wasserkraft kaum zu denken war. Nach einigen wieder verworfenen Plänen beschloss man, Windkraft für den Antrieb von Pumpen zu benutzen. In einem Zuführungsgraben wurde Havelwasser in einen Saugbrunnen für eine erste windmühlenangetriebene Pumpe geleitet. Von dort sollte das Wasser zu einem etwa 50 m höher gelegenen Reservoir gepumpt werden, von wo aus es mit einem diesem Höhenunterschied entsprechenden Druck Fontänen im darunter gelegenen Park speisen sollte. Ein Plan sah vor, auf vier Höhenstufen zwischen dem Niveau der Havel und dem hoch gelegenen Reservoir jeweils eine Windmühle mit einem Saugbrunnen und Pumpwerk zu installieren, sodass das Havelwasser sukzessive mit Windkraft von Saugbrunnen zu Saugbrunnen befördert werden sollte, bevor es in der letzten Stufe ins Reservoir gelangte.

In dem Bassin vor seinem Schloss Sanssouci wollte Friedrich II. eine Fontäne 100 Fuß in die Höhe springen sehen.

Der Plan mit den vier Windmühlen wurde jedoch wieder verworfen; vermutlich befürchtete man Schwierigkeiten mit dem Zusammenspiel der Pumpen. Schließlich hoffte man, mit einer einzigen Windmühle auszukommen, die mit einer Saug- und Druckpumpe das Wasser direkt in das Hochreser-

voir befördern sollte. Entsprechend dieser Planung wurde 1748 eine Windmühle gebaut. Ein Gartentechniker wurde zum »Fontainier des Königs« ernannt und mit der Ausführung der Anlage betraut. 800 Fichtenstämme wurden zu schmalen Bohlen geschnitten und nach Art von Holzfässern mit eisernen Bändern zu Holzröhren zusammengefügt. Diese wurden zu einer Pipeline zusammengesetzt, durch die das Wasser auf direktem Weg von der Mühle zum Hochreservoir gepumpt werden sollte.

Als man jedoch einen ersten Test unternahm, platzten die Rohre am unteren Ende, bevor das Wasser in der Pipeline bis zum Reservoir gelangte. Jetzt ersetzte man die aus Bohlen zusammengefügten Holzrohre durch ausgebohrte Fichtenstämme. Doch bei einem neuen Test platzten auch diese Rohre. Danach war klar, dass man anstelle der billigen Holzrohre für die Rohrleitung zum Hochreservoir teure Blei- oder Gusseisenrohre verwenden musste. 1752 starb der bis dahin mit der Anlage betraute »Fontainier«. Sein Nachfolger verlegte die danach angelieferten Metallrohre, doch auch damit gab es Probleme. Mangers Bericht zufolge war der neue Wasserkünstler »nichts als ein gemeiner Brunnenmacher«, dem wie seinem Vorgänger jede Erfahrung für größere Wasserbauanlagen fehlte: »würklich nutzbare hydraulische Erfindungen und Ausführungen durfte man von ihm nicht hoffen. Er that sich von Julius 1752 bis September 1753 hervor.« Danach wurde ein mit Metallverarbeitung erfahrener »Rothgießer« eingestellt, der »als solcher wohl zu gebrauchen war; einige Angaben zu Wasserwerken, oder zu Verbesserung schon vorhandener, durfte man aber von ihm allein ebenfalls nicht erwarten.« Zwar platzten die neuen Metallrohre nicht mehr, doch sie besaßen einen zu geringen Innendurchmesser, sodass durch die Rohrleitung vom Pumpwerk zum Hochreservoir nur wenig Wasser befördert werden konnte. Bis zum Frühjahr 1754 hatte man schließlich[108]

> *nach und nach so vieles Wasser herauf geleyert, (mich deuchtet der Ausdruck ist passend genug, denn es ging damit erbärmlich langsam zu) und vieler gefallener Schnee und Regen hatten zugleich so gute Dienste geleistet, daß der Kessel beynahe halb voll geworden war. Man verkündigte also dem Könige, daß nunmehro mit dem Sprunge eines Wasserstrahls von ansehnlicher Höhe in dem Becken vor der Grotte eine Probe gegeben werden könnte. Der König setzte dazu den folgenden Tag an, welches war der stille Freitag* [Karfreitag] *dieses 1754sten Jah-*

[108] Manger (1789), Band 1, S. 100–101.

res, demungeachtet aber ein sehr stürmischer Tag war, und Er hatte für alle zeither angewandten Kosten das Vergnügen, diesen Strahl beinahe eine Stunde springen zu sehen, der vielleicht 50 Fuß Höhe würde erreicht haben, wenn es der Wind zugelassen hätte. Sodann war das Wasser alle, und nach dem Vorhergehenden zu urtheilen, war es wahrscheinlich, daß übers Jahr wieder so viel da seyn würde, um die Probe wiederholen zu können.

Der Pfusch unerfahrener Praktiker mit unzulänglichen Mitteln war damit aber noch nicht zu Ende. Der König beauftragte einen weiteren »Fontainier« mit der Fortführung, der sich bald als Scharlatan entpuppte, aber mit seinen Versprechungen den König offenbar beeindruckt hatte. 1756 kam es mit dem Ausbruch des Siebenjährigen Krieges dann zur Unterbrechung der Arbeiten. Nach dem Kriegsende unternahm man zwar neue Anstrengungen, aber jetzt erschienen dem König die Ausgaben zu hoch, die für einen erfolgreichen Abschluss nötig gewesen wären. 1780 wurde das Projekt ganz eingestellt.

EULERS GUTACHTEN

Manger führte in seiner über viele Seiten ausgebreiteten Darstellung des fehlgeschlagenen Wasserkunstprojekts von Sanssouci die Namen aller mit der praktischen Durchführung beauftragten Personen auf, aber den Namen Eulers erwähnte er nicht. Tatsächlich war Euler auch nur für ein paar Wochen im Herbst 1749 mit dem Sanssouci-Problem befasst – als externer Gutachter, nicht als verantwortlicher Architekt. Die Planung und Durchführung lag in den Händen der »Fontainiers«. Angesichts der jahrelangen Geschichte immer neuer Fehlschläge sind die wenigen Wochen von Eulers Einbeziehung nur eine kurze Episode, die Manger in seinem Bericht nicht der Rede wert schien. Dennoch wäre seine Nichterwähnung unverständlich, wenn Eulers Berechnungen das Scheitern des Projekts verursacht hätten. Ganz offensichtlich trifft Euler also keine Schuld. Seine Analyse wurde vermutlich von den mit den praktischen Baumaßnahmen im Schlosspark befassten »Fontainiers« überhaupt nicht zur Kenntnis genommen.

Den ersten Hinweis auf Eulers Beschäftigung mit den Wasserbauproblemen in Sanssouci finden wir in einem Brief vom 21. September 1749 an den Präsidenten der Berliner Akademie der Wissenschaften, Pierre Louis Maupertuis: Er übersende hiermit seine »recherches sur la Machine de Sans Soucy« mit der Bitte, sie dem König zu übergeben. Mit »Maschine« bezeichnete er die gesamte Anlage, die zum Betrieb der Wasserkunst gehörte, also den Mühlenantrieb, die Pumpen und insbesondere die Zuleitungsrohre zum Hochreservoir, auf die sich bald das besondere Augenmerk richten sollte. Für die Akademie bereite er eine ausführlichere Abhandlung vor. Auch prüfe er noch die Frage, wie hoch der Fontänenstrahl steigen könne, doch er gab schon jetzt zu bedenken, dass es eines größeren Aufwandes bedürfe, um einen so gewaltigen Fontänenstrahl zu erzeugen, wie der König es wünsche.[109]

Kurz darauf deutete er in einem weiteren Brief an, worin er das besondere Problem der ganzen Frage sah: in der Rohrleitung zwischen Pumpe und Hochreservoir. Es ist bemerkenswert, dass Euler dabei wie selbstverständlich von Bleirohren ausging, während die Gartenbautechniker im Park um diese Zeit immer noch mit Holzrohren herumpfuschten. Wie dickwandig die Bleirohre sein sollten, gab Euler zu bedenken, könne nicht ohne Weiteres aus der Literatur über andere Anlagen entnommen werden. Er stellte klar, dass es darüber nur Erfahrungswerte gebe, die in Bélidors *Architecture hydraulique* publiziert worden seien. Die dort wiedergegebenen Werte beruhten auf Experimenten, die Edme Mariotte mehr als 50 Jahre früher durchgeführt und in seinem *Traité du Mouvement des Eaux* beschrieben hatte. Den von Bélidor angestellten Extrapolationen auf hohe Wasserdrucke begegnete Euler jedoch mit Skepsis, da sie nur den hydrostatischen Druck in Rechnung stellten. Deshalb empfahl er, mit neuen Experimenten festzustellen, welchen Druck die Bleirohre aushalten können. Denn man würde zu viel riskieren, wenn man die Bestimmung der Rohrdicke dem Zufall überließe.[110]

Am 17. Oktober 1749 berichtete Euler dem König selbst, was er über die kritische Frage der Rohrleitung zwischen Pumpe und Hochreservoir herausgefunden hatte:[111]

> *Ich habe Berechnungen über die ersten Versuche angestellt, bei denen die Holzrohre geplatzt sind, sobald das Wasser auf eine Höhe von 70*

109 Leonhard Euler: Opera Omnia, IVa, 6, S. 136–137.

110 Leonhard Euler: Opera Omnia, IVa, 6, S. 138.

111 Leonhard Euler: Opera Omnia, IVa, 6, S. 322: *Ayant fait le calcul sur les premiers essais de cette machine, ou les tuyaux de bois sont crevés, des que l'eau fut élevée à la hauteur de 70 pieds, je trouve que les tuyaux ont alors effectivement souffert la pression d'une colonne d'eau de plus de 300 pieds de hauteur: ce qui est une marque certaine, que la disposition de la machine étoit encore fort éloignée de son état de perfection … Mais je trouve qu'il faut absolument rendre plus larges les tuyaux de conduite … Car sur le pied qu'elles se trouvent actuellement, il est bien certain, qu'on n'eleveroit jamais une goutte d'eau jusqu'au réservoir, et toute la force ne seroit employée qu' à la destruction de la machine et des tuyaux.*

Fuß angehoben wurde. Ich finde, dass die Rohre tatsächlich einem Druck ausgesetzt waren, der einer 300 Fuß hohen Wassersäule entspricht. Das ist ein sicheres Anzeichen dafür, dass die Maschine noch weit von einem perfekten Zustand entfernt ist. [In der aktuellen Situation] *ist es ziemlich sicher, dass man niemals einen Tropfen Wasser bis zum Reservoir hochbringen wird, und die ganze Pumpenkraft nur dazu aufgewendet wird, die Maschine und die Rohre zu zerstören.*

Was Euler mit seiner Warnung, die ganze Pumpenkraft würde nur zur Zerstörung der Rohre führen, dem König klarzumachen versuchte, betraf die Dynamik der Wasserbewegung in einem Leitungsrohr. Er machte das auch quantitativ anschaulich mit der Bemerkung, dass bei einem Höhenunterschied von nur 70 Fuß der dynamisch errechnete Druck einer 300 Fuß hohen Wassersäule entspreche. Im Ruhezustand würde, soviel war aus der Hydrostatik bekannt, unabhängig von der Länge der Rohrleitung nur der Höhenunterschied zählen. Wenn das Wasser aber von einem Pumpenkolben durch das Rohr gedrückt wird, war diese hydrostatische Überlegung nicht anwendbar, denn jetzt musste nach dem Newtonschen Kraftgesetz (Kraft = Masse mal Beschleunigung) die gesamte zu beschleunigende Wassermenge in das Kalkül einbezogen werden – und diese ist proportional zur Länge der im Rohr befindlichen Wassersäule. Euler hat diesen dynamischen Vorgang für das Sanssouci-Problem durchgerechnet und daraus auch formelmäßige Zusammenhänge zwischen geförderter Wassermenge, Pumpenhub, Kolbendurchmesser, Höhenunterschied, Rohrlänge, Rohrdurchmesser und Druck gegen die Innenwand der Rohre gewonnen (siehe Anhang, S. 186).

Am 23. Oktober 1749 legte Euler seine Ergebnisse der Akademie vor. Seine Arbeit *Über die Wasserbewegung durch Leitungsrohre* (*Sur le mouvement de l'eau par des tuyaux de conduite*) begründete die Theorie nichtstationärer Rohrströmungen und zählt zu den Meilensteinen auf dem Weg zur modernen Hydraulik.[112] Sie war für Euler auch ein Vorspiel zu seiner wenige Jahre später formulierten allgemeinen Theorie idealer Fluide.[113]

Nach dem Herbst 1749 war Euler nicht mehr mit der Angelegenheit befasst. Dennoch gab er sich alle Mühe, dem Pfusch im Schlosspark ein Ende zu setzen. Am 20. November 1749 und 5. Februar 1750 präsentierte er

[112] Leonhard Euler: Opera Omnia, II, 15, E 206, S. 219–250.

[113] Leonhard Euler: Opera Omnia, II, 12, Einleitung von Clifford A. Truesdell: Rational Fluid Mechanics, 1687–1765. Siehe dazu auch Eckert (2008).

Das mit künstlichen antiken Mauerresten umgebene Hochreservoir für die Wasserkünste von Sanssouci auf dem »Ruinenberg«, ca. 50 m über dem Niveau der Havel.

der Berliner Akademie noch zwei weitere Abhandlungen, in denen er eine Reihe von praktischen Folgerungen aus seiner hydraulischen Theorie zog.[114] Darin zeigte er noch einmal auf, wie dem Hauptproblem, der Abstimmung zwischen Pumpenkraft und Rohrdimensionen beizukommen sei. Er formulierte Regeln wie diese: Um bei gleicher Kraftwirkung auf die Pumpenkolben eine möglichst große Menge Wasser zu fördern, muss man dafür Sorge tragen, dass die Steigleitung einen möglichst weiten Innendurchmesser hat; oder: Um bei gleicher Kraftwirkung auf die Pumpenkolben eine möglichst große Menge Wasser ins Reservoir zu fördern, muss man die Steigleitung so kurz wie möglich machen.[115]

Eulers Analyse hatte jedoch keinen Einfluss auf das, was die »Fontainiers« im Schlosspark von Sanssouci anstellten. Schon ein Blick in Bélidors *Architecture hydraulique* hätte ihnen zeigen können, dass vergleichbare Anlagen die Regeln Eulers weitgehend bestätigten. Auch die Nymphenburger Wasserhebemaschine des Grafen von der Wahl befolgte die Regel einer möglichst kurzen, das heißt vertikal zum Hochreservoir führenden Steigleitung. Ebenso wie in Nymphenburg musste auch bei der Anlage

[114] Leonhard Euler: Opera Omnia, II, 15, E 206, S. 219–250 und E 207, 251–280.

[115] Leonhard Euler: Opera Omnia, II, 15, S. 240–242.

von Sanssouci das Wasser aus einiger Entfernung in flachem Gelände durch Kanäle an das Pumpwerk herangeführt werden. Aber im Gegensatz zur Anlage von Sanssouci vermied man in Nymphenburg das mit einer langen Steigleitung anfallende Problem hoher Drucke, indem das Reservoir in einem Wasserturm direkt über den Pumpen untergebracht wurde. Dasselbe Prinzip, Pumpwerk und Reservoir in einem Bauwerk unterzubringen, sodass eine möglichst kurze, das heißt vertikale Wegstrecke für die Steigleitung möglich wird, findet sich bei zahlreichen zeitgenössischen Anlagen, so zum Beispiel bei den an Stadtbächen errichteten Wassertürmen, wo von Wasserrädern angetriebene Pumpen das Wasser auf kürzestem Weg in darüber angebrachte Hochbehälter beförderten. Warum man in Sanssouci auf den Gedanken verfiel, das Reservoir weit entfernt von den Pumpen auf einem Hügel anzulegen, geht aus Mangers Bericht nicht hervor. Vielleicht stammt dieser Plan vom König selbst, der das Reservoir mit künstlichen Mauerresten eines Amphitheaters und einem kleinen Tempel verzieren ließ, um dem ganzen Ensemble das Flair antiker römischer Ruinen zu geben.

Jedenfalls wich man von dem einmal gefassten Plan nicht mehr ab, der eine fast 1 km lange Steigleitung zum Hochreservoir vorsah und damit nicht gerade – wie von Euler empfohlen – so kurz wie möglich war. Es wurden auch, nachdem die Holzrohre geplatzt waren, keine Experimente durchgeführt, um vor einer Bestellung von Metallrohren die nötige Wandstärke zu ermitteln, wie Euler in seinem Brief an Maupertuis angeregt hatte. Als schließlich Bleirohre zum Einsatz kamen, wurden – wieder entgegen Eulers ausdrücklichen Rat – solche mit einem viel zu geringen Innendurchmesser verwendet. Bei der »Anlage zu den Wasserwerken in Sans-Souci«, so lesen wir bei Manger, waren »verschiedene Künstler und Nicht-Künstler, theils unter Furcht und Hoffnung, theils aber, wie sich nicht anders urtheilen läßt, mit vorausgesetzter allzugroßen Ueberzeugung von Geschicklichkeit« am Werk.[116]

DIE IGNORANZ DES PREUSSEN-KÖNIGS

Am Ende weisen alle Indizien in dieselbe Richtung: Nicht Euler hat das Fiasko um die Wasserkunst von Sanssouci zu verantworten, sondern der König selbst. Euler hat rechtzeitig vor einem Fehlschlag gewarnt, wurde aber in die weitere Entwicklung nicht mehr einbezogen. Friedrich II. hat es aus mangelnder Einsicht in die technischen und wissenschaftlichen Gegebenheiten versäumt, die praktische Durchführung des Projekts in die Hand

[116] Manger (1789), Band 1, S. 91.

eines ausgewiesenen Experten für Wasserbauten solcher Größenordnung zu legen. Dem extravaganten Wunsch nach einer 100 Fuß hohen Fontäne, die selbst jene von Versailles an Größe übertreffen sollte, stand eine mangelnde Bereitschaft gegenüber, die dafür notwendigen Mittel aufzuwenden. In Mangers Bericht über die Potsdamer Bauprojekte finden sich noch weitere Beispiele solcher Mischung aus Extravaganz und Knauserigkeit.[117] Als er sich das Scheitern des Projekts eingestehen musste, dürften ihn vor allem die verschleuderten Summen geärgert haben. Es ist kaum verwunderlich, dass er dafür einen Sündenbock suchte. Aber warum schob er ausgerechnet Euler die Schuld in die Schuhe? Und dies auch noch fast mit denselben Worten, mit denen Euler den Pfusch im Schlosspark kritisiert hatte: Wenn das bisherige Vorgehen nicht entscheidend geändert würde, werde man »niemals einen Tropfen Wasser bis zum Reservoir hochbringen«, hatte Euler 1749 vorhergesagt. Friedrich II. verkehrte diese Warnung drei Jahrzehnte später in seinem Brief an Voltaire ins Gegenteil, als er Euler und seine Mathematik dafür verspottete, dass es nicht gelungen sei, auch nur »einen einzigen Tropfen Wasser weiter als fünfzig Schritt unter das Bassin zu pumpen«.

Während die Diffamierung Eulers als praxisferner Theoretiker anhand seines Briefwechsels sowie seiner Akademiepublikationen klar widerlegt werden kann, müssen wir die Gründe für den Spott des Preußenkönigs gegen sein Mathematikgenie aus anderen Quellen erschließen, denn in seinen Briefen an Euler übte Friedrich der Große keine Kritik an dessen Fähigkeit, Theorie und Praxis miteinander zu verbinden. Ganz im Gegenteil! Er beauftragte ihn immer wieder mit Gutachten und lobte ihn zum Beispiel am 15. September 1759 ausdrücklich dafür, dass er sich so sehr um die Anwendungen der Wissenschaft auf praktische Belange verdient mache.[118]

Als Friedrich II. Euler im Jahr 1741 an seine Akademie berufen hatte, war von einer Antipathie noch nichts zu spüren. Die schon 1700 auf Leibniz' Initiative hin gegründete »Sozietät der Wissenschaften« hatte unter Friedrich Wilhelm I. ein Schattendasein geführt; Friedrich II. wollte sie nun zu einem Zentrum der Gelehrsamkeit machen, das den berühmten Akademien in London und Paris ebenbürtig war. Leibniz hatte nicht nur an schöngeistige Gelehrsamkeit gedacht, sondern sich von der Akademie auch eine Belebung von Technik und Wirtschaft erhofft. Leibniz' Motto »Theoria

[117] Manger (1789), Band 3, S. 547.

[118] Leonhard Euler: Opera Omnia, IVa, 6, S. 377.

cum praxi« machte sich auch Friedrich II. zu eigen. Er dachte bei den zu berufenden Wissenschaftlern hauptsächlich an Mathematiker und Mechaniker, wie er im Juni 1740 an Voltaire schrieb. Als Euler kurz darauf nach Berlin kam, wurde er von der Aufbruchstimmung angesteckt und machte sich mit Feuereifer daran, den hochgesteckten Erwartungen gerecht zu werden. Allerdings wurde er in seiner Hoffnung, der König würde ihm die Präsidentschaft der Akademie antragen, enttäuscht. Friedrich der Große betraute damit Maupertuis. »Der König wollte Euler die Organisation nicht als Präsident überlassen«, so vermutete der Akademiehistoriker,[119]

> *denn wenn er sich auch der Bedeutung des großen Mathematikers und Physikers gerade auch für den technischen und ökonomischen Fortschritt bewusst war, so hatte er für die Mathematik und vor allem für die reine Mathematik selbst wenig übrig, schon aus dem einfachen Grund, weil er sie nicht begriff. Dazu kam das wenig anziehende Äußere des großen Schweizers. Durch den Verlust des einen Auges war das Gesicht arg entstellt … Außerdem war Euler die Gabe des geistvollen Plauderns in französischer Sprache, die Friedrich II. so liebte, versagt. So blieb für Friedrich II. Euler vor allem die große mathematische Kapazität, die er nicht fassen konnte, die in seiner Akademie zu besitzen, er sich aber so sehr bemüht hatte, und die er auch unter keinen Umständen verlieren wollte.*

Dessen ungeachtet entfaltete Euler eine äußerst rege Akademietätigkeit. Maupertuis gewährte ihm weitgehenden Einfluss auf die Führung der Akademiegeschäfte. Im Februar 1746 wurde er zum Direktor der mathematisch-physikalischen Klasse ernannt. Nach Maupertuis' Tod im Jahr 1759 machte sich Euler erneut Hoffnungen auf die Präsidentschaft, doch Friedrich der Große fand Euler nur nützlich. Aus Eulers Briefen an Freunde und Bekannte geht hervor, wie sehr ihn die fortgesetzte Zurücksetzung verletzte. 1766 kehrte er Berlin den Rücken und folgte einem Ruf an die Petersburger Akademie.

Dass sich der Preußenkönig bei seinen Urteilen mehr von Launen als von Sachkenntnis leiten ließ, geht auch aus anderen Quellen hervor. Ein italienischer Graf, der häufig an der Tafelrunde in Sanssouci teilnahm, notierte sich zum Beispiel nach einer Unterhaltung mit dem König am 19. Juni 1782 in seinem Tagebuch: »Da er nichts von Mathematik versteht, fällt es ihm

[119] Winter (1957), S. 26.

schwer, den Vertretern dieser Wissenschaft großen Ruf zuzusprechen. Es machte ihm wenig Kummer, Euler abgehen zu sehen, und das Verdienst von La Grange schlägt er nicht eben hoch an.« Nach einer anderen Tafelrunde hielt er fest: »Thörichte Erörterungen über den Nutzen oder die Nutzlosigkeit der Geometrie.«[120]

Bei aller gebotenen Vorsicht, was die Aussagekraft von Tagebuchaufzeichnungen Dritter über die Haltung Friedrichs des Großen betrifft, scheint doch eines klar zu sein: Der König ist ein fragwürdiger Zeuge, wenn es um die wissenschaftlich-technischen Belange der Wasserkunst von Sanssouci geht. Das in seinem Brief an Voltaire geäußerte Urteil über Euler, das der König knapp drei Jahrzehnte nach dessen Analyse der falsch konzipierten Anlage abgab, stellt die Verhältnisse jedenfalls auf den Kopf.

ZUM VERGLEICH: DIE WASSERKUNST VON HERRENHAUSEN

Zur Zeit des Fiaskos von Sanssouci waren die Fontänen im Nymphenburger Schlosspark schon jahrzehntelang in Betrieb. Das zeigt schon, dass bei einer ähnlich prekären Ausgangssituation – flaches Gelände, keine direkt nutzbaren Gewässer in der Nähe des Schlossparks – durchaus imposante Wasserkünste hervorgebracht werden konnten. Vor den Toren Münchens bestand das Geheimnis des Erfolgs in einer präzisen Nivellierung des Geländes, um die Schlossgärten von Nymphenburg, Schleißheim und Lustheim über ein verzweigtes Kanalnetz mit den weiter entfernten Flüssen (Isar, Würm und Amper) zu verbinden; dann wurden mit Staustufen die geringen Höhendifferenzen für die Anlage von Brunnhäusern genutzt, in denen Pumpen mit Wasserradantrieb das für die Fontänen benötigte Wasser über kurze Distanzen in Hochreservoirs pumpten. Das war das Werk von ausgewiesenen Praktikern wie Carbonet, Girard, Effner und Poitevin, die ihr Wissen und ihre Erfahrung in Frankreich gesammelt hatten.

Aber man kann dem Fiasko von Sanssouci auch andere Wasserkunstprojekte entgegenhalten, bei denen es ebenfalls nicht an hochgesteckten Erwartungen mangelte und angesichts der technischen Herausforderungen ein Erfolg lange ungewiss war. Das Paradebeispiel dafür liefert die Wasserkunst im Schlosspark von Herrenhausen bei Hannover.[121] Hier findet sich auch eine Parallele zur Einbeziehung der Wissenschaft, denn der Hannoveraner Kurfürst Ernst August von Braunschweig-Calenberg beauftragte 1696 keinen Geringeren als Gottfried Wilhelm Leibniz, Vorschläge für die Verbesserung der zu diesem Zeitpunkt sehr unbefriedigenden Was-

[120] Bischoff (1885).

[121] Hübschmann (1980).

serkunst in Herrenhausen zu unterbreiten. Das Problem war mit dem von Nymphenburg und Sanssouci durchaus vergleichbar: Das Schlossparkgelände von Herrenhausen lag zwar nahe einer Flusswindung der Leine, doch das Gefälle war zu gering für eine direkte Nutzung. Leibniz empfahl deshalb die Anlage eines Kanals, der das Wasser der Leine kontrolliert einem »Kunstgebäude« mit einem Wasserrad zuführen sollte, wo es auf einen Aquädukt befördert und in einen Hochbehälter geleitet werden sollte.

Der Plan wurde zunächst ignoriert – auch hierin zeigt sich eine Parallele zu Sanssouci. Doch als man mit weniger kostspieligen Versuchen, das Wasser der Leine mit unzulänglichen Leitungsrohren zum Schlosspark zu schaffen, Schiffbruch erlitt, besann man sich auf die Leibnizschen Vorschläge. Die Leine wurde an einer geeigneten Stelle mit einem Wehr und einer Schleuse aufgestaut, um nach dem Plan von Leibniz einen ca. 1000 m langen und etwa 30 m breiten Kanal abzuzweigen. Über dem Kanal wurde ein Maschinenhaus errichtet, in dem mit 40 Druckpumpen, die von fünf Wasserrädern von knapp 10 m Durchmesser und mehr als 2 m Breite angetrieben wurden, Wasser in das Rohrleitungssystem zum Schlosspark gepumpt wurde. Eine Besonderheit dabei war ein in England erfundener Mechanismus, das so genannte Kehrschloss: Es sorgte dafür, dass bei der Auf- und Ab-Bewegung der Pumpenkolben das in die Rohre gedrückte Wasser nicht zum Stehen kam und immer aufs Neue beschleunigt werden musste.

Als die Anlage 1719 in Betrieb ging, stieg der Fontänenstrahl jedoch nur etwa 5 m in die Höhe. Es stellte sich heraus, dass die verwendeten Rohrleitungen einen zu geringen Innendurchmesser aufwiesen. Ein Jahr später ging die Anlage mit neuen Rohren in Betrieb – und funktionierte bestens! Der Strahl der großen Fontäne stieg »biß auf 120 Schu in die Lufft«, wie ein Besucher 1728 erstaunt notierte. Damit übertraf der Strahl der Herrenhausener Fontäne auch die von Versailles um etwa 10 m an Höhe. Die Anlage funktionierte in diesem Zustand viele Jahre ohne Probleme. 1742 wurde das zuerst aus Holz über dem Kanal gebaute Maschinenhaus aus Stein neu errichtet. 1861 wurden für den Antrieb der Pumpen Dampfmaschinen eingesetzt. Damit erreichte der Fontänenstrahl die neue Rekordhöhe von 67 m. Doch mit dem Industriezeitalter begann für die Technik in den Schlossgärten eine neue Ära, von der in den nächsten Kapiteln die Rede sein wird.

Mit Blick auf Sanssouci – auch hier brachte die Dampfmaschinentechnik des 19. Jahrhunderts die Fontäne zu beträchtlicher Höhe (Kapitel 7) – bleibt festzuhalten, dass für den Erfolg oder Misserfolg der Wasserkunst in erster Linie die mit dem Projekt beauftragten Praktiker verantwortlich waren. Der Spott Friedrichs des Großen gegen Euler und die Mathematik lenkt von den viel naheliegenderen Gründen für das Scheitern der Wasserkunst in Sanssouci ab: Ein Projekt solcher Größenordnung hätte wie in Nymphenburg und Herrenhausen in erster Linie erfahrener Praktiker bedurft; keine noch so praxisnahe theoretische Analyse konnte einem Projekt zum Erfolg verhelfen, das in den Händen von Scharlatanen oder Stümpern lag. Ohne einen Grundstock praktischer Erfahrungen konnte ein Pumpwerk, das eine 100 Fuß hohe Fontäne hervorbringen sollte, nicht gelingen. Die Wissenschaft konnte dazu – wie in der Person eines Leibniz oder Euler – nützliche Dienste leisten, aber sie konnte einen Mangel an Praxiserfahrung nicht ersetzen.

Alles Können und Wissen um die Physik und Technik in einem Schlossgarten nutzte auch wenig, wenn der Bauherr nicht dazu bereit war, die dafür nötigen Kosten aufzubringen:[122]

> *Sparsamkeit ist eine große Tugend bey jedermann; wird sie aber zu weit getrieben, so verliehret sie diesen Namen; und nirgendwo ist wohl übertriebene Sparsamkeit so schließlich, als bey den Bauen: denn oft mußte nicht etwa der dritte, sondern schon der erste Erbe dasjenige zum zweytenmale bauen, was der Vorfahr entweder zu eilfertig, oder zu Ersparung der Kosten mit schlechten Materialien hat ausführen lassen.*

Dieses, auf Sanssouci gemünzte Urteil des Architekten am Hof Friedrich II. trifft auch auf eine »Liebhaberei für höfische Prachtentfaltung« zu, mit der sich der Barockfürst Herzog Anton Ulrich in Salzdahlum bei Braunschweig ein Lustschloss leistete. Auch dort galt das Versailles des Sonnenkönigs als Vorbild. Um die Kosten niedrig zu halten, wurde das Salzdahlumer Schloss aus Holz errichtet – »gewiss der größte deutsche Holzbau, von dem wir wissen«, so urteilte ein Historiker über dieses Bauwerk, das freilich nicht wie ein Holzhaus aussehen durfte, sondern wie ein massives Schloss aus Stein. »An seiner Surrogatbildung ging das Schloss zugrunde.« Im Unterschied zu anderen Barockschlössern überdauerte die Liebhaberei des Herzogs Anton Ulrich in Salzdahlum nicht die Jahrhunderte. Erhalten blieben nur Baurechnungen vom Ende des 17. Jahrhunderts. Vom Schloss selbst war schon vor zweihundert Jahren nichts mehr zu sehen. Auch über den Schlosspark geben nur noch Pläne aus dem 18. Jahrhundert und Berichte

[122] Mange (1789), S. 547.

von Zeitgenossen Auskunft. Die Wasserkunst wurde von einem Brunnenmeister mit Erfahrungen aus Herrenhausen angelegt. Wie dort wurden die geringen Höhenunterschiede des Geländes geschickt ausgenutzt, sodass Wasser aus großer Entfernung in Sammelbecken geleitet werden konnte. Die damit belieferte Fontäne im Schlosspark soll eine Höhe von 50 Fuß erreicht haben. Allerdings dauerte das Vergnügen nicht lange. Schon 1726 heißt es in einem Bericht, dass der Lustgarten »negligiert« und »alle Brunnen und Wasserfälle trucken« waren.[123]

[123] Steinacker (1904).

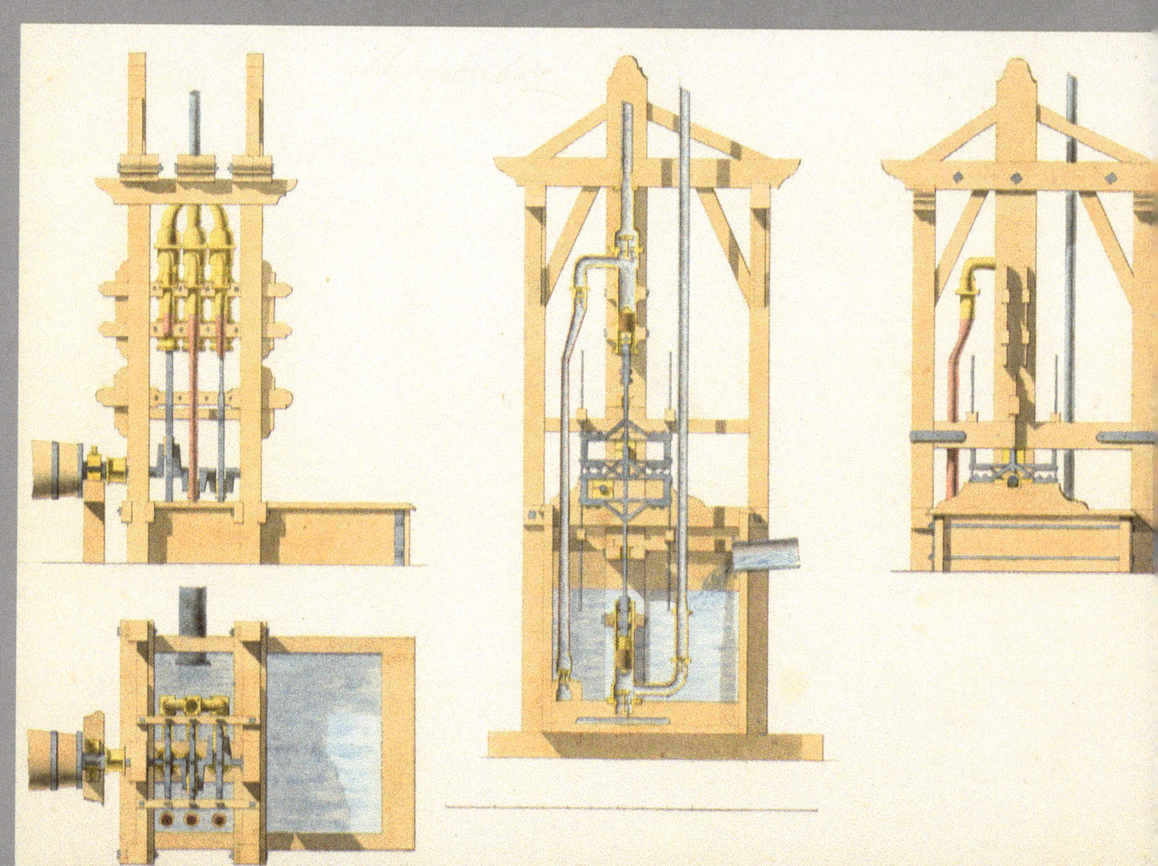

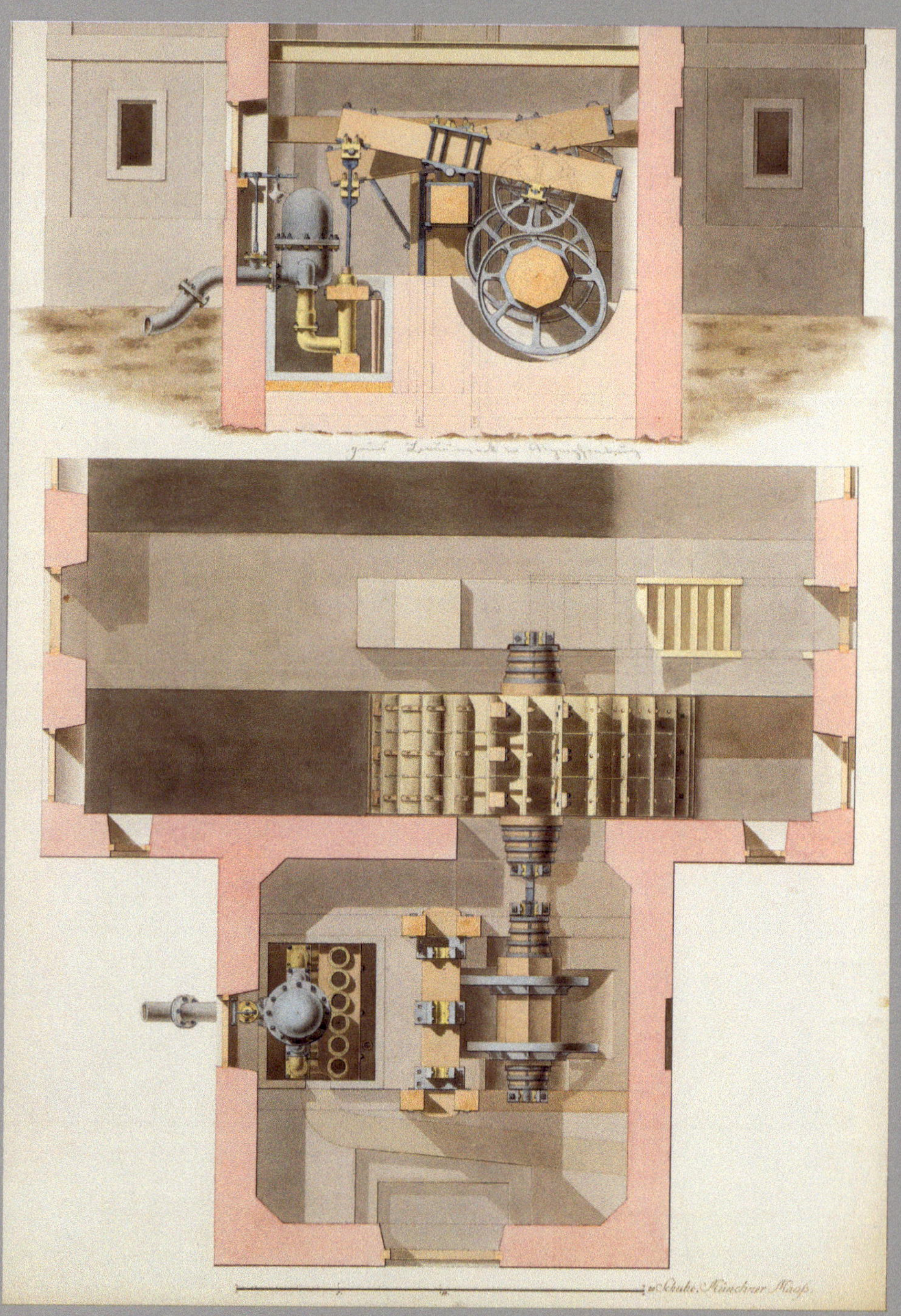
Schuhe. Münchner Maaß

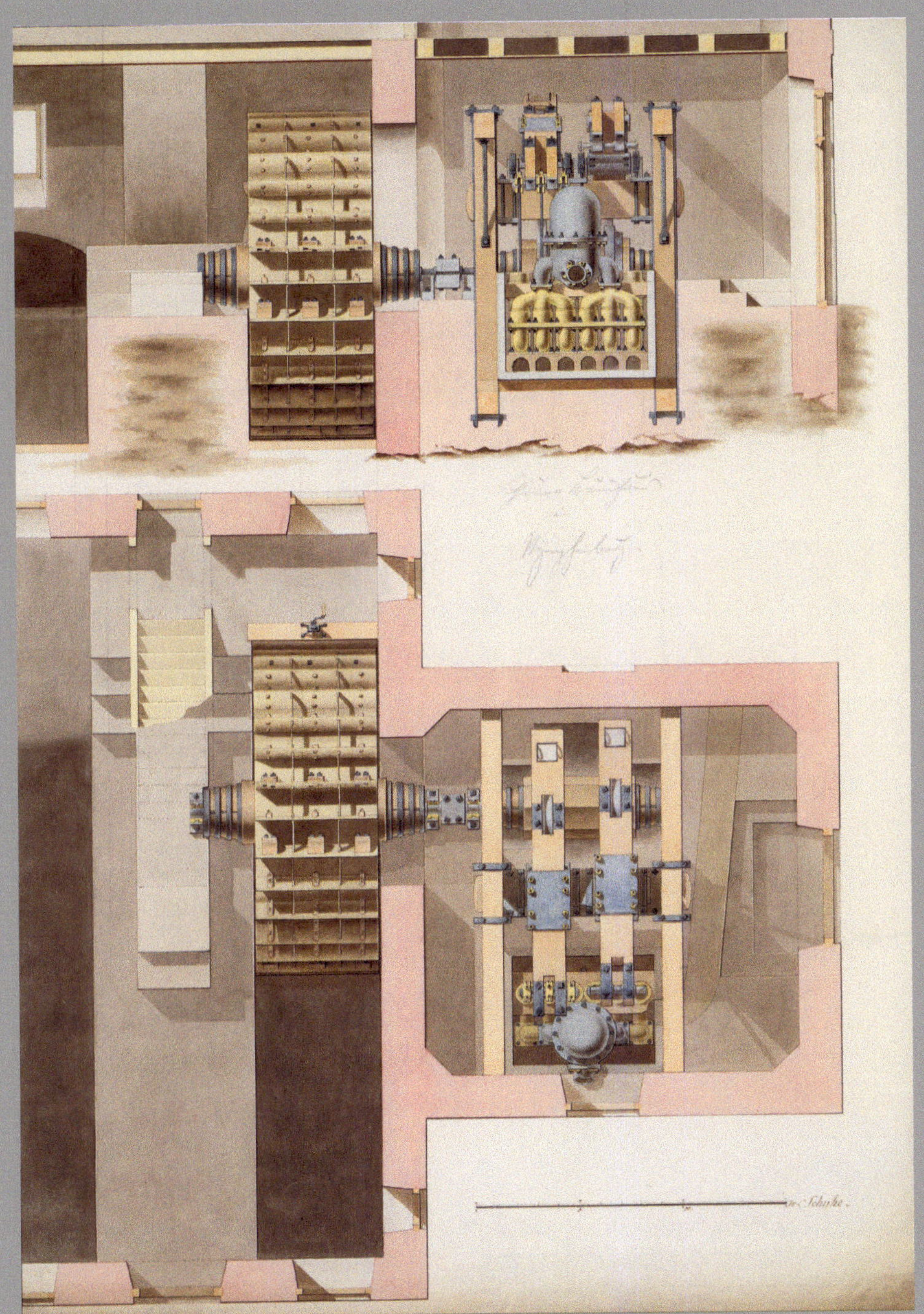
Schuhe.

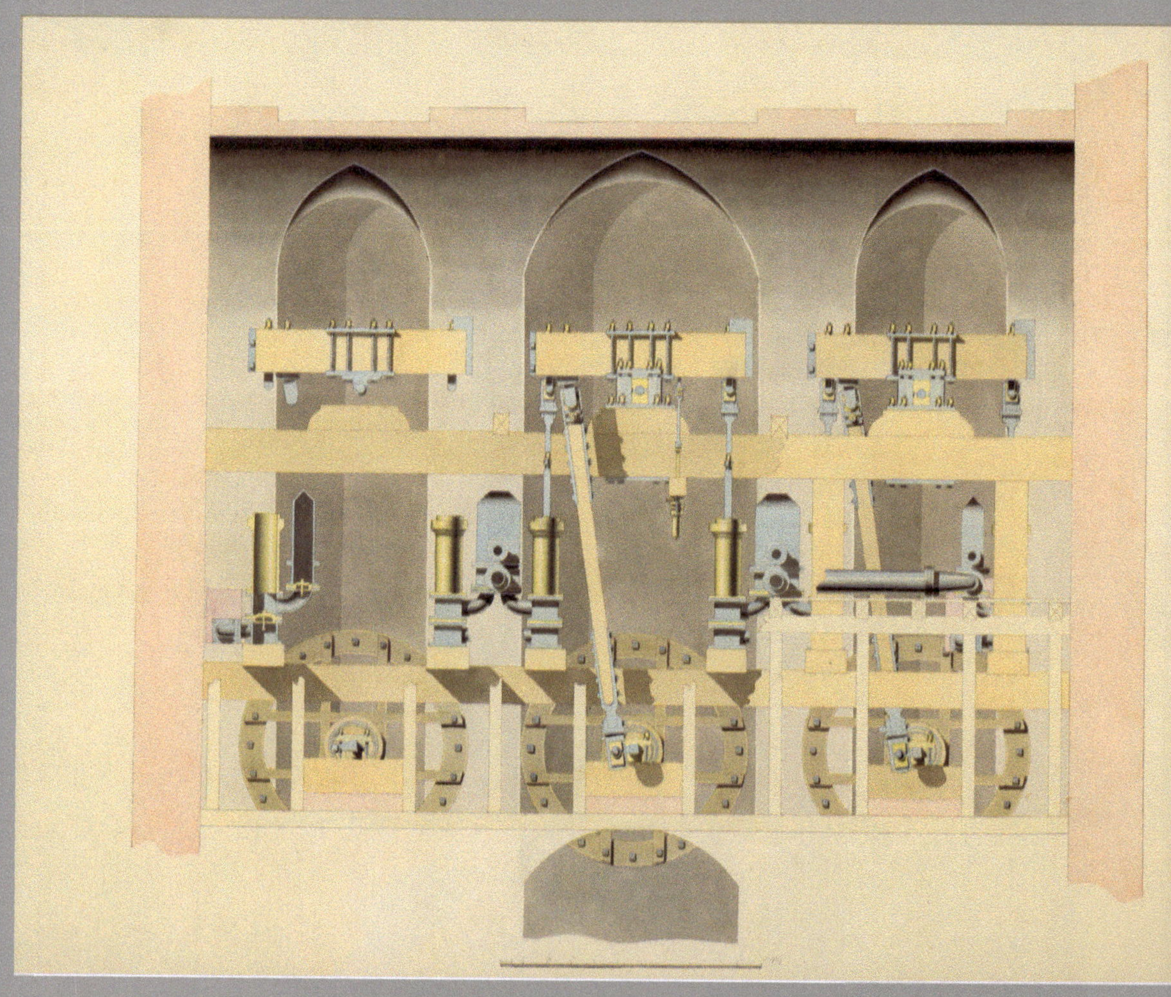

Durchschnitte und Grundriß des neu zu erbauenden Königlichen Oeconomie-Brunnwerkes zu Nymphenburg.

Ansicht und Grundriß des gegenwärtigen Wohngebäudes.

Joseph von Baader

5 VORBOTEN DES INDUSTRIEZEITALTERS

Der barocke Schlossgarten erscheint geradezu als idyllischer Gegenpol zur industriellen Revolution, die von England ausgehend das Leben der Menschen seit dem späten 18. Jahrhundert zu verändern begann. Und doch finden sich in so manchem Schlosspark Vorboten des Industriezeitalters – oft lange bevor die technischen Neuerungen andernorts für Aufsehen sorgten. Wir müssen den Blick nur auf die Details der hydraulischen Vorrichtungen für die Wasserkunst richten. Schließlich ging es bei den Wasserrädern, Rohrleitungen, Pumpen und Ventilen in einem kurfürstlichen Brunnhaus um dieselbe Technik, die für das Entwässern von Bergwerksstollen, im Salinenwesen oder zum Antrieb von Maschinen in Fabriken eingesetzt wurde.

Nicht jede neue Technik sollte schon als Vorbote des Industriezeitalters gedeutet werden. Die »Maschine von Marly« war zuallererst Ausdruck für die Extravaganz absolutistischer Machtansprüche nach dem Motto: Es kann nichts zu teuer sein, um die Wünsche des Sonnenkönigs zu erfüllen. Die Zeitenwende kündigte sich schon eher bei den hydraulischen Anlagen in Herrenhausen an, die in manchen Einzelheiten wie etwa bei der Herstellung gusseiserner Rohre den Einfluss von englischem Know-how erkennen lassen. In Hannover interessierte man sich auch für die in England gerade erfundenen Dampfmaschinen – vorrangig mit Blick auf den Einsatz im Harzer Bergbau, aber auch für eine mögliche Anwendung bei den Wasserkünsten von Herrenhausen.[124]

FEUERSPRITZEN

In Sanssouci gelang es überhaupt erst mit der Maschinentechnik des Industriezeitalters, den Wasserspielen Leben einzuhauchen – knapp 100 Jahre nach dem missratenen Auftakt zu Zeiten Friedrichs des Großen.[125] Auf den ersten Blick hat es den Anschein, als ob es der Dampfmaschine als Antrieb für die Pumpen bedurfte, um das Wasser in das Reservoir auf dem Ruinenberg zu befördern. Doch wie mit Eulers Analyse der Anlage deut-

[124] Hübschmann (1980), S. 77–79.

[125] Gottgetreu (1852), Kahlow (2017).

lich wurde, scheiterte dieses Wasserkunstprojekt nicht an zu schwachen Pumpen, sondern an falsch dimensionierten Rohrleitungen. Die Wassermasse in der über 1 km langen Rohrleitung immer aufs Neue in Bewegung zu versetzen erforderte eine enorme Kraft, und der dadurch verursachte Druck ließ die Rohre bersten. Das Problem hätte nach dem Vorbild der mit Brunnhäusern betriebenen Wasserkünste in anderen Schlossgärten mit einem kürzeren Abstand zwischen Pumpen und Reservoir gelöst werden können – oder mit einer Pumpentechnik, bei der das in die Rohrleitung gepresste Wasser nicht nach jedem Hub zum Stehen kam und immer wieder aufs Neue in Bewegung versetzt werden musste.

In Sanssouci entschieden sich die Ingenieure, als sie die Anlage in den 1840er-Jahren erneuerten, für die zweite Lösung. Das Prinzip, mit dem das Wasser nun stetig zum Ruinenberg hochgepumpt wurde, hätte auch ohne Dampfmaschinenantrieb funktioniert. Es war seit der Antike bekannt und hatte im Heronsbrunnen auch schon eine Anwendung gefunden, kam aber erst im Industriezeitalter als »Windkessel« wieder zu Ehren: Wird Wasser in einen luftdicht geschlossenen Kessel gepumpt, verringert sich das im Kessel eingeschlossene Luftvolumen. Wird dem Wasser dann ein Ausfluss ermöglicht, strömt es durch den so gesteigerten Luftdruck aus dem Kessel – weitgehend unabhängig von dem Druck der Pumpenkolben, die es in das Innere des Kessels treiben.

Als Vorbote für den Einsatz in größeren hydraulischen Anlagen zeigte der Windkessel zuerst bei Feuerspritzen die Vorteile dieser Technik. Jakob Leupold, der sich schon als Erfinder einer Luftpumpe einen Namen als Konstrukteur technischer Apparate gemacht hatte, beschrieb 1724 eine Feuerspritze, bei der mit einem Kolben Wasser durch ein Ventil in einen Windkessel gepumpt wurde, in dem knapp über dem Boden das Steigrohr für den Wasserschlauch angebracht war:[126]

> *Wenn nun durch Niederdruckung des Kolbens das Wasser im Wind-Kessel getrieben wird, und nicht so viel oben hinaus kan, als hinein kommet, so sammlet es sich im Kessel und presset oben in G die Luft zusammen, als wie eine Feder. Wenn nun der Kolben wieder zurücke gehet, so schliesset sich das Ventil E, und die zusammengepressete Lufft breitet sich wieder aus, stösset das Wasser zum Rohr hinaus, und machet, daß es ohne Aufhören so lange nemlich der Kolben Wasser zubringet, giesset.*

[126] Leupold (1724) S. 120.

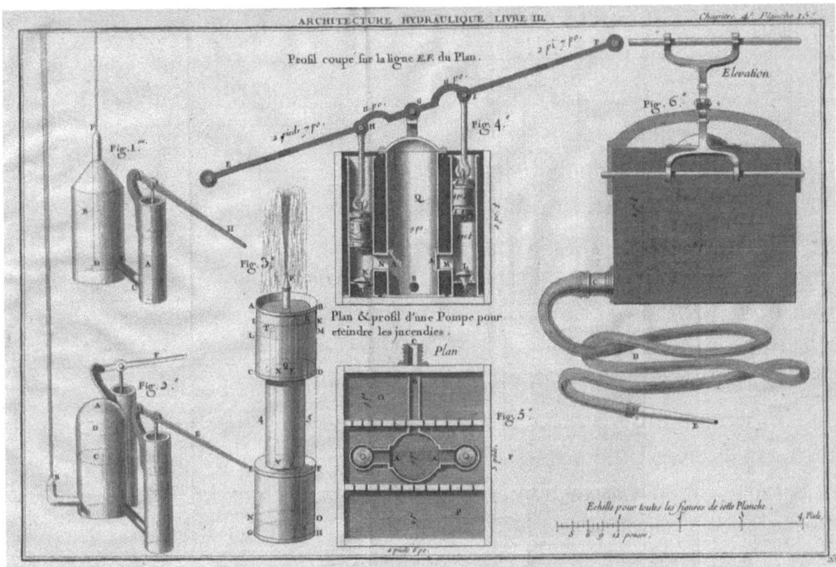

Darstellung von Feuerspritzen mit Windkessel in Bélidors *Architecture Hydraulique*.

Leupolds Feuerspritze war kein Unikat. Bélidor erwähnte in seiner *Architecture Hydraulique* außer der Leupolds noch eine ebenfalls mit einem Windkessel ausgestattete Feuerspritze eines Straßburgers namens Du Fay aus dem Jahr 1725 sowie eine mit zwei Pumpenkolben und einem Windkessel, wie man sie in verschiedenen Städten in Holland finden konnte.[127] In seinen sehr detaillierten Abbildungen dazu kündigten sich bereits die technischen Ingenieurzeichnungen des Industriezeitalters an.

In England machte sich vor allem Richard Newsham als Erfinder von Feuerspritzen mit Windkessel einen Namen. Der aus Kupfer gefertigte Windkessel dieser Feuerspritze wurde durch zwei Pumpen mit Wasser gefüllt, die mit einer besonderen Hebelanordnung und einer ausgeklügelten Ventiltechnik bei jedem Pumpenhub Wasser ansaugten und in den Windkessel drückten. Ein ganz ähnlicher Mechanismus zur Steuerung der Pumpenkolben findet sich auch bei der 1712 erfundenen Dampfmaschine von Thomas Newcomen, die vor allem für die Wasserförderung in Bergwerken eingesetzt wurde.[128] Newshams »Maschinen« zum Feuerlöschen würden nicht mehr wie die älteren Feuerspritzen das Wasser stoßweise mit dem Auf und Ab der Pumpenkolben auf das Feuer lenken, sondern in Form von kontinuierlichen kräftigen Wasserstrahlen, heißt es darüber in einer 1729

[127] Bélidor (1737), Buch III, Kapitel 4, Nr. 1087.

[128] Rolt u. Allen (1977).

erschienenen Abhandlung aus der Feder von Stephen Switzer, der sich einiges Ansehen als Konstrukteur von Wasserkunstanlagen für die englische Aristokratie erworben hatte.[129] Auch John Theophilus Desaguliers, ein ehemaliger Assistent Newtons, würdigte die Feuerspritze des »Engine-maker« Newsham 1744 in seinem Physiklehrbuch *A Course of Experimental Philosophy*: »Ich kann dieses Kapitel wohl nicht besser beschließen als mit der Beschreibung einer Maschine zum Feuerlöschen«, so machte Desaguliers die Beschreibung dieser Feuerspritze zum krönenden Abschluss eines Kapitels über Wasserhebeanlagen in England.[130]

Die für Feuerspritzen verwendeten Windkessel aus Kupfer hätten dem hohen Druck nicht standgehalten, der für so mächtige Fontänen wie in Versailles, Nymphenburg oder Herrenhausen nötig gewesen wäre. Deshalb bot diese Technologie vorerst noch keinen Ersatz für die hoch gelegenen Reservoirs, die mit dem Höhenunterschied zwischen Reservoir und Fontänendüse für eine gleichmäßige Höhe der Fontänen sorgten. Eine Alternative dazu bot das in Herrenhausen angewandte Kehrschloss-Prinzip, mit dem das Auf und Ab mehrerer Pumpen so ausgeglichen wurde, dass der von den Pumpen angetriebene Fontänenstrahl nur noch leicht um eine mittlere Höhe oszillierte. Desaguliers beschrieb diese, von einem »Reverend Holland« in mehreren englischen Gartenanlagen installierte Technik, sparte allerdings auch nicht mit Kritik. »Mr. Holland's engine at Lord Tinley's« in Wanstead in Essex bringe zwar ohne Benutzung eines Hochbehälters eine mächtige Fontäne von 70 Fuß Höhe hervor, sei aber in vieler Hinsicht mangelhaft. Er rechnete vor, dass im Vergleich zur theoretisch verfügbaren Kapazität viel zu wenig Wasser in die Rohrleitung zur Fontäne gepumpt werde. Das unterschlächtige Wasserrad, das die Pumpen bewege, lasse schon das Gros der von einem Fluss bereitgestellten Antriebskraft ungenutzt; zu enge Pumpenkolben und Rohrleitungen verursachten dann auch noch hohe Reibungsverluste.[131]

WASSERRÄDER

Desaguliers' quantitative Überlegungen über die Ausnutzung vorhandener Kapazitäten unterscheiden seine Ausführungen über die Wasserhebeanlagen deutlich von der älteren Maschinenliteratur des Barockzeitalters. Das besagt nichts über die Richtigkeit seiner Berechnungen; insbesondere die

[129] Switzer (1729), Notes on Book III.

[130] »I think I cannot conclude this Chapter of Machines better than by giving the Description of an Engine for quenching Fires.« Desaguliers (1744), S. 505–518.

[131] Desaguliers (1744), S. 431–436.

Theorie der Rohrreibung blieb noch lange ein ungelöstes Problem der Hydraulik. Nichtsdestoweniger sind solche Überlegungen zur Wirtschaftlichkeit ebenso wie die von detaillierten technischen Zeichnungen begleiteten Maschinenbeschreibungen Vorboten des Industriezeitalters.

Dies wird noch deutlicher mit den um die Mitte des 18. Jahrhunderts angestellten Versuchen, den Wirkungsgrad verschiedener Anordnungen von Wasserrädern zu ermitteln.[132] 1704 hatte als erster der französische Akademiker Antoine Parent berechnet, dass ein Wasserrad, das mit seinen Schaufeln von unten (»unterschlächtig«) durch einen Fluss angetrieben wird, selbst bei Vernachlässigung aller Reibungsverluste nur 4/27 der im Zustrom vorhandenen Leistung für den Antrieb von Maschinen nutzen könne (siehe Anhang, S. 188). Als Madame de Pompadour, eine Mätresse von Ludwig XV., Wasserkünste für ihr Schloss bei Crézy anlegen ließ, führte Antoine De Parcieux, ein Mathematiker und Physiker der Akademie, der mit der Anlage beauftragt worden war, neue Versuche über den Wirkungsgrad von Wasserrädern durch. Mit einem unterschlächtigen Wasserrad aus einem nahen Fluss Wasser in ein Hochreservoir zu befördern, erschien ihm angesichts des schlechten Wirkungsgrades, den Parent errechnet hatte, nicht ratsam. Beim unterschlächtigen Wasserrad, so überlegte er, würde ja nur der Stoß des anströmenden Wassers gegen die Schaufeln ausgenutzt; wäre es nicht besser, stattdessen das Gewicht des Wassers auszunutzen? Er dachte an eine Kette von Schöpfeimern, die bei ihrer Bewegung nach unten mit dem Gewicht des oben eingefüllten und unten wieder abgegebenen Wassers ein Rad antreiben. Er führte mehrere Versuche durch, bei denen er auf die Schaufeln eines Wasserrades von oben Wasser fallen ließ, und fasste 1754 in einer ausführlichen Akademieabhandlung seine Ergebnisse zusammen. Danach sollte der Wirkungsgrad eines oberschlächtig angetriebenen Wasserrades den des unterschlächtigen deutlich übertreffen.

In England suchte um dieselbe Zeit John Smeaton ebenfalls mit Modellexperimenten in Labormaßstab nach der vorteilhaftesten Anordnung von Wasserrädern. Er veröffentlichte seine Ergebnisse 1759 in einer Abhandlung unter dem Titel *An Experimental Enquiry Concerning the Natural Powers of Water and Wind to Turn Mills and Other Machines Depending on Circular Motion*. Seine Experimente waren von denen seines französischen Kollegen verschieden, aber in seiner Schlussfolgerung stimmte er mit

[132] Reynolds (1983), Capecchi (2013).

ihm überein: Das oberschlächtige Wasserrad war dem unterschlächtigen überlegen.

Smeaton war ein mit Bauprojekten viel beschäftigter Ingenieur, und auch De Parcieux war nicht nur Mathematiker und Physiker, sondern – wie seine Aufträge für die Konstruktion von Wasserhebeanlagen zeigen – ein ausgewiesener Praktiker. Beide begründeten ihre Schlussfolgerungen über Wasserräder mit ihren experimentellen Untersuchungen. Aber auch auf dem Weg der Theorie fanden diese Ergebnisse um dieselbe Zeit eine glänzende Bestätigung. Die Göttinger Akademie der Wissenschaften hatte dazu eine Preisaufgabe gestellt, und Johann Albrecht Euler, der Sohn von Leonhard Euler, zeigte mit seiner Preisschrift, welche physikalischen Mechanismen bei den verschiedenen Wasserrädern jeweils welchen Wirkungsgrad ergaben. Leonhard Euler hatte um dieselbe Zeit die Idee des Göttinger Mathematikprofessors Johann Andreas von Segner weiter verfolgt, ein Wasserrad nach dem Rückstoßprinzip (wie in einem modernen Rasensprenger) zu betreiben; das »Segnersche Wasserrad« wurde zur Urform der im 19. Jahrhundert entwickelten Turbinen. Es ist sicher kein Zufall, dass die Arbeit von Johann Albrecht Euler um dieselbe Zeit entstand – kurz nachdem sein Vater auch die hydraulischen Probleme der missratenen Anlage von Sanssouci analysiert hatte. Jedenfalls ging aus der Preisschrift des Sohnes noch vor den später publizierten experimentellen Untersuchungen von Smeaton und De Parcieux hervor, dass das oberschlächtige Wasserrad dem unterschlächtigen vorzuziehen war, wo immer es die lokalen Verhältnisse gestatteten. Darüber hinaus lieferten Leonhard Euler und sein Sohn nach Jahrhunderten praktischer Erfahrungen aus dem Betrieb von Mühlen und Wasserhebeanlagen nun das Wissen über die physikalischen Gesetze, auf denen die Technik der Wasserräder beruht. Johann Albrecht Euler berechnete für die maximale Wirkung eines unterschlächtigen Wasserrades den Wert 8 / 27, also den doppelten Wert von Parent. Der Unterschied rührt von verschiedenen Annahmen über den Stoß des Wassers an einer quergestellten Schaufelfläche her. Für das oberschlächtige Wasserrad beträgt dieser Wert bei vollständiger Nutzung des zuströmenden Wassers im Idealfall 1. Vollständige Nutzung setzt aber voraus, dass das Wasser beim Austritt unten seine Energie vollständig an das Rad abgegeben hat, also selbst keine Geschwindigkeit besitzt, wenn es die Schaufel verlässt.

1767 reichte der Militäringenieur Jean-Charles de Borda bei der Pariser Akademie der Wissenschaften eine Abhandlung über »hydraulische Räder« ein, die noch verständlicher als die in Latein abgefasste Preisschrift von Johann Albrecht Euler die theoretischen Ursachen für den besseren Wirkungsgrad der oberschlächtigen Wasserräder auf den Punkt brachte. Sie wurde von späteren Autoren meist als Beginn der modernen Theorie von Wasserrädern gewertet. Doch bereits 1770, im gleichen Jahr als Borda seine Akademieabhandlung publizierte, fand dieses Wissen auch schon Eingang in ein Mathematiklehrbuch. Wenceslaus Johann Gustav Karsten, ein Professor der Mathematik und Physik an der Universität Bützow in Mecklenburg, widmete im fünften, der Hydraulik gewidmeten Band seines *Lehrbegriff der gesamten Mathematik* mehrere Abschnitte den Wasserrädern (siehe Anhang, S. 188).

In der Praxis führte das Wissen um die Wirkungsgrade also nicht automatisch dazu, dem oberschlächtigen Wasserrad den Vorzug zu geben. Je nach Beschaffenheit des Geländes und der Menge des zuströmenden Wassers konnte sich das früher fast immer benutzte unterschlächtige Wasserrad trotz des geringen Wirkungsgrades als vorteilhafter erweisen. Beispiele finden sich vor allem dort, wo ein naher Fluss bewegtes Wasser in großer Menge bereitstellte, wie bei der Wasserkunst in dem entlang des Rheins angelegten Park des Lustschlosses Favorite in Mainz: Hier lieferten zwei unterschlächtige Wasserräder, die links und rechts von einem im Rhein fest verankerten Bootskörper in den Strom tauchten, den Antrieb für Pumpen, die Rheinwasser zum Reservoir der Favorite für die Fontänen im Schlosspark beförderten. In Mainz gab es auch eine Vielzahl von Mühlen, die auf Hausbooten im Rhein mit unterschlächtigen Wasserrädern betrieben wurden, sodass die Anwendung dieser Technik auch für die Wasserversorgung der Favorite nahelag. Die Anlage wurde 1792 bei den kriegerischen Auseinandersetzungen nach der Französischen Revolution zerstört, sodass auch in diesem Fall nur noch das in Archiven erhaltene Material nähere Aufschlüsse liefert. Aus dem Jahr 1740 sind Zeichnungen eines »Neuen Wasserwerkes der Churfürstlichen Favorite zu Maintz« erhalten, die das wasserradgetriebene Pumpwerk im Grundriss und im Querschnitt zeigen und einen Eindruck von dieser Technik am Vorabend der industriellen Revolution vermitteln.[133]

Außerdem war die Nutzung der zuströmenden Wasserkraft auch von der Form der Schaufeln abhängig, die das Wasser im optimalen Fall ohne Verlust bis zu seinem Austritt im Rad halten sollten. Dies war mit den geraden Holzplatten, wie sie bei älteren Wasserrädern als Schaufeln verwendet wurden, nicht möglich. Bessere Wasserräder wurden mit Metallschau-

[133] Tönsmann (1985).

feln ausgestattet, die gegenüber dem Zustrom so geneigt waren, dass sie das Wasser möglichst lange am Rad hielten. Dazu kam es jedoch meist erst im 19. Jahrhundert, als mit dem Fortschreiten der industriellen Revolution auch die Metallverarbeitung verbessert wurde und in immer neuen Anwendungsbereichen zum Einsatz kam.

LEITUNGSROHRE UND WASSERPUMPEN

Was für die Schaufeln von Wasserrädern galt, war für die Kolben der Wasserpumpen, Windkessel und anderen hydraulischen Teile einer Wasserkunstanlage, die hohen Wasserdrücken ausgesetzt waren, in noch viel größerem Maß bedeutsam. »Die Kraft zu bestimmen, welche zur Betreibung eines Druckwerks vorgegebener Abmessungen erfordert wird, ist in allen Fällen nöthig, wo man überhaupt nur eine geringe Menge von Aufschlagwasser hat, oder wo man sich das erforderliche Aufschlagwasser erst durch eine Wasserleitung verschaffen muss.« So leitete 1794 der Salineninspektor und spätere Professor für Maschinenkunde Karl Christian Langsdorf sein *Lehrbuch der Hydraulik mit beständiger Rücksicht auf die Erfahrung* ein. »Es ist doch wohl nicht unwichtig, vorläufig zu entscheiden, ob eine anzulegende 10000 Fuß lange Röhrenleitung z. B. 9 oder 15 Zolle im Durchmesser haben müsse?« Dieses Lehrbuch zeigt beispielhaft, wie am Vorabend des Industriezeitalters die Wasserkunst verwissenschaftlicht wurde. Langsdorf ging ins Gericht mit »jenen Männern«, die »unverschämt genug« seien um »die höhere Mechanik bei Maschinenanlagen für etwas ganz unnützes zu erklären«. Was nicht heißt, dass er »die Klasse der Empiriker« geringer schätzte als »die der Theoretiker«:[134]

> *Aber das Geständnis kann ich doch nicht unterdrücken, daß ich bei aller meiner Achtung für die Theorie doch selbsten den großen Euler so wenig zu irgend einer Maschinenanlage hätte gebrauchen mögen, als ich noch jetzt den tiefsinnigen Verfasser der Méchanique analytique dazu vorschlagen getraute.*

Auch in einem drei Jahre später veröffentlichten Werk über die Theorie von Wasserpumpen finden sich ähnliche Äußerungen. Es machte schon mit seinem sperrigen Titel darauf aufmerksam, dass es sich dabei um eine auf praktische Erfahrungen begründete Theorie handelt: *Vollständige Theorie der Saug- und Hebepumpen, und Grundsätze zu ihrer vortheilhaftesten Anordnung, vorzüglich in Rücksicht auf Bergbau und Salinenwesen,*

[134] Langsdorf (1794), S. 5–6.

nebst einer Beschreibung der in den englischen Bergwerken gebräuchlichen hohen Kunstsätze, und einigen Vorschlägen zur Verbesserung der deutschen Wasserkünste. Sein Autor Joseph Baader, von dem im nächsten Kapitel noch ausführlich die Rede sein wird, hielt zum Beispiel die Eulersche Theorie des Segnerschen Wasserrades für völlig falsch. Die »allgemein von den größten Männern unsers Jahrhunderts angenommene Theorie der Rückwirkung des ausströmenden Wassers« widerspreche allen praktischen Erfahrungen und gehöre »eigentlich nur zu den physischen und mechanischen Spielwerken«. Entgegen den »Berechnungen der H. H. Euler, Karsten, Bossut und Langsdorf« sei der Wirkungsgrad einer solchen »Reaktionsmaschine« keineswegs allen anderen hydrodynamischen Maschinen überlegen. Baader behauptete, dass »ein gutes oberschlächtiges Rad, bey gleicher Wassermenge und Gefälle mehr als sechsmal so viel leistet; und daß besonders durch Herrn Eulers vorgebliche Verbesserung dieser Maschine ihre Wirkung noch um die Hälfte vermindert wird, darüber mache ich mich anheischig bey einer anderen Gelegenheit den Beweiß zu führen.«[135]

Baader blieb diesen Beweis schuldig. Im 20. Jahrhundert zeigte jedoch ein Nachbau des Segnerschen Wasserrades, dass Euler mit seiner Theorie richtig lag. Seine Maximen für den Bau hydraulischer Maschinen waren seiner Zeit weit voraus.[136] Baader fühlte sich als England-erfahrener Praktiker aber so sehr im Recht, dass ihn »auch hundert Bernoullis, Euler und d'Alemberts« nicht von seiner Abneigung gegen deren Grundlagentheorie bekehren konnten.

Doch unabhängig davon, inwieweit Baader, Langsdorf und andere mit ihren Formeln über diese oder jene hydraulische Maschine richtig oder falsch lagen: Ihre Werke sind schon allein deshalb bemerkenswert, weil sie wie nie zuvor den Versuch unternehmen, für den Entwurf von Rohrleitungen, Wasserpumpen und dazu gehöriger Einzelteile das Ingenieurwissen am Vorabend des Industriezeitalters in lehrbuchartiger Weise zusammenzufassen. Baaders ganzes Buch ist nur der Wirkungsweise von Pumpen gewidmet, und er geht so weit, auch die genauen Abmessungen und das Gewicht der Einzelteile in seine Darstellung einzubeziehen – bis hin zu Fragen der Wirtschaftlichkeit. Sein Buch endet mit einer »Kostenberechnung der zu einer Pumpe erforderlichen Gußwaare«.[137]

135 Baader (1797), S. 11.

136 Ackeret (1944).

137 Baader (1797), Kap. 15, S. 202–207.

Auch Langsdorfs Abschnitte über Pumpen zeigen beispielhaft diesen Praxisbezug. Ein ganzes Kapitel ist nur der Frage nach der erforderlichen Wandstärke der Wasserrohre gewidmet, das die bisherigen Erfahrungen mit Leitungsrohren aus Holz (Buche, Fichte) und Metall (Blei, Gusseisen) zusammenfasst.[138] Daran schließen sich dann »Praktische Bemerkungen über die Anlagen der Röhren und Brunnenleitungen« an, wobei auch die Art der Rohrverbindungen beschrieben und mit Abbildungen illustriert wird:[139]

Wenn man die eisernen Röhren durch Schrauben mit einander verbinden will, so läßt man an beiden Enden einer jeden Röhre ringsum einen Rand oder sogenannten Lappen angießen [...]. *Zwischen zween solche Lappen wird jedesmal ein Ring von Huthfilz oder gutem Sohlenleder, oder auch zween solche Ringe auf einander gelegt und nun die Lappen fest zusammengeschroben ...*

Den »Druckwerken«, die das Wasser in Steigleitungen pressen, widmete Langsdorf wegen der dabei ausgeübten großen Kräfte besondere Aufmerksamkeit. Was Euler schon bei der Anlage von Sanssouci angemahnt hatte, wurde nun lehrbuchartig gefordert, wie zum Beispiel, dass man »die Steigröhre im kürzesten Weg zu der Höhe leiten müsse, in welcher sie ausgießen soll«.[140] Gerade bei größeren Wasserhebeanlagen sei es wichtig, das Druckwerk so anzulegen, dass das Wasser möglichst gleichförmig durch die Rohre strömt. Dies lasse sich »durch ein mit der Steigröhre in Verbindung gebrachtes luftdichtes Behältnis bewerkstelligen«, so wies Langsdorf auf die bei Feuerspritzen schon bewährte Windkessel-Technik hin:[141]

Der Gebrauch des Windkessels ist zwar bei den Druckwerken nicht eingeführt, aber doch leicht anwendbar, und ist bei anderen Maschinen, z. B. den Feuersprützen, ganz alltäglich und den gemeinsten Künstlern bekannt. Diese sollten daraus lernen, was ihnen immer unglaublich scheint, daß zur Betreibung eines Druckwerks eine weit größere Kraft erforderlich sein kann, als die ist, welche dem hydrostatischen Druck der zu bewältigenden Wassersäule gleich ist. [...] *Es hat aber dennoch der Windkessel auch bei Druckwerken seinen großen Nutzen, weshalb er*

138 Langsdorf (1794), Kap. 11.

139 Langsdorf (1794), S. 140.

140 Langsdorf (1794), S. 432.

141 Langsdorf (1794), S. 416.

überall bei solchen Maschinen angebracht werden sollte. Weil nämlich in der Zwischenzeit, da der Kolben nicht wirkt, die zusammengepreßte Luft das Wasser durch die Steigröhre durchzutreiben fortfährt, so braucht das Wasser in dem Augenblick, da der Kolben wieder zu wirken anfängt, seine Bewegung nicht erst wieder von Null anzufangen; es geht also zur erforderlichen Beschleunigung keine Kraft verrohren, und dieses ist in den meisten Fällen von Wichtigkeit.

Langsdorf zeigte mehrere Varianten solcher, mit einem Windkessel versehenen Pumpen.

Was die Größe des Windkessels betraf, sei nur zu beachten, »dass während dem Spiel der Maschine der kubische Raum der eingesperrten Luft sich nicht beträchtlich abändere, so daß die Federkraft der Luft ohne merklichen Fehler als unveränderlich angesehen werden kann«.[142]

Ein Blick auf andere Werke Langsdorfs zeigt, aus welchen Quellen er sein hydraulisches Wissen vornehmlich schöpfte. 1790 hatte er unter dem Titel *Neue Grundlehren der Hydraulik, mit ihrer Anwendung auf die wichtigsten Theile der Hydrotechnik* ein Werk des französischen Mathematikers Pons-Joseph Bernard (*Nouveaux Principes d'hydraulique appliqués à tous les objets d'utilité et particulièrement aux rivières*) veröffentlicht. Kurz darauf übersetzte er Charles Bossuts *Traité théorique et expérimentale d'hydrodynamique*, das 1792 auf Deutsch als *Lehrbegriff der Hydrodynamik nach Theorie und Erfahrung* erschien. Dann machte er sich an die Übersetzung von Gaspard de Pronys 1790 erschienenem Werk *Nouvelle architecture hydraulique*, das im Titel noch an Bélidors Klassiker anspielte, aber vor allem mit seinem zweiten Band, der den Dampfmaschinen gewidmet war, eine Brücke zur Ingenieurliteratur des Industriezeitalters schlug. Die *Neue Architektura Hydraulika*, wie Langsdorf seine Übersetzung titulierte, erschien gleichzeitig mit seinem eigenen *Lehrbuch der Hydraulik*.

Vorbilder wie Gaspard de Prony verkörperten als Professoren an der Ecole des Ponts et Chaussées und der Ecole Polytechnique, den Eliteschulen für die Ingenieurausbildung in Frankreich, das Ideal einer wissenschaftlichen Untermauerung all der Techniken, die bei der Wasserversorgung von Städten, zur Entwässerung von Bergwerken oder bei anderen hydraulischen Anlagen zum Einsatz kamen. Joseph Baader legitimierte die Praxisnähe seiner Pumpentheorie mit eigenen Erfahrungen im Mutterland der industriellen Revolution. Er habe sich »als praktischer Mechaniker (Engi-

[142] Langsdorf (1794), S. 460.

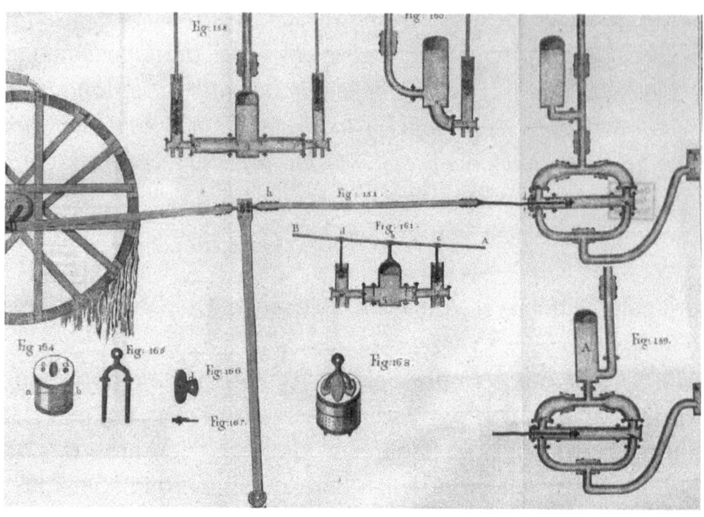

Ein Druckwerk mit Windkessel.

neer)« bei einem sieben Jahre währenden Aufenthalt in Großbritannien mit der dort eingesetzten Maschinentechnik vertraut gemacht, schrieb Baader einleitend in seiner *Vollständigen Theorie der Saug- und Hebepumpen.* Im Vergleich zu England war in Bayern und in den meisten anderen deutschen Staaten im ausgehenden 18. Jahrhundert von einer Industrialisierung noch wenig zu sehen, doch mit ihren Büchern bereiteten Langsdorf, Baader und andere das Feld für die Ablösung alter Praktiken durch neue Maschinentechnik. Baader lenkte im Untertitel seiner Pumpentheorie das Augenmerk auf »Bergbau und Salinenwesen«, doch bei den gräflichen, fürstlichen und königlichen Potentaten in den deutschen Staaten weckte dies auch den Appetit, die veralteten Anlagen in ihren Schlossgärten zu erneuern. Gelegentlich wurde die Technik im Schlosspark sogar zum Testfall für den weiteren Maschineneinsatz.

6 NEUE TECHNIK FÜR ALTE WASSERKUNST

Die großen Umwälzungen im ausgehenden 18. Jahrhundert – die Französische Revolution und die industrielle Revolution – sorgten in allen gesellschaftlichen Bereichen für einen durchgreifenden Wandel. Davon wurde auch das weltpolitisch und technologisch eher unbedeutende »Churpfalz-Baiern« geprägt, wie das 1777 aus der Fusion des Kurfürstentums Bayern mit der Pfalz hervorgegangene und von Kurfürst Karl Theodor regierte Staatswesen hieß. Die europäische Aufklärungsbewegung hatte Bayern schon 1759 eine Akademie nach dem Muster der gelehrten Gesellschaften in London, Paris und Berlin beschert,[143] aber erst mit Persönlichkeiten wie Benjamin Thompson, besser bekannt als Graf Rumford, wurde der Wandel auch in Gestalt von Sozialreformen und wissenschaftlich-technischen Neuerungen augenfällig.[144] Unter Max IV. Joseph, der 1799 die Nachfolge Karl Theodors antrat, ging die Modernisierung in eine neue Runde. Im Bündnis mit dem napoleonischen Frankreich wurde Bayern 1806 zum Königreich erhoben. Maximilian I. Joseph, wie sich der zum König beförderte Kurfürst jetzt nannte, und sein Minister Maximilian Graf von Montgelas schufen binnen weniger Jahre mit einer »Revolution von oben« ein modernes, zentral regiertes Staatswesen.[145]

Auf dem Gebiet der Technik war es vor allem Joseph Baader, der mit Maschinen nach englischem Vorbild für Aufsehen sorgte. Die Wasserversorgung spielte dabei eine Vorreiterrolle, und im Nymphenburger Schlosspark wurden dafür die ersten Kostproben zur Schau gestellt.

ENGLISCHE ERFAHRUNGEN

Nicht zufällig richteten sich dabei die Blicke immer wieder nach England. Rumford, der als »Hofmann und Kosmospolit«[146] zu den wichtigsten Beratern im Kabinett von Karl Theodor zählte, schickte Studenten mit Stipendien nach England, damit sie dort nützliche Erfahrungen für die Moderni-

[143] Hammermayer (1983).

[144] Weidner (2014).

[145] Weis (2008).

[146] Weidner (2014), S. 19.

sierung Bayerns sammeln konnten. Auch Joseph Baader verbrachte mehrjährige Aufenthalte in England und Schottland, wo er sich mit dem dort schon sehr weit verbreiteten Maschinenwesen vertraut machte. Baader hatte seine akademische Laufbahn zunächst mit einem Studium der Medizin begonnen, zeigte aber schon bald ein stärkeres Interesse für Physik und Technik. 1786 verließ er Bayern, um bei Georg Christoph Lichtenberg in Göttingen Physikvorlesungen zu hören. Dann reiste er weiter nach England und Schottland. Besonders beeindruckten ihn die Eisenhüttenwerke von John Wilkinson in Coalbrookdale, wo er vermutlich auch eine der ersten Dampfmaschinen von James Watt zu Gesicht bekam. Nach einem mehr als dreijährigen Aufenthalt in England und Schottland durfte er sich bereits zu dem Kreis derer zählen, die aus eigener Erfahrung wussten, wozu die neue Maschinentechnik imstande war.[147]

1790 kehrte Baader nach Deutschland zurück. In einem Tagebuch notierte er in einer Mischung von deutsch und englisch, was ihm an den verschiedenen Stationen seiner Rückreise von technischem Interesse erschien. »Breakfasted with Baron Heinitz, went to see the Water-Engine which supplies the town«, schrieb er zum Beispiel am 22. Juni 1790 nach einem kurzen Aufenthalt in Hamburg in das Tagebuch. Bei der »Water-Engine« handelte es sich um »ein Druckwerk nach einer sehr alten Einrichtung, worin gar nichts merkwürdig ist, als die Art, wie sich die Stiefel füllen. Sie stehen ohngefähr 8 Fuß unter Wasser und haben unten keine Öffnung als die seitwärts nach dem Steigrohr.« Er durfte auch an einem »Versuch mit einer gewöhnlichen Feuerspritze« teilnehmen. Eine Woche später war er in Hannover, wo er die Herrenhausener Wasserkunst beim »Königl. Lustschlosse« besichtigte:[148]

> *Der Garten ist nach altem französischen gemacht, und der Palast ist gar nicht ansehnlich. Die große Fontäne aber ist merkwürdig, die bloß durch Druckwerk 120 Fuß hoch spielt, jetzt spiel an Sonntägen ein paar Stunden. Die Maschine wird durch den Fluß Leine bewegt, und besteht aus 4 großen unterschlächtigen Rädern, davon jedes 8 metallne Stiefel 10-zöllig mit 4 Fuß Hub treibt. Die Vorrichtung ist sehr ingeniös, aber zusammengesetzt, und hat viel Friktion; sie ist im 2ten Bande von Desaguliers Experimental philosophy beschrieben.*

[147] Hoffmann (1857), S. 11–12.

[148] Joseph Baader: Journey from Edinburgh to Germany, 1790. Reisetagebuch, Bayerische Staatsbibliothek, Handschriftensammlung, Cgm 5420, Nr. 129.

Baader nutzte die Reise nach Deutschland vermutlich in erster Linie dazu, um sich nach einer Karrieremöglichkeit als Ingenieur bei einem Bergwerk oder einer anderen Stelle umzusehen, wo er sein Maschinenwissen nutzbringend einsetzen konnte. Aber dank seiner Beziehungen nach England erschien ihm auch eine Karriere auf den britischen Inseln nicht ausgeschlossen. Als Rumford im Sommer 1791 wieder einen talentierten Studenten mit einem zweijährigen Stipendium nach England schickte, »um sich alldort in der Mechanic zu perfektioniren«,[149] übte sich Baader in der Rolle des Tutors. Der Stipendiat war Georg Reichenbach, und Baader sollte ihm als erstes Zutritt zu der Dampfmaschinen-Fabrik von Matthew Boulton und James Watt in Soho bei Birmingham verschaffen.

Boulton und Watt gegenüber wurde der Aufenthalt Reichenbachs in Soho mit der Bestellung einer Dampfmaschine begründet. Reichenbach sollte sich schon beim Bau der Dampfmaschine mit allen technischen Einzelheiten vertraut machen, damit er später für einen reibungslosen Betrieb sorgen und anfallende Reparaturen selbst erledigen konnte. Vermutlich war dies jedoch nur ein Vorwand, denn nach einigen Monaten, die Reichenbach für ein gründliches Studium der Maschinen in Watts Werkstätte genutzt hatte, wurde die Bestellung rückgängig gemacht. Boulton und Watt hatten den Besucher aus Deutschland von Anfang an mit Misstrauen behandelt. Er habe sich »durch einige kleine Trinkgelder« die Gelegenheit verschafft, »den Mechanismus der Wattischen Feuer- oder Dampfmaschine vollkommen zu studieren«, hielt Reichenbach in seinem Tagebuch fest. Er habe sechs Wochen lang an seinen Zeichnungen gearbeitet und musste dabei »nicht nur allein vor Boulton geheim seyn, sondern auch vor allen dahir befindlichen Arbeitern«.[150]

Englische Ingenieure und Unternehmer konnten ein Lied davon singen, mit welchen Methoden sich manche Besucher vom europäischen Kontinent Zugang zu ihren Maschinenwerkstätten verschafften. Auch andere industriell noch wenig entwickelte Länder wollten wie Bayern dem englischen Beispiel folgen und schreckten dabei vor Industriespionage nicht zurück.[151] Ob es sich bei den Versuchen Reichenbachs und Baaders, sich in England Maschinenwissen anzueignen, um organisierte Industriespionage handelt,

[149] Aus einem Schreiben des kurfürstlichen Hofes vom 30. Mai 1791, zitiert in Dyck (1912), S. 2.

[150] Georg Reichenbach: Reise von Mannheim nach England, Tagebuch, DMA, NL 272, 076. Auch in Dyck (1912), S. 3.

[151] Weber (1975).

ist aus den vorhandenen Quellen nicht eindeutig zu belegen.[152] Die Maschinenzeichnungen und Skizzen in Baaders und Reichenbachs Reisetagebüchern lassen jedenfalls keinen Zweifel daran, wie wichtig ihnen diese englischen Erfahrungen für die eigene Weiterbildung zu Maschineningenieuren waren. Reichenbach reiste nach einem sechsmonatigen Englandaufenthalt im Januar 1792 nur kurz zurück nach Deutschland, um dann noch einmal für mehr als ein Jahr in England Industrieerfahrungen zu sammeln. Auch Baader blieb bis 1793 in England. Nach seiner Rückkehr begann er eine Karriere im bayerischen Staatsdienst als Maschinendirektor des kurfürstlichen Oberst-, Berg- und Münzmeisteramts. 1796 wurde er Mitglied der physikalisch-mathematischen Klasse der Bayerischen Akademie der Wissenschaften. Auch hier waren es zuerst seine Englanderfahrungen, die für Aufsehen sorgten. Seine Antrittsrede widmete er der »Theorie des englischen Cylinder-Gebläses«. Zwei Jahre darauf wurde er dank seiner Maschinenkenntnisse als Hofkammerrat mit der Direktion »sämmtlicher Wassermaschinen und Wasserleitungen in München und den churfürstlichen Lustschlössern« beauftragt.[153]

Im Jahr 1800 veröffentlichte Baader eine *Sammlung neuer (größtentheils meiner eigenen) Erfindungen*, die der »Verbesserung der Wasserkünste im Bergbau und Salinenwesen« dienen sollten. Im Unterschied zu seinem Werk über die Pumpen, mit dem er sich als praxiserfahrener Theoretiker präsentiert hatte, verzichtete er darin auf theoretische Ausführungen, um »dieses Werk durchaus praktisch, und für Jeden, der nur die Anfangsgründe der mechanischen Wissenschaften inne hat, verständlich und brauchbar zu machen«. Beim Windkessel, so machte er an diesem Beispiel deutlich, bestehe der Nutzen darin, dass die Strömung durch eine Steigleitung ohne Unterbrechung gleichförmig erfolgt. Bei »Druckwerken« sei dies inzwischen allgemein bekannt. »Allein bis jezt ist, meines Wissens, noch Niemand auf den Gedanken gerathen, dasselbe Prinzip auch auf Saugwerke anzuwenden, und durch einen mit verdünnter Luft gefüllten Rezipienten bey einer Saugpumpe eben die Vortheile zu erhalten, welche das Compressionsgefäß, oder der gewöhnliche mit verdichteter Luft angefüllte Windkessel bey Druckpumpen gewährt.« Der Gedanke dazu sei ihm schon 1788 in England gekommen, und er habe »diese meine Idee sowohl dort als nachher in Deutschland verschiedenen meiner gelehrten Freunde« mitgeteilt, so beanspruchte er dafür die Priorität vor Langsdorf,

[152] Schneider (1996).

[153] Siber (1836).

der dieses Prinzip im ersten Band seiner 1797 erschienenen Maschinenlehre ebenfalls beschrieben hatte.[154]

Daran wird schon deutlich, dass mit der Übertragung von Erfahrungen aus dem Mutterland der industriellen Revolution in technisch weniger entwickelte Länder auch der Streit darum entbrannte, wem für welche Neuerung das Erstgeburtsrecht zukam – und auch bei diesen Streitfällen zeichnete sich Baader nicht gerade durch Zurückhaltung aus.

»BLASE-MASCHINEN«

Auf den ersten Blick scheinen Gebläse für Eisenhüttenwerke oder Windkessel für Steigleitungen in Bergwerken nichts mit der Wasserkunst in Schlossgärten zu tun zu haben. Dahinter verbirgt sich jedoch eine technische Herausforderung, die Physiker und Ingenieure noch bis ins 20. Jahrhundert vor große Probleme stellte und die bei hydraulischen Anlagen für die Fontänen eines Lustgartens durchaus zentrale Bedeutung gewann: Wie müssen Rohrleitungen dimensioniert werden, um den Strömungswiderstand möglichst gering zu halten, und wie kann bei dem Auf und Ab der Pumpen eine gleichmäßige Strömung gewährleistet werden?

Baader machte diese Problematik als erstes beim Gebläse für ein Hüttenwerk deutlich, wo es auf einen starken und gleichmäßigen Luftstrom ankam. »Wessen Ohr an das gleichförmige ununterbrochene laute Gebrülle einer Englischen Blasemaschine gewöhnt ist, dem wird bey dem matten, abgesetzten, kläglichen Gähnen und Schnarchen eines Paar abgelebter hölzerner Bälge gar sonderbar zu Muthe.« So verglich Baader die maschinellen Gebläse in englischen Eisenhütten mit den altertümlichen Blasebälgen, wie sie in Deutschland für die Eisenerzeugung in Gebrauch waren. Letztere erinnerten ihn als studierten Mediziner an »das schwere, gedehnte, rasselnde Athemhohlen eines asthmatischen Menschen«. Dagegen habe in England das Eisenschmelzen »durch die Bemühung und den Scharfsinn des Hrn. John Wilkinson und einiger andrer Ironmasters« große Fortschritte gemacht, die »hauptsächlich in der Vollkommenheit ihrer Blasemaschinen ihren Grund haben«.[155]

Schon 1787, als Baader in Edinburgh erste Erfahrungen mit dem britischen Maschinenwesen machte, sah er im Gebläse eine Schlüsseltechnologie für die Eisenerzeugung, die er weiter verbessern wollte. Ein erstes Ergebnis dieser Bemühungen präsentierte er 1794 bei seiner Rückkehr nach Deutschland mit der Beschreibung eines neu erfundenen Gebläses. Zehn

[154] Baader (1800), Vorrede und S. 17; Langsdor (1797), S. 224.

[155] Baader (1794), S. 6–8.

Jahre später veröffentlichte er in einer ausführlicheren Darstellung die *Beschreibung und Theorie des englischen Cylinder-Gebläses, nebst einigen Vorschlägen zur Verbesserung dieser Maschine.* Darin wird an einem Beispiel sehr anschaulich, wie Erfahrungen aus der Praxis die Suche nach physikalischer Erkenntnis motivierten. Wilkinson habe einmal an einem Bach mit starkem Gefälle »ein großes oberschlächtiges Wasserrad mit einer vollständigen Cylinder-Maschine« errichtet, so kolportierte Baader, was ihm in England darüber zu Ohren gekommen war. Der von diesem Gebläse erzeugte Luftstrom sollte mit einer gusseisernen »Windleitung« zum Hochofen in 5000 Fuß Entfernung geleitet werden:[156]

> *Als nun die ganze Anlage vollendet war, und man das Erstemal Wasser aufs Rad schlug, zeigte sichs zum großen Erstaunen aller Gegenwärtigen, daß die zusammengepreßte Luft durch die kleinsten Oeffnungen und Fugen, vorzüglich aber durch ein mit Gewicht beschwertes Ventil (Waste-valve) an der Maschine selbst entwischte, indeß aus der Oeffnung am entfernten Ende der Röhrenleitung durch ein vorgehaltenes Licht nicht einmal die geringste Bewegung zu bemerken war! – Man verstopfte hierauf alle Fugen auf das sorgfältigste, und beschwerte das Ventil nach und nach mit so viel Gewicht, daß die verdichtete Luft solches gar nicht mehr zu heben vermochte, und das Rad, bey vollem Aufschlagwasser, sich immer langsamer bewegte, bis es endlich ganz stille stand. Allein obwohl nunmehr die Luft auf einen so hohen Grad verdichtet war, daß ihre Elastizität der ganzen vorhandenen Kraft das Gleichgewicht hielt, so war doch an dem entfernten Ende der Windleitung noch nicht der schwächste Luftzug zu spüren. Natürlicherweise entstand jetzt die Vermuthung, daß die Röhrenstrecke an irgend einer Stelle durch einen Zufall verstopft wäre; und, um diese Hypothese zu prüfen, steckte man in die Mündung der Windleitung bey der Maschine eine lebende Katze, welche, nachdem ihr der Rückweg verschlossen ward, nach einiger Zeit an dem andern offenen Ende (von welchem das enge Blaserohr abgenommen war) unverletzt heraus kam, folglich die ganze Röhrenleitung ohne Widerstand durchlaufen hatte! [...] Ich überlasse es jedem Gelehrten, die physische Ursache dieses Widerstandes, oder vielmehr dieser gänzlichen Tilgung einer bewegenden Kraft zu erklären, oder das Gesetz theoretisch aufzufinden, nach welchem der Widerstand einer durch*

[156] Baader (1805), S. 9–10.

eine lange Röhrenleitung bewegten Luftmasse mit der Länge derselben zunimmt.

Dieses Widerstandsgesetz für die Rohrströmung zu finden, blieb das ganze 19. Jahrhundert hindurch eine der großen Herausforderungen der Physik. Es zeigte sich, dass eine Strömung – gleichgültig ob es sich dabei um Luft, Wasser oder ein anderes flüssiges oder gasförmiges Medium handelt – bei kleiner Geschwindigkeit durch dünne Röhrchen einem ganz anderen Widerstandsgesetz gehorcht als bei großer Geschwindigkeit durch dicke Rohrleitungen. Im ersten Fall strömt das Medium laminar, das heißt, in gleichmäßig aneinander entlang gleitenden Schichten; für diesen Fall fand man um die Jahrhundertmitte das Widerstandsgesetz. Im zweiten Fall handelt es sich um eine turbulente Strömung, bei der die Flüssigkeitsteilchen gegeneinander verwirbelt sind. Dieser, bei Gebläsen für Luft ebenso wie bei den Wasserleitungen in Städten und Schlossgärten vorherrschende Strömungszustand entzog sich lange einer physikalisch befriedigenden Erklärung. Es gelang zwar im 20. Jahrhundert, dafür ein Widerstandsgesetz zu formulieren, doch es ist bis heute nicht gelungen, dieses Gesetz wie bei der laminaren Strömung aus den physikalischen Grundlagen heraus abzuleiten.

Unabhängig von dem Rätselraten über die Ursachen für den großen Widerstand in der 5000 Fuß langen »Windleitung« machte der Vorfall aber unmissverständlich klar, worauf es in der Praxis ankam: Die Rohrleitungen, die einen Luftstrom zu einem Hochofen oder Wasser zu einer Fontäne befördern sollten, mussten möglichst kurz sein. Wenn die Strömung außerdem noch mit jedem Pumpenhub aufs Neue in Bewegung versetzt wurde, kam zum Reibungswiderstand noch die Trägheit – dies hatte schon Euler bei seiner Analyse des Fiaskos von Sanssouci aufgezeigt. Die Rohrleitungen sollten also nicht nur möglichst kurz sein, sondern auch möglichst gleichförmig durchströmt werden. Beim Antrieb von Kolbenpumpen durch ein Wasserrad musste die Drehbewegung so auf die Pumpenkolben übertragen werden, dass diese die Luft beim Niedergehen mit gleichförmiger Geschwindigkeit in die »Windleitung« pressten.

Wenn die Kreisbewegung des Wasserrades mit einer Kurbelwelle in eine Auf- und Ab-Bewegung

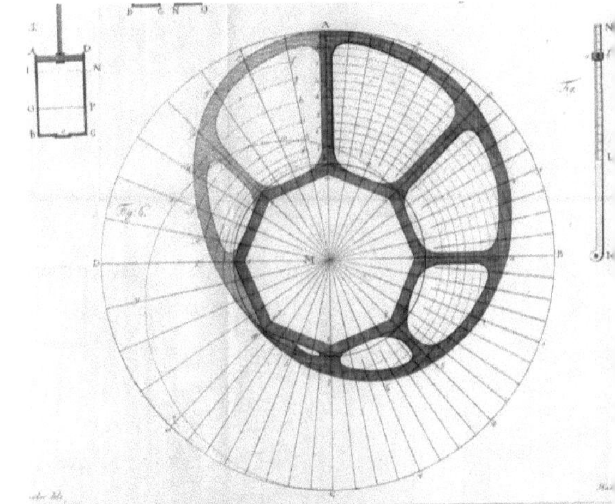

Baaders »Wellfuß« für eine gleichförmige Kraftübertragung von einem Wasserrad auf die Antriebspumpen eines Gebläses.

übersetzt wird, gehen die Pumpenkolben periodisch von einer langsamen zu einer schnellen und dann wieder zu einer langsamen Bewegung über. Um diese Ungleichförmigkeit auszugleichen, korrigierte Baader mit geeignet geformten »Wellfüßen« die exzentrische Bewegung so, dass immer die gleiche Hebelkraft auf die Kolben einwirkt. »Ich werde in der folgenden Theorie dieser Maschinen das Gesetz und die Verhältniße bestimmen, nach welchen die krumme Umfangslinie dieser Wellfüße (welche eigentlich weder Cycloide noch Epicycloide ist) beschrieben und eingetheilt werden muß«, so umriß er die Aufgabe.[157] In einem Anhang gab er eine »Praktische Anleitung zur Verzeichnung einer vollkommen richtigen Krümmungslinie für die Wellfüße an den Gebläse-Maschinen«.

NEUE PUMPEN IM GRÜNEN BRUNNHAUS

Im gleichen Jahr, in dem Baader seine Vorschläge zur Verbesserung der Gebläsetechnik der Öffentlichkeit präsentierte, gingen im Nymphenburger Schlosspark im Grünen Brunnhaus die ersten, von ihm neu konstruierten Wasserpumpen in Betrieb. Auf einer Planzeichnung (siehe Farbteil IV) ist erkennbar, dass er dabei mit denselben Wellfüßen für einen gleichmäßigen Pumpenhub sorgte wie bei den Gebläsen.

Das zweite Novum der Baaderschen Pumpen war der Windkessel (siehe Farbteil IV und V). Diese Technik war bei Feuerspritzen schon im Einsatz, dort aber nicht in einer so massiven Ausführung. Baaders Windkessel bestand aus Gusseisen, um auch einen sehr hohen Druck auszuhalten. Die im Windkessel komprimierte Luft sorgte für einen Druck, der den Fontänenstrahl im Schlosspark 30 m in die Höhe schießen ließ – höher, als dies zuvor mit dem Wasser aus den Reservoirs der Wassertürme möglich war. Das wurde sogar in Frankreich, wo die Fontänen von Versailles als das Maß aller Dinge in Sachen Wasserkunst galten, als Meisterleistung angesehen.[158] Warum Baader in Frankreich zu dieser Ehre kam, werden wir noch sehen. Für den Augenblick genügt es, festzuhalten, dass Baader um 1805 größtes Ansehen als oberster Maschinenkonstrukteur Bayerns genoss. Neben den »grandes machines hydrauliques pour le grand jet de Nymphenbourg« zählten zu seinen Ingenieurleistungen neue Pumpen für die Wasserversorgung in München und Dachau, Pumpen für die Münchner Feuerwehr, Gebläse für die Hochöfen von Hüttenwerken in Weiher-

[157] Baader (1805), S. 22.

[158] »Ce jet d'eau s'élevé à trente metres ou quatre-vingt-dix pieds«, konnte man in den *Annales de l'Agriculture française* im Jahr 1806 über die Leistungen Baaders lesen, der als »Ingenieur en chef des constructions hydrauliques, des mines et salines de S. M. le Roi de Bavière, Conseiller de la provinciale de se pays« vorgestellt wurde.

hammer und Bodenwöhr in der Oberpfalz, Hebemaschinen für die Förderung und Weiterleitung von Salzwasser (Sole) in Reichenhall sowie Geräte zur Bestimmung des Wasserdurchlaufs in Soleleitungen (Hydrometrographen).[159]

Diese technischen Neuerungen gingen Hand in Hand mit dem Umbruch, den Bayern unter der Herrschaft des reformfreudigen Kurfürsten Karl Theodor und seines Beraters Graf Rumford erfuhr. München entledigte sich seiner mittelalterlichen Stadtmauern und barocken Festungswerke, da sie dem Wachstum der Stadt im Wege waren und der modernen Kriegstechnik ohnehin nichts mehr entgegengesetzt hätten. 1795 hatte Karl Theodor entschieden, dass München künftig »keine Festung seie, seyn könne, noch seyn solle«.[160] Einige Jahre zuvor hatte Rumford auf dem Schönfeld, einem brachliegenden Gelände nahe der Residenz und außerhalb der Stadtmauer, Militärgärten anlegen lassen, die den Soldaten Gemüse und der Münchner Bevölkerung Erholung bieten sollten.[161] Aus dem »Theodor-Park«, wie er zuerst hieß, wurde 1793 der »Englische Garten«. Die Planung lag in den Händen des kurfürstlichen Hofgärtners Friedrich Ludwig von Sckell, der wie Baader mit frischem Expertenwissen aus England nach Bayern zurückgekehrt war.[162] Nach dem Tod Karl Theodors im Jahr 1799 wurde Sckell unter dem neuen Kurfürsten Max IV. Joseph zum Gartenbaudirektor ernannt und 1803 als Hofgartenintendant in München auch mit der Umgestaltung des Nymphenburger Lustgartens beauftragt.[163]

Wie sich Carl August Sckell erinnerte, der nach dem Tod seines Onkels in dessen Fußstapfen als »Intendant der königlichen Hofgärten« trat, wurden in diese Umgestaltung auch die Wasserkünste einbezogen:[164]

> *Als man aber in den Jahren 1803 und 1804 angefangen hatte, diese Anlage in einen natürlichen Garten zu verwandeln, wurde auch beschlossen, alles vorhandene Wasser zur Speisung zweyer dermalen noch bestehenden, großen Fontainen zu benützen, und es erhielt der Oberstbergrath und Director des königl. Hofbrunnenwesens Ritter Joseph von Baader den Auftrag zu den beyden Brunnhäusern nämlich dem im*

[159] Bagot (1806).

[160] Zitiert in Lembruch (2004), S. 38.

[161] von Freyberg (2000), Weidner (2014), S. 97–141.

[162] Lehner (2000).

[163] Hager (1955), S. 72–77.

[164] Sckell (1837), S. 121.

Hofgarten und jenem im linken Flügel des Schlosses, neue Druckwerke nach besseren Principien zu verfertigen, und die von demselben hervorgebrachten Kräfte zum Getriebe der obenerwähnten großen Fontainen zu verwenden. Dieser gelehrte und practisch gebildete Hydrauliker löste seine Aufgabe mit besonderem Glücke; so daß die zwey Fontainen in Nymphenburg die kräftigsten und höchsten in Europa seyn dürften, welche durch Maschinendruck hervorgebracht werden.

Wo nach der Beschreibung des bayerischen Chronisten Westenrieder aus dem Jahr 1783 mehr als 600 »laufende und springende« Wasser die kurfürstlichen Gäste erfreuten, sollten nun also nur noch zwei große Fontänen in die Höhe schießen. Ein altes Brunnhaus mit Wasserturm bei der großen Kaskade am westlichen Ende des Schlossparks wurde abgerissen. Auch die Wassertürme beim Grünen Brunnhaus wurden entfernt. Ihre Funktion übernahm jetzt der gusseiserne Windkessel, der mit seiner darin eingeprägten Inschrift den Stolz über die so nach Bayern gelangte Maschinentechnik verrät: »Maximiliani Josephi IV. Electoris jussu et auspiciis exstruxit Josephus Baader inventor MDCCCIII« (»Auf Befehl und unter der Herrschaft von Kurfürst Maximilian Joseph IV. hat der Erfinder Joseph Baader dies im Jahr 1803 erbaut«). Sckell berichtet in seiner Beschreibung dieser Anlage auch weitere Einzelheiten: Der Antrieb der Pumpen geschah durch ein unterschlächtiges Wasserrad mit »16 Schuh Durchmesser«, das mit Wasser von dem nahen Kanal »bey 7 Schuh trockenem Gefäll und 3 Schuh Wasserstand vor der Fallschütze« in Drehung versetzt wurde. Auch die jetzt als Zykloide charakterisierten Wellfüße kamen zu Ehren, zusammen mit den Ausmaßen der Pumpen:[165]

Auf der verlängerten Wasserradwelle sind in gehöriger Entfernung zwey Cycloiden von 22 Zoll Hubhöhe aufgekeilt, auf welchen zwey mit Frictionsrädern versehene Balanciers gehen, an deren jedem drey Cylinder mit 9 Zoll Kolbenöffnung und der entsprechenden Hubhöhe von 22 Zoll vorgerichtet sind.

Diese im westlichen Teil des Grünen Brunnhauses installierte Pumpentechnik (siehe Bildtafel 4 und 5) markierte den Auftakt für die Erneuerung der hydraulischen Anlagen im Nymphenburger Schlosspark. Die wenig später im östlichen Teil des Grünen Brunnhauses und im Johannisbrunnhaus beim

[165] Sckell (1837), S. 123.

Schloss erneuerten Pumpen unterschieden sich in vielen Einzelheiten von dieser ersten Anlage. So findet sich die ursprünglich für Gebläse entwickelte Wellfuß-Konstruktion bei keiner der späteren Pumpen wieder. Vermutlich verzichtete man darauf, da schon mit dem Windkessel – dieser wurde fester Bestandteil der meisten Baaderschen Pumpen – die ungleichförmige Wasserzufuhr durch die Kolbenbewegung ausgeglichen wurde. Dennoch blieb die Anlage im Grünen Brunnhaus das Vorzeigebeispiel für Baaders Ingenieurkunst.

BAADERS VORSCHLAG FÜR EINE NEUE »MASCHINE VON MARLY«

Im August 1805 hatte der bayerische Kurfürst Max IV. Joseph die Neutralität Bayerns im Krieg zwischen Österreich und Frankreich aufgegeben und sich auf die Seite Napoleons geschlagen. Im September wurde München von österreichischen Truppen besetzt. Am 24. Oktober hielt Napoleon nach einem Sieg über das österreichische Heer bei Ulm einen triumphalen Einzug in München. Am 1. Januar 1806 belohnte er seinen Bündnispartner mit der Verleihung der Königswürde: Aus Kurfürst Max IV. Joseph wurde der erste bayerische König Max I. Joseph, und aus Kurpfalz-Bayern das Königreich Bayern unter Einschluss von Franken und Schwaben.

Frankreich galt für den Kurfürsten und seinen Minister Montgelas schon lange als heimlicher Bündnispartner. Auch in der Wissenschaft orientierte man sich an Frankreich. »Die Gelehrten aller Länder sind Landsleute«, hatte Baader am 23. Oktober 1797 in einem Brief an Gaspard de Prony geschrieben, »sie bilden nur eine einzige Republik, die der Wissenschaften und der Künste«.[166] Baader schätzte Prony als Autor der *Nouvelle architecture hydraulique* und benutzte die Gelegenheit, um ihm seine eigene *Vollständige Theorie der Saug- und Hebepumpen* anzukündigen, die in diesem Jahr erschien. Er hoffe, so schrieb er in einem weiteren Brief an Prony, dass Frankreich nach dem glorreichen Sieg über seine Gegner zu einem Hort internationaler Wissenschaft und Technik werde. 1803 wandte er sich erneut an Prony, um ihm sein Interesse an der Erneuerung der Wasserhebeanlagen von Marly zu bekunden, die seit Langem reparaturbedürftig waren und für die man Prony schon im August 1793 beauftragt hatte, Verbesserungsvorschläge einzuholen.[167]

Der Einzug Napoleons in München am 24. Oktober 1805, bei dem man voller Stolz auch die Fontänen im Nymphenburger Schlosspark in die

[166] »Les savants de tous les pays sont compatriotes … ils ne forment qu'une vaste république, celle des sciences et des arts.« Zitiert in Kahlow (1995), S. 181.

[167] Brandstetter (2006), S. 140.

Höhe schießen ließ, gab Baaders Plänen für die »Maschine von Marly« neuen Auftrieb:[168]

> *Napoleon war bey seinem Hierseyn von diesen herrlichen Fontainen und der Kraft ihrer Triebwerke so entzückt, daß er im Jahre 1806 v. Baader nach Paris berief, um Pläne und Vorschläge zur besseren Construction der Wassermaschine zu Marly zu machen, was auch von Seite dieses geschickten Hydraulikers geschah.*

Baader ließ wenig Zeit vergehen, um seine Kompetenz für dieses Vorhaben unter Beweis zu stellen. Noch im Jahr 1806 erschien in Paris sein *Projet d'une nouvelle machine hydraulique pour remplacer l'ancienne machine de Marly.*[169] Was er dabei zu Papier brachte, wirft ein Schlaglicht auf die rasante technische Entwicklung der hydraulischen Maschinen. Baaders Entwurf sah nur drei Wasserräder von der halben Größe der bei der alten Maschine verwendeten Wasserräder vor. Das erste würde durch Pumpen mit einem Windkessel Seinewasser in ein Reservoir auf etwa ein Drittel der Förderhöhe heben, das zweite und dritte würde Pumpen antreiben, um Druckwasser für eine Wassersäulenmaschine zu liefern und das Wasser aus dem ersten Zwischenreservoir in ein zweites und schließlich auf die endgültige Förderhöhe von etwa 160 m zu bringen.

Die Technik der Wassersäulenmaschinen war den Dampfmaschinen nachempfunden, wobei anstelle des Dampfes das Gewicht einer Wassersäule den Druck auf die Kolben der Pumpen und die Ventilsteuerung übernahm. Diese Technik wurde auch bei der in diesen Jahren von Baader und Reichenbach erneuerten Soleleitung eingesetzt, mit der Sole vom Salzbergwerk über verschiedene Höhenstufen zu den Siedewerken gepumpt wurde, wo daraus Salz gewonnen wurde. Es würde zu weit führen, diese Technik im Einzelnen zu beschreiben.[170] Baaders Entwurf für Marly sah vor, das Wasser aus der Seine zunächst durch einen Tunnel mit einer horizontal geführten Druckleitung der Wassersäulenmaschine zuzuführen, von der es mit Saug- und Druckpumpen und durch Windkessel vertikal nach oben befördert werden sollte. Die neue Maschine würde zwar noch Reservoirs auf dem ersten und zweiten Drittel der Förderhöhe besitzen, doch die alte Stangenkunst würde vollständig entfallen und die große Anzahl von

[168] Sckell (1837), S. 122.

[169] Baader (1806).

[170] Kleinschroth (1985); Holzer (2009).

mehr als zweihundert Pumpen mit all den dafür nötigen Rohrleitungen würde drastisch reduziert. Der Lärm der hin- und herbewegten Stangen würde entfallen und die Verringerung der Pumpen und Rohre würde auch die Rohrreibung reduzieren.

Um den Grad der Verbesserung gegenüber der alten »Maschine von Marly« zu quantifizieren, verglich Baader sie mit seiner Anlage im Grünen Brunnhaus im Nymphenburger Schlosspark.[171]

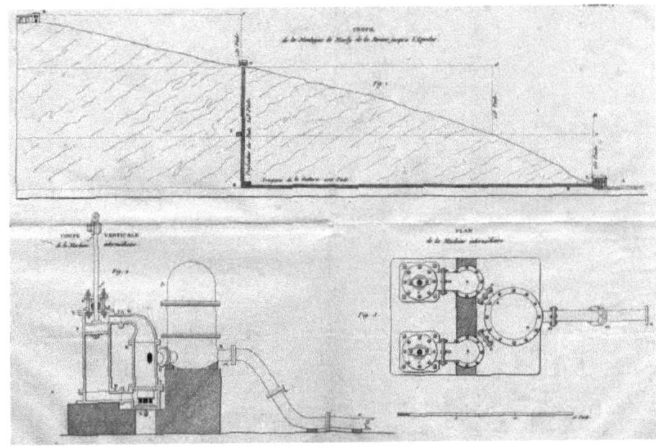

Baaders Entwurf für eine neue hydraulische Maschine von Marly.

Die Wirkung dieser Maschine [in Nymphenburg] *besteht darin, in einem vollkommen flachen Terrain ohne jedes Reservoir oder Wasserschloss mit der Kraft von vierzehn Druckpumpen über eine 1400 Fuß lange Zuleitung einen Wasserstrahl zu erzeugen, der bei ruhigem Wetter 90 Fuß hoch steigt und diese Höhe beibehält. Die Wassermenge, die für diesen Strahl verbraucht wird (welcher ohne Unterbrechung das ganze Jahr über betrieben werden kann, wenn man dies will, und solange die Maschine läuft) beträgt 130 bis 140 Kubikfuß pro Minute; und die Mittel, die Bewegung aufrecht zu erhalten, bestehen lediglich aus zwei Schaufelrädern mit einem Durchmesser von 16 und 18 Fuß, die mit einer leicht abfallenden Wasserzuführung aus einem kleinen Kanal in Drehung versetzt werden. Die Last, die auf die Pumpenkolben drücken muss, um*

[171] Baader (1806), S. 7–8: *L'effet de cette machine est de produire dans un terrain tout-à-fait plat sans aucun réservoir ou château d'eau, par l'action de quatorze pompes foulantes, et une conduite de 1400 pieds de longueur, un jet d'eau qui, par un temps calme, s'éleve et se soutient à la hauteur verticale de 90 pieds. La quantité d'eau dépensée par ce jet (qui va sans interruption toute Tannée si l'on veut, et tant que le jeu de la machine se continue) est de 130 à 140 pieds cubes par minute, et les moyens de mouvement ne consistent qu'en deux roues à aubes de 16 et 18 pieds de diamètre, tournées par la chute d'un petit canal. La charge nécessaire aux pistons pour produire ce jet est égale à une colonne de 136 pieds de hauteur; et en effet la machine seroit moins fatiguée en élevant la même quantité d'eau à cette hauteur dans une conduite verticale. L'énergie de son action peut done être exprimée par 140 x 136 = 19040. La quantité d'eau moyenne élevée par la machine actuelle de Marly à la hauteur de 478 pieds est de 13 pieds cubes par minute, et par consequent 1'énergie de son action est représentée par 13 x 478 = 6214. L'effet absolu de la petite machine de Nymphenbourg surpasse donc plus de trois fois celui de la grande machine de Marly; et comme la dépense de la force motrice, c'est-à-dire la quantité d'eau et chute employées à Nymphenbourg ne fait guère un sixième de la force dépensée à Marly, il résulte que la perfection de la machine de Nymphenbourg est à celle de Marly comme 18 est à l.*

diesen Strahl zu erzeugen, entspricht einer Wassersäule von 136 Fuß Höhe; und tatsächlich würde die Maschine ohne Mühe dieselbe Menge Wasser in einer vertikalen Rohrleitung auf dieselbe Höhe befördern. Die Energie ihrer Wirkung kann also ausgedrückt werden durch das Produkt 140 x 136 = 19 040. Die Wassermenge, die von der Maschine von Marly in ihrem aktuellen Zustand auf eine Höhe von 478 Fuß gehoben wird, beträgt 13 Kubikfuß pro Minute; folglich wird die Energie ihrer Wirkung durch 13 x 478 = 6 214 zum Ausdruck gebracht. Die absolute Wirkung der kleinen Maschine von Nymphenburg übertrifft also mehr als dreifach diejenige der großen Maschine von Marly; und da der Aufwand an bewegender Kraft, das heißt die Menge Wasser und das in Nymphenburg nutzbare Gefälle kaum ein Sechstel des in Marly bestehenden Aufwandes ausmacht, folgt daraus, dass die Vollkommenheit der Maschine von Nymphenburg wie 18 zu 1 zu der von Marly steht.

Die mit der Prüfung der Marly-Vorschläge beauftragte Kommission des Institut National, das nach der Auflösung der Pariser Akademie 1795 deren Funktionen übernommen hatte, fand für Baaders Entwurf sehr anerkennende Worte:[172]

Das Projekt des Herrn Baader, das wir im Vorstehenden analysiert haben, erscheint uns der Reputation seines Urhebers würdig, die man ihm und seinen Werken und mehreren hydraulischen Bauten zugebilligt hat, unter denen wir nur die beiden jüngst in Nymphenburg in den Gärten Seiner Majestät des Königs von Bayern ausgeführten Maschinen anführen, und von denen er die Zeichnungen der Klasse mitgeteilt hat. […] Wir denken, dass die Arbeit des Herrn Baader die Belobigungen der Klasse verdient, und dass es wünschenswert ist, dass dieser Ingenieur seine Abhandlung und seine Zeichnungen publiziert.

Dennoch erachtete die Kommission den Baaderschen Entwurf als schwer umsetzbar und gab einem anderen Projekt den Vorzug, das den Einsatz

[172] Baader (1806), S. 46 und S. 51–52: *Le projet de M. Baader, dont nous venons de donner l'analyse, nous paroit digne de la réputation de l'auteur, que lui ont acquise et ses ouvrages et plusieurs monuments hydrauliques, parmi lesquels nous citerons les deux machines récemment exécutées à Nymphenbourg, dans les jardins de S. M. le Roi de Bavière, et dont il a communiqué les dessins à la classe.* […] *Nous pensons que le travail de M. Baader mérite les éloges de la classe, et qu'il est à désirer que cet ingénieur publie son mémoire et ses dessins. Fait à l'institut national le 16 juin 1806.*

einer Dampfmaschine vorsah.[173] Doch auch dieses Projekt kam nicht zur Ausführung. Es blieb noch viele Jahre lang bei provisorischen Behelfsmaßnahmen. Die Baustelle an der Seine wurde zu einer Art »Freiluftlaboratorium« für ambitionierte Ingenieure des napoleonischen Zeitalters.[174]

In München vermutete man, dass die »National-Eifersucht« der Franzosen die Ausführung der Baaderschen Entwürfe für die Erneuerung der Anlage von Marly verhindert hätten.[175] Dessen ungeachtet bedeutete die Würdigung der Pariser Akademiker für Baader eine besondere Auszeichnung. Nicht zuletzt zeichneten sie damit auch Baaders Ingenieurleistung bei den hydraulischen Anlagen im Nymphenburger Schlosspark aus. In Bayern wurde Baader dafür von höchster Stelle öffentlich geehrt. König Max I. Joseph händigte ihm im März 1806 einen ansehnlichen Geldpreis und ein Belobigungsdekret aus. Seine Maschinen verdienten »sowohl von ökonomischer, als technischer Seite unsere ganze Befriedigung« und hätten »die anfängliche Zusicherung der Wirkung weit hinter sich gelassen«.[176]

Baader nutzte die Gunst der Stunde, um seine Anlagen im Nymphenburger Schlosspark in einer Prachtausgabe der Nachwelt vor Augen zu führen.

> *Als vor zweyen Jahren der große Sprung zu Nymphenburg zur allerhöchsten Zufriedenheit Seiner königl. Majestät vollendet ward, äußerten Eure Excellenz selbst den Wunsch, daß der Bau dieses in seiner Art vielleicht einzigen Kunstwerkes durch den Druck öffentlich, und zwar mit der möglichsten typographischer Eleganz, bekannt gemacht werden möchte.*

So leitete er im Mai 1807 eine Bittschrift an den König um eine Vorauszahlung ein, damit er die zum Teil bereits in Auftrag gegebenen teuren Kupferstiche bezahlen konnte. Er habe bei seinem Aufenthalt in Paris im vergangenen Jahr seine Originalzeichnungen »dem geschicktesten architektonischen Kupferstecher Ransonnette« übergeben, der nun die ersten vier Kupferplatten fertiggestellt und ihm Probeabdrücke zur Korrektur geschickt habe, »wovon ich mir die Ehre gebe, Eurer Excellenz ein Paar

173 Barbet (1907), S. 144–146.

174 Brandstetter (2006), S. 195–201.

175 Sckell (1837), S. 123.

176 Zitiert in Siber (1836), S. 7.

zur Einsicht vorzulegen«. Im Ganzen fielen Kosten für acht Kupferplatten zum Preis von je 300 Francs an. Die jetzt noch »in schwarzer Kunst, oder Tuschemanier« ausgeführten Kupferstiche sollten in der Endfassung »mit den gehörigen Farben leicht illuminiert« werden, »folglich den schönsten lavirten Handzeichnungen an Reinheit, Haltung und Eleganz gleich kommen«. Das Titelblatt sollte mit einer Vignette versehen werden, »welche die Ansicht des Sprunges von der Gartenseite mit dem Schlosse im Hintergrunde« zeigen würde:[177]

> *Das Ganze wird demnach ein Prachtwerk, wie im Mechanischen Fache noch keines existirt, und welches selbst die schönsten architektonischen Prachtwerke, welche bisher in London und Paris erschienen sind, übertreffen dürfte; und da auch der innere oder wissenschaftliche Gehalt desselben dem Äusseren entsprechen wird, so glaube ich mir mit der Hoffnung schmeicheln zu können, daß dieses Werk zu den vielen ehrenvollen Denkmälern gezählt werden dürfte, mit welchen die gegenwärtige Regierung und die baierische Nation sich die Bewunderung und die Aufmerksamkeit der ganzen Welt in einem so hohen Grade erworben hat.*

Dieses Werk wollte Baader »Seiner Majestät Unserem allergnädigsten Könige« widmen; eine französische Ausfertigung wollte er »Seiner Majestät dem französischen Kaiser, auf allerhöchst gegebene Erlaubniß, zueignen«. Der König gewährte Baader eine Vorauszahlung, die für den Druck von sechs Exemplaren ausreichen sollte – doch der Prachtband blieb ein Wunschtraum. Was der Nachwelt überliefert wurde, sind nur einige von Baaders Nachfolgern dem Archiv des Deutschen Museums übergebene kolorierte Zeichnungen der Poitevinschen und Baaderschen Anlagen.

BAADERS PUMPEN FÜR ANDERE BRUNNHÄUSER

Der vom Grünen Brunnhaus in Gang gesetzte »große Sprung zu Nymphenburg« befand sich auf der Gartenseite vor dem Schloss. 1807 begann Baader auch mit der Erneuerung der Pumpenanlage im Johannisbrunnhaus für die Fontäne auf der Stadtseite des Schlosses.

Auch dieses im Nordflügel des Schlosses errichtete Brunnhaus wurde mit Wasserkraft aus den Kanälen im Schlosspark versorgt. Der Mittelkanal wurde auf gleicher Höhe um das Schloss herumgeführt und zweigte vor dem Johannisbrunnhaus das dafür benötigte Aufschlagwasser mit einem

[177] Joseph Baader: Gehorsamstes Promemoria. 26. Mai 1807. BayHStA, Sachakten, MK 14600.

kleinen Seitenkanal in eine Wanne ab, wo es auf drei oberschlächtig betriebene Wasserräder von knapp 3 m Durchmesser geleitet wurde (siehe Farbteil VI und VII). Die Rotation der Wasserräder wurde über exzentrisch an jeder Kurbelwelle angebrachte Stangen in Auf- und Ab-Bewegung von schweren »Balanciers« übertragen. Auch von der Wirkungsweise dieser Anlage lieferte der Hofgartenintendant eine genaue Beschreibung:[178]

> *an jedem Balancier sind zwey Cylinder von 1 Schuh Kolbendurchmesser und 2 Schuh Hubhöhe vorgerichtet, so daß je zwey Cylinder ihr Speisewasser in einen eigenen Rezipienten zusammenliefern, und somit 12 Cylinder aus 6 Rezipienten mittelst zwey Ableitungs-Röhren, die sich außerhalb des Werkes in die Hauptleitungs-Röhre von 14 Zoll Durchmesser vereinigen, das ganze Sprungwasser in derselben bis zur Ausmündung hinliefern. Der Fontainen-Aufsatz an der Ausmündung hat einen Strahldurchmesser von 12 Zollen mit 1 ½ Linien* [1 Linie = 2,0268 mm] *Ringöffnung. Bey 8 bis 10 Radumdrehungen in der Minute liefert die Fontaine 3617 bis 4521 Maß Wasser bey einer Sprunghöhe von 80 bis 100 Fuß.*

Vergleicht man diese Pumpenanlage mit der im Grünen Brunnhaus, so fallen als erstes die jetzt oberschlächtig betriebenen kleineren Wasserräder auf. Ansonsten machte Baader auch hier von Windkesseln (»Rezipienten«) Gebrauch, die er nun in kleinerer Ausführung je zwei Pumpen zuordnete. Die physikalische Wirkung blieb dieselbe: Der in den Windkesseln aufgebaute Luftdruck machte den Wasserturm mit dem Hochreservoir überflüssig und glich die Druckunterschiede aus, die das Auf und Ab der Pumpenkolben verursachte.

Das Ergebnis konnte sich sehen lassen. »Dem Techniker müssen die vom Herrn Joseph von Baader zu Nymphenburg angelegten Wasserkünste Interesse gewähren«, so stand in einer Reisebeschreibung für technikinteressierte Besucher zu lesen:[179]

> *zwei Wassersäulen, von denen die eine vor dem Schlosse, die zweite hinter demselben, im Schloßgarten, das Auge des Zuschauers erfreuen, werden durch Radkünste in die Höhe getrieben. Die erste springt etwa 70 Fuß hoch, in einem einzigen Strahl senkrecht in die Höhe. Sie wird von drei oberschlächtigen Rädern getrieben, von denen jedes vier Kol-*

[178] Sckell (1837), S. 123–124.

[179] Karsten (1821), S. 7.

ben in eben so viel metallenen Cylindern in Bewegung setzt. Die zweite erreicht eine senkrechte Höhe von mehr als 100 Fuß, und wird durch zwei mittelschlächtige Räder getrieben, von denen das eine zwölf, das zweite vier Kolben in eben so viel metallenen Cylindern bewegt. Beide Wassersäulen erhalten sich durch die angebrachten Windkessel ununterbrochen fast auf gleicher Höhe.

Zum Grünen Brunnhaus und dem Johannisbrunnhaus kam einige Jahre später noch das Hirschgartenbrunnhaus (siehe Farbteil VIII). Es sollte »dem nahe gelegenen Hirschgarten die für das dort gehaltene Wild, und für die königl. Gebäude und Stallungen nöthige Menge von reinem Brunnenwasser« zuleiten, wie Baader im August 1817 seinen ursprünglichen Zweck in einem Schreiben an den König über »Die Herstellung eines neuen Brunnhauses in Nimphenburg, vielmehr die Bewässerung des Hirschgartens betr.« beschrieb. Darüber hinaus sollte es auch noch »die königl. Hofküche, die Hofconditorey, und die Menagerie« versorgen.[180]

Zu diesem Behufe hat die gehorsamst unterzeichnete Stelle nach reifer Überlegung am zweckmäßigsten und wohlgefeiltesten gefunden, eine kleine hydraulische Maschine mit einem oberschlächtigen, von dem Waßer des zunächst liegenden Kanals zu betreibenden Rade in dem neben dem sogenannten grünen Brunnhause befindlichen Wohngebäude vorzurichten, durch welche aus einem eben daselbst zu grabenden Brunnen eine beständige Waßermenge von 50 bis 60 Steften [1 Steften entspricht 2,18 Liter pro Minute] *nach den erforderlichen Punkten hin geliefert werden kann. Die Anordnung dieses neuen Maschinenwerkes mit einem vereinbarten Saug- und Druckwerke von 4 Stiefeln ist aus dem beyliegenden Plane ersichtlich.*

Im Vergleich zu den aufwendigen Anlagen im Grünen Brunnhaus und im Johannisbrunnhaus, die »ganz allein dazu bestimmt sind, die beiden großen Fontänen oder Sprünge im Garten und vor dem königl. Schlosse mit Wasser von dem Kanäle zu betreiben«, wirkte Baaders Plan für das Hirschgartenbrunnhaus geradezu schlicht (später wurde auch dieses Brunnwerk noch mit einem Windkessel versehen). Mit der Wartung und Bedienung der Hauptbrunnwerke für die Fontänen waren seit 1805 drei »Maschinenwärter« beauftragt. Sie mussten einiges von der Baaderschen Technik

[180] Baader an den König, 17. August 1817. BayHStA, MF 16607.

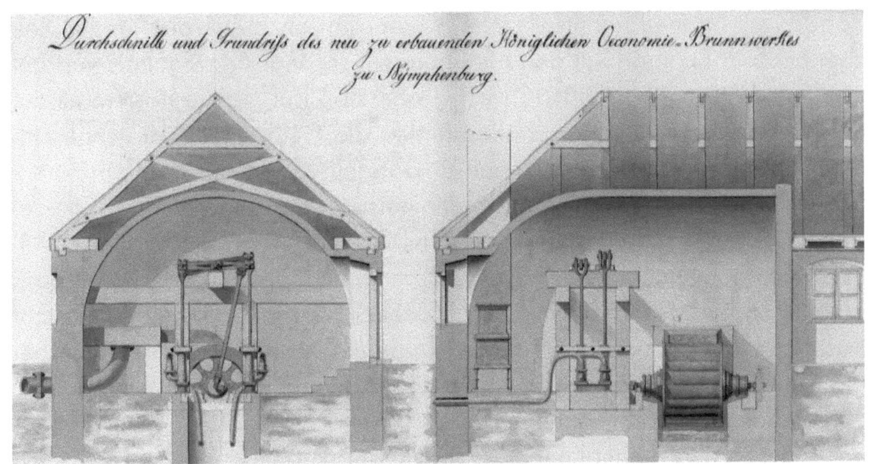

Baaders Entwurf für die hydraulische Anlage im Hirschgartenbrunnhaus.

verstehen, denn neben der »Regulierung und Wartung« der Maschinen sollten sie auch in der Lage sein, »diese auf Verlangen den Fremden zu zeigen und die nöthigen Erläuterungen beyzufügen«.[181] Das Hirschgartenbrunnhaus wurde vom Grünen Brunnhaus mit betreut, »da die Maschine des grünen Brunnhauses nur etwa 5 Monate hindurch, und dies nur bey Tage, im Gang gehalten wird, und das Hirschgarten Brunnhaus nur in einem ganz einfachen Wasserrade besteht, das einer geringen Wartung bedarf«. Diese Verfügung ging auf den Privatarchitekten des Königs, Leo von Klenze, zurück, als nach dem Tod eines Maschinenwärters die Aufgabenverteilung im Schlosspark neu geregelt wurde.[182]

Die Handwerker im Schlosspark rekrutierten sich nicht selten aus Familien, die schon längere Zeit mit einschlägigen Arbeiten für den Hof betraut waren. So schlug Baader 1819 Matthias Höß, den Sohn des »königl. Brunnwarts Höß zu Heßelohe und Bruder des Brunnenpoliers Höß in Nymphenburg« als Nachfolger für den verstorbenen Maschinenwärter vor. Beim Nymphenburger »Brunnenpolier Höß« handelte es sich um Franz Höß, der um 1788 seinem als »Brunnknecht« in Nymphenburg angestellten Vater Joseph Höß »adjungiert« wurde und dann dessen Nachfolge antrat.[183] Franz Höß ging Baader auch bei der Installation der Anlage im Johannisbrunnhaus 1807 soweit zur Hand, dass ihn Sckell dabei neben

[181] Sckell (1837), S. 124.

[182] Lohnsachen und Unterhalt des Brunnwesens, BayHStA, OBB Akten 4319.

[183] Personalakt, BayHStA, OBB 4325 PA Höß.

Baader mit Namen nannte.[184] Wie Baader im Jahr 1791 den jungen Reichenbach in England mit den Neuerungen des Industriezeitalters vertraut gemacht hatte, nahm er 1815 auch Franz Höß auf eigene Kosten mit auf eine Englandreise und verschaffte ihm so die Gelegenheit, die englische Maschinentechnik kennenzulernen.[185] Danach wurde aus dem »Brunnenpolier Höß« der »königliche Hofbrunnmeister«, der sich auch der Erneuerung der Baaderschen Anlagen annahm, als diese reparaturbedürftig wurden. Die noch heute in den Brunnhäusern im Nymphenburger Schlosspark erhaltenen hydraulischen Maschinen gehen zwar in ihrer Anlage alle auf Baaders Pläne zurück, sind jedoch – was die Ausführung vieler Teile betrifft – auch als das Werk von Franz Höß zu betrachten.

Als oberster Maschinendirektor des bayerischen Hofes hinterließ Baader nicht nur im Nymphenburger Schlosspark bleibende Spuren. Auch im Residenzbrunnhaus und im Hofgartenbrunnhaus wurden nach seinen Plänen neue hydraulischen Anlagen installiert.[186] Baader scheint sich dabei das Grüne Brunnhaus zum Vorbild genommen zu haben. Die Pumpen im Hofgartenbrunnhaus wurden einer Beschreibung aus dem Jahr 1805 zufolge »nach Anleitung des Landesdirektionsrates und Maschinendirektors Herrn Baader statt mit Kurbeln mit großen eisernen Zykloidscheiben« versehen.[187] »Baaders Haupt- man möchte fast sagen Lebensplan ging dahin, das Hof- und Stadtbrunnwesen unter seine eigene Direktion zu vereinigen«, heißt es in einer Chronik der Münchener Wasserversorgung. Baader habe der Stadt immer wieder »seine verbesserten Maschinen für die Brunnhäuser« angeboten, »doch alles war vergebens. Die Persönlichkeit Baaders dürfte der Hauptgrund der stets ablehnenden Haltung der Stadtverwaltung gewesen sein.«[188]

Joseph Ritter von Baader, wie er sich nach der Erhebung in den Ritterstand im Jahr 1808 nennen durfte, gab sich nicht mit seinen Ingenieurleistungen auf dem Gebiet des Brunnwesens zufrieden. Wie aus den Andeutungen in der Chronik der Münchener Wasserversorgung schon hervorgeht, kannten seine Ambitionen kaum Grenzen. Aufgrund seiner Erfahrungen mit industriellen Anlagen und als Mitglied der mathematisch-physikalischen Klasse der Bayerischen Akademie der Wissenschaften fühlte er sich in physikali-

[184] Sckell (1837), S. 123.

[185] Siber (1836), S. 8.

[186] Thiele (1988), S. 83–84.

[187] Zitiert in Henle (1912), S. 15.

[188] Henle (1912), S. 19.

schen und technischen Angelegenheiten als eine Autorität ersten Ranges – und reagierte mit scharfer Polemik, wenn daran Zweifel geäußert wurden. Dies bekam vor allem Georg Reichenbach zu spüren, der sich nach der Rückkehr aus England ebenfalls als Ingenieur einen Namen machte und zu Baaders erbitterten Rivalen wurde. Außer Reichenbach sah sich auch der eine oder andere Akademikerkollege mit Baaders Streitlust konfrontiert. Mal ging es um hydraulische Anlagen, dann um Dampfmaschinen und schließlich um »eiserne Kunststraßen«, mit denen Baader eine Alternative zu aufwendigen Kanalbauprojekten schaffen wollte. Um bei Baaders Streitfragen eine Entscheidung herbeizuführen, wurden im Nymphenburger Schlosspark Demonstrationsversuche angestellt. Davon handelt das folgende Kapitel.

7 DER SCHLOSSPARK ALS TESTGELÄNDE

Die Anwendung neuer Technik in einem Schlosspark war schon immer etwas Besonderes. Wie bei der Hydraulik in den Brunnhäusern bot sich der Schlosspark an, um technischen Neuerungen in Gegenwart kurfürstlicher Herrschaften gleichsam höhere Weihen zu geben. Der barocke Lustgarten war nicht nur Schauplatz höfischer Feste und absolutistischer Machtdemonstrationen, sondern diente auch der Präsentation von Ingenieurskunst und anderen wissenschaftlich-technischen Errungenschaften, von exotischen Pflanzen und Tieren in Gewächshäusern und Menagerien bis zu physikalisch-technischen Erfindungen wie der Dampfmaschine. Auch nach dem absolutistischen Zeitalter, als der barocke Lustgarten zum öffentlich zugänglichen Landschaftspark umgestaltet wurde, blieb der Schlosspark ein Schauplatz für die Erprobung und Präsentation von Innovationen aus der Welt der Wissenschaft und Technik.

BLITZABLEITER

Das erste Physikexperiment im Schlosspark – von den Wasserkünsten abgesehen – galt dem Schutz von Gebäuden gegen Blitzschlag. Im 18. Jahrhundert kam die Erforschung der Elektrizität noch einer Reise in physikalisches Neuland gleich. Es war lange eine offene Frage, ob es sich bei den Gewitterblitzen um elektrische Entladungen handelte. Im Labor konnte man mit Elektrisiermaschinen und Kondensatoren (»Leidener Flaschen«) Funken erzeugen, aber handelte es sich bei dieser künstlichen Elektrizität um dasselbe Phänomen wie bei den Blitzschlägen eines Gewitters, die auch noch mit einem gewaltigen Donner einhergingen?

Benjamin Franklin, ein amerikanischer Staatsmann und Privatforscher, zog aus vielen Blitzbeobachtungen den Schluss, dass sich das »elektrische Feuer« in einer Gewitterwolke vor allem bei Kirchtürmen, Schiffsmasten und anderen spitz nach oben ragenden Gegenständen entlädt. Um dies zu beweisen, ließ er Drachen in Gewitterwolken aufsteigen, um deren Elektrizität zu sammeln und auf die Erde zu leiten, wo die elektrische Natur in Gestalt von Funken nachgewiesen werden sollte. Berühmtheit erlangte vor allem Franklins »sentry-box«-Experiment: An einem Wachhäuschen (»sentry-box«) wurde eine mehrere Meter lange, in den Himmel ragende

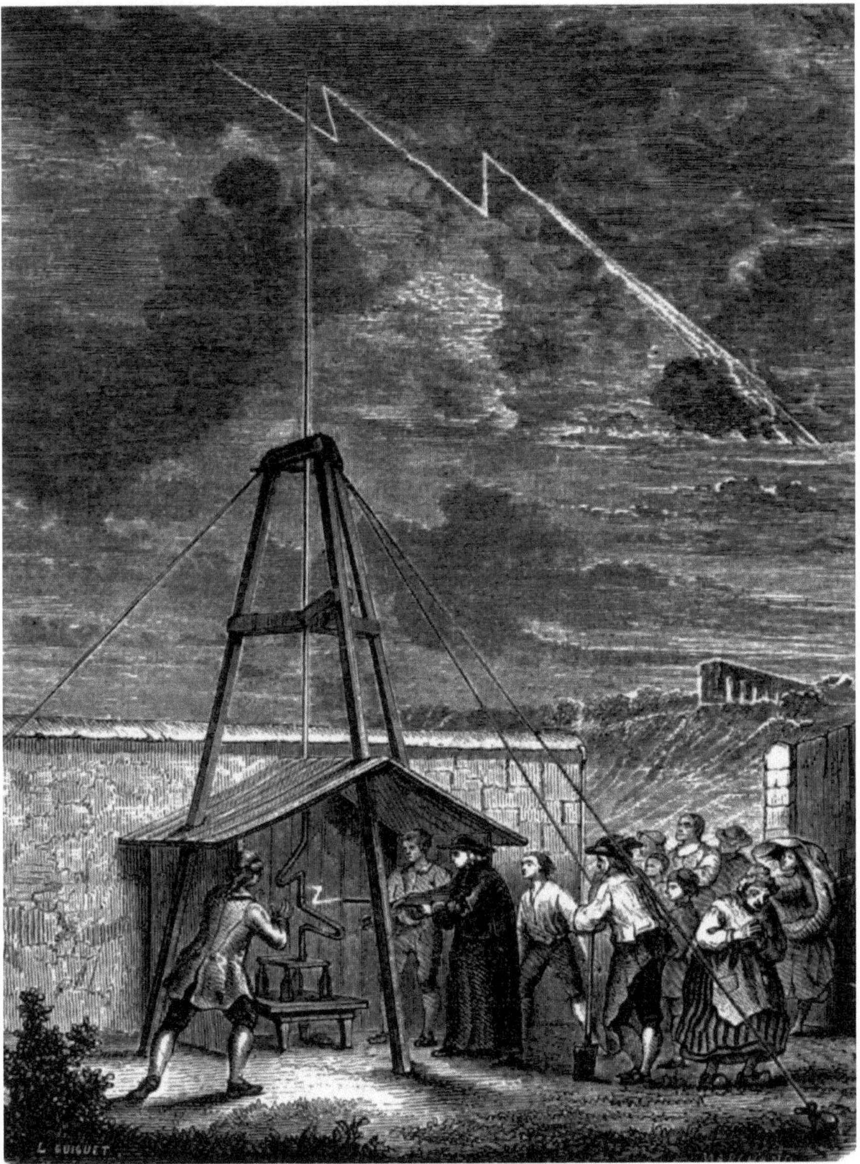

Das »sentry-box«-Experiment von Marly im Mai 1752, nach einer Darstellung aus dem 19. Jahrhundert. Im Hintergrund rechts ist der Aquädukt zu sehen, der das mit der »Maschine von Marly« aus der Seine gepumpte Wasser in den Schlosspark von Versailles leitete.

Eisenstange angebracht, um die Elektrizität aus einer vorbeiziehenden Gewitterwolke ins Innere des Wachhäuschens auf einen gegenüber dem Erdboden isolierten Schemel zu leiten. Ein darauf stehender Soldat sollte dann während des Vorbeiziehens der Gewitterwolke elektrifiziert werden und Funken sprühen.[189]

Franklin beschrieb diese Experimente in Briefen an ein Mitglied der Londoner Royal Society, wo sie 1751 unter dem Titel *Experiments and Observations on Electricity, Made at Philadelphia in America* veröffentlicht wurden. Thomas François Dalibard, der diese Abhandlung ins Französische übersetzte, war davon so begeistert, dass er das »sentry-box«-Experiment in seinem Garten bei Marly einem erlesenen Kreis von Besuchern vorführte.

Die praktische Folgerung daraus lag auf der Hand. Würde man die Elektrizität nicht ins Innere des Häuschens, sondern an der Außenwand entlang in die Erde leiten, so könnte man damit das Innere vor dem »elektrischen Feuer« aus der Gewitterwolke schützen. Die Eisenstange wurde zum Blitzableiter.

Das »sentry-box«-Experiment zum Nachweis der Elektrizität vorbeiziehender Gewitterwolken faszinierte die Gelehrten in ganz Europa. Der lebensgefährliche Versuch wurde vielerorts wiederholt. Am 6. August 1753 kostete er einen Gelehrten von der Akademie der Wissenschaften in St. Petersburg das Leben, als dabei nicht nur wie bei anderen glimpflich verlaufenen Demonstrationen die erhöhte Luftelektrizität Funken sprühen ließ, sondern ein Blitz einschlug. Jean Antoine Nollet, die Autorität unter den französischen Akademikern in Sachen Elektrizität, nutzte diesen Vorfall, um die Öffentlichkeit vor solchen Versuchen zu warnen. Er hielt Franklins Auffassung, dass man mit einem Blitzableiter Gebäude schützen könne, für einen gefährlichen Irrglauben.

Auch an der Bayerischen Akademie der Wissenschaften verfolgte man die Kontroversen um den Blitzableiter mit großem Interesse. Franz Xaver Epp, ordentliches Akademiemitglied, Jesuit und Physikprofessor »am Schulhause [das Münchener Wilhelmsgymnasium]«, veröffentlichte 1777 eine *Abhandlung von dem Magnetismus der natürlichen Electricität*, mit der er dem Blitzableiter in Bayern zum Durchbruch verhelfen wollte. In der Kontroverse zwischen Franklin und Nollet ergriff Epp klar die Partei Franklins. Obwohl sich »der berühmte Herr Abbt Nollet als einen geschwornen Feind der Ableiter erkläret« habe, sei deren Nutzen inzwischen zweifels-

[189] Krider (2006).

frei nachgewiesen. »Wir lesen in den öffentlichen Zeitungsblättern die vielen Zurüstungen an verschiedenen Orten, sogar auf den Pulverthürmen, allwo die Ableiter und Stangen ohne Zweifel die besten Dienste thun.« In Bayern verhinderten jedoch Vorurteile, »die man mit dem Religionsschleyer verschönert«, die Einführung der Blitzableiter.[190]

Durch das Anbringen von Blitzableitern, so nahm Epp die Haltung der frommen Blitzableitergegner im katholischen Bayern aufs Korn, »trette man der Gottheit und der Allmacht des Herrn zu nahe« und mache »die Zeremonien der Kirche, das Wettersegnen, das Läuten der Glocken verächtlich, welche doch zu diesem Ziel und Ende durch das Gebeth der Kirche geheiliget sind«. Dem hielt der Jesuit entgegen, dass Blitzableiter mit Religion nichts zu tun haben:[191]

Doch glaube ich: dem Schöpfer der Natur geschehe nicht die mindeste Unehre, wenn die vernünftige Seele die Kräfte des Verstandes, diese unschätzbare Gab des Herrn, anwendet, und natürlichen Uebeln natürliche Mittel entgegensetzt.

Gerade wo es um den Schutz wertvoller Güter gehe, »in den Pulverthürmen, öffentlichen Gebäuden, fürstlichen Pallästen, und Lustschlössern«, sei es geboten, durch das Anbringen von Blitzableitern »mit sehr geringen Kosten einen Schaden von mehreren tausend Gulden abzuwenden«. Deshalb hätten »die weiseste Fürsten Europens« bereits vielerorts »Wetterstangen« errichten lassen:[192]

Eine von dieser Art habe ich auf gnädigsten Befehl Sr. churfürstl. Durchlaucht meines gnädigsten Herrn zu Nymphenburg errichtet. An dem Rand des prächtigen Garten nahe bey der Cascada steht ein gegen die 90 Schuh hoher Wasserthurme (Fig. III.). Von allen Gegenden her ist er mit Eichbäumen umgeben, und folglich in einer Lag, die für ihn zur Zeit eines Hochgewitter sehr gefährlich ist. An dem Spitze der Haube, mit welcher der Thurm bedeckt ist, oder an dem Orte, wo die Dreyecke der obern vier Dachseiten zusammen laufen, raget eine Säule 6 Schuh hoch hervor, welche viereckig wie eine Vase oder Postament gestellt ist. In dieser steckt die eisene, 10 Schuh hohe Stange. Fast zu Ende der

190 Epp, (1777), Vorwort.

191 Epp (1777), S. 65.

192 Epp (1777), S. 117-120 und Tafel I, Fig. III.

Das Brunnhaus bei der Kaskade am westlichen Rand des Nymphenburger Schlossparks mit dem von Epp angebrachten Blitzableiter.

Stange sind die Ableiter xxx festgemacht, und fliessen an dem Gebäude herab. Wo es nöthig schien, sind sie mit eisenen Klammern befestiget. An dem Fuß des Gebäudes habe ich die Ableiter schräg von dem Hause weg, und ungefähr 5 bis 6 Schuh tief in die Erde geführt, und weil ich wider mein Vermuthen nicht genug nasses Erdreich erhalten könnte, war ich gezwungen, einen kleinen Rinnsal bis an das Ende des Ableiters unter die Erde zu führen, und so aus den nächst dabey liegenden Kanal Wasser hineinzuleiten.

Bei dem in »Fig. III.« abgebildeten Wasserturm handelte es sich um das bei der großen Kaskade am westlichen Rand des Schlossparks errichtete Brunnwerk, mit dem die Springbrunnen im Bassin vor der Kaskade in die Höhe getrieben wurden. Dieses Brunnwerk wurde bei der Umgestaltung in den von Sckell konzipierten Landschaftsgarten abgerissen. Epps Abbildung ist das einzige Zeugnis dieses Brunnwerks. Der dort installierte Blitzableiter markierte den Auftakt für die Installation weiterer Blitzableiter am Schloss selbst:[193]

Den vorigen Sommer (im J. 1781) ist das Kurf. weitäuftige prächtige Schloß zu Nimphenburg in Baiern auf höchsten Befehl mit 17 Wetterleitern versehen worden, welche seit dem mehrere augenscheinliche Merkmale ihrer guten Wirkungen gegeben haben. Kaum waren sie errichtet, so sah der ganze im Schlosse befindliche Hof, in dessen Mitte Se. Kurf. Duchleucht selbst waren, bei einem Abends ausbrechenden starken Wetter auf mehreren Spizen der Wetterstangen bleibende Flämmchen, welche ein untrüglicher Beweis der sanft durchfliesenden Blizmaterie waren.

Diesen Bericht verdanken wir Johann Jakob Hemmer, der als »Vorsteher des kurfürstlichen Kabinettes der Naturlehre zu Mannheim« in den Diensten des Kurfürsten Karl Theodor stand und sich als katholischer Geistlicher, Naturforscher und Sprachwissenschaftler einen Namen machte. In einer »Anleitung zu den Wetterleitern« schlug Hemmer vor, jedem Blitzableiter mehrere Spitzen zu geben, um so »das einflisen des gewitterstoffes zu

[193] Hemmer (1783), S. 14–15.

Fünfspitziger Blitzableiter auf der Badenburg (Lithografie um 1820).

befördern«.[194] Auch dafür gab es im Nymphenburger Schlosspark ein Beispiel in Gestalt eines fünfspitzigen Blitzableiters auf der Badenburg zu bestaunen.

Der Streit der Gelehrten über die Wirkungsweise der »Wetterleiter« wurde mit dem vermeintlichen Beweis über die sanfte Ableitung der Blitzmaterie nicht beendet[195], aber der Einsatz dieser Technik im Nymphenburger Schlosspark und an anderen markanten Stellen schien doch die Schutzwirkung der Blitzableiter zu bestätigen. 1784 sprach sich die Bayerische Akademie der Wissenschaften dafür aus, alle Kirchtürme in Bayern mit Blitzableitern zu versehen. Gleichzeitig empfahlen die Akademiker der Regierung, dem immer noch weitverbreiteten Unsinn des Gewitterschießens ein Ende zu bereiten, mit dem man Blitz und Donner durch Geschützlärm verhindern wollte.[196] Kurz zuvor war durch landesherrliche Verordnung in Bayern auch das Gewitterläuten verboten worden, da es

194 Hemmer (1786), S. 50.

195 Möhring (2005).

196 Sitzungsprotokoll vom 15. Juni 1784. Protokolle der allgemeinen Sitzungen der Akademie, Band 6. ABAdW.

als hinlänglich bewiesen galt, »daß das üblich gewesene Wetterläuten mehr schädlich als nützlich« sei.[197]

DAMPF-MASCHINEN

Dass mit der Kraft des Dampfes Maschinen angetrieben werden können, wusste man schon in der Antike. Zu ersten technischen Anwendungen kam es jedoch erst im 18. Jahrhundert – zuerst in England als Antrieb von Pumpen für das Entwässern von Bergwerken, dann auch bei anderen kraftaufwendigen Anlagen. Erfinder und Industrielle wetteiferten um die Verbesserung der Dampfmaschine. Die am Beginn des 18. Jahrhunderts von Thomas Newcomen erfundene Dampfmaschine wurde gegen Ende desselben Jahrhunderts durch die Dampfmaschine von James Watt abgelöst, die von ihren Bewunderern als Motor der industriellen Revolution betrachtet wurde. »Der Dampfmaschine Watt's verdankt England die Möglichkeit, seine Schätze an Kohlen und Metallen früher als irgend ein anderes Volk in grösstem Umfang zu verwerten und so in kürzester Zeit den ungeheuren Vorsprung vor der Industrie aller anderen Völker zu erreichen, den auf allen Gebieten einzuholen auch heut noch keineswegs gelungen ist.« So urteilte am Beginn des 20. Jahrhunderts der Dampfmaschinenhistoriker Conrad Matschoss über diese Technik. »England wurde das Land der Maschinen. Von England aus eroberte sich die Watt'sche Dampfmaschine die Welt.«[198]

Die Rolle der Dampfmaschine als Schrittmacher der industriellen Revolution wird in der neueren Technikgeschichte kritisch betrachtet – zu komplex sind die verschiedenen industriellen Sektoren mit ihrem jeweiligen sozialen und ökonomischen Umfeld, als dass einer einzelnen Technologie eine so herausragende Bedeutung zugebilligt werden kann. Dennoch galt die Dampfmaschine vom frühen 18. bis zum späten 19. Jahrhundert – ungeachtet ihrer Rolle für die industrielle Revolution – als Inbegriff neuer Technik. Wo man dem Fortschritt huldigen und Aufgeschlossenheit für Neues demonstrieren wollte, dachte man an Dampfmaschinen. Der als Mitglied der Royal Society und anderer Akademien renommierte Naturforscher Denis Papin schlug für die Wasserkünste von Herrenhausen, die in den ersten Jahren aus dem Planungsstadium nicht herauskamen, 1704 eine »machine à feu« als Lösung vor.[199]

[197] Zitiert in Hochadel (2003), S. 148.

[198] Matschoss (1901), S. 86.

[199] Lange-Kothe (1959), S. 121.

Papins Dampfmaschine wurde nicht realisiert, aber der Gedanke an diese neue Technik war bei der Anlage von Wasserkünsten in Schlossparks nicht abwegig. Als Fürst Adam Franz zu Schwarzenberg um 1720 in der Nähe von Wien um sein »Lustgebäud« einen Garten mit Wasserspielen anlegen ließ, machte sein Ingenieur Joseph Emanuel Fischer von Erlach, der zuvor schon eine »Feuermaschine« in einem Bergwerk erfolgreich eingesetzt hatte, von dieser neuen Technik den wohl ersten Gebrauch in einem Schlosspark. Nach einem zeitgenössischen Bericht war sie »das Curiöseste, was man in diesem Garten sehen kann«. Ein Wiener Reiseführer von 1727 (*Das merckwürdige Wienn*) beschrieb auch die Funktion dieser Dampfmaschine in »Ihro Hochfürstl. Durchl. Herrn Frantz Adams Fürstens zu Schwarzenbergs Garten«; sie diene dazu, »um die herunterfallende Wasser vor die Fontainen wieder in das Reservoir hinauf zu treiben, und durch eine continuierliche Circulation wiederum durch die Fontainen springend zu machen«. Eine Anweisung besagte, »daß die Feuermaschine nur nach Nothdurft und mit Wissen des Inspectors geheizt werden« durfte und »eine Recommandation an den Herrn von Fischer nöthig« war, um sie »würklich in Augenschein zu nehmen«. Wie ein Hofrat 1753 berichtete, wurde sie »nur im Sommer an solchen Tagen gebraucht, wenn alle Wasserkünste und Springbrunnen gehen«. Sie scheint sehr reparaturanfällig gewesen zu sein, aber bis 1770 ihren Zweck erfüllt zu haben: »Nun ist diese kostbare Maschine ganz verdorben und kann nicht mehr gebraucht werden«, heißt es in diesem Jahr. »Es läßt sich auch kein Meister finden, der sie reparieren könnte.«[200]

Auch bei der Anlage der Wasserkünste im Schlosspark von Sanssouci dachte man an eine Dampfmaschine. Zuerst habe man sich aus England einen Plan besorgt, »auf welchem gezeiget wird, wie man vermittelst Feuer, und der durch kochendes Wasser ausgelösten Dünste anderes Wasser heben und in die Höhe bringen könne«. Den übergab man dem König »nebst einer seltsam deutschen Uebersetzung der Englischen Erklärung«. Aber »die viele Künsteley an dieser Maschine, oder der sich schon etwas äußernde Holzmangel in Ansehung der Feuerung dazu, oder auch andere mir unbekannte Umstände« bewogen den König, dem Projekt seine Genehmigung zu versagen. So berichtete Heinrich Ludewig Manger, der Architekt Friedrich des Großen, über diese Episode im Jahr 1748, die den Auftakt für das Fiasko von Sanssouci bildete.[201]

[200] Alle Zitate nach Kurzel-Runtscheiner (1929).

[201] Manger (1789), S. 92.

Wie um eine alte Herausforderung anzunehmen gab man fast 100 Jahre später, als das Wasserkunstprojekt von Sanssouci erneut in Angriff genommen wurde, wieder der Dampfmaschine als Pumpenantrieb den Vorzug. In den 1820er-Jahren waren auf der Pfaueninsel und im Schlosspark von Charlottenhof südlich von Sanssouci kleinere, mit Dampfmaschinen betriebene Wasserkünste angelegt worden, und nach diesem Vorbild wollte Friedrich Wilhelm IV., der 1840 als neuer Preußenkönig den Thron bestieg, auch in Sanssouci endlich Wasserspiele erleben, wie sie der großartigen Schloss- und Gartenanlage gebührten. Der Auftrag für die technischen Installationen – zwei Dampfmaschinen, die davon angetriebenen Pumpen und die mit Windkesseln versehenen Rohrleitungen – ging an Johann Carl Friedrich August Borsig. Für den Bau des an der Havel errichteten Pumpenhaus, das auf Wunsch des Königs das Aussehen einer türkischen Moschee erhalten sollte, war Friedrich Ludwig Persius verantwortlich. Die gesamte Bauausführung lag in den Händen von Moritz Wilhelm Gottgetreu, ein an der Berliner Bauakademie ausgebildeter Ingenieur. Von den ersten Plänen im September 1840 bis zur Fertigstellung der Pumpenanlage im Spätsommer 1842 zeigt dieses Projekt, dass nun ausgewiesene Fachleute am Werk waren. Allerdings hatte dies auch seinen Preis: In der Abschlussrechnung beliefen sich die Kosten auf beinahe 200 000 Taler (rund das Hundertfache des Jahreseinkommens der bestbezahlten Professoren jener Zeit). Etwa ein Drittel davon musste allein für die Herstellung der gusseisernen Rohre aufgewendet werden.[202]

Die beiden, in der »Moschee« installierten Dampfmaschinen, für die große Mengen Steinkohle verfeuert werden mussten, beförderten mit einer Leistung von 82 PS (60 kW) Havelwasser durch eine mächtige gusseiserne Rohrleitung in das Reservoir auf dem Ruinenberg. Mit dem aus der Hochlage resultierenden Druckunterschied konnte die große Fontäne im Schlosspark bis zu 39 m in die Höhe schießen. Anders als früher war man sich jetzt über die Bedeutung einer gleichförmigen Strömung in den Rohrleitungen im Klaren, denn die Steigleitung, durch die das Wasser zum Ruinenberg gedrückt wurde, war mit Windkesseln gegen Druckschwankungen abgesichert. Der »sicherste Beweis für die äußerst gleichmäßige und durchaus nicht stoßweise wirkende Bewegung des Wassers in den Röhrenleitungen«, so führte Gottgetreu zehn Jahre nach der Inbetriebnahme aus, sei darin zu sehen, »dass seit dem Bestehen der Fontainen-Anlage von den Grundbesitzern, durch deren Gärten und unter deren Wohnräumen

[202] Kahlow (2017).

Das 1842 als Moschee gestaltete Dampfmaschinenhaus für die Wasserkunst im Schlosspark Sanssouci. Das Minarett verbirgt den Schornstein für die Befeuerung der von den Borsigwerken konstruierten Dampfmaschinen.

die Leitungen hindurchgehen, noch keine einzige Beschwerde über irgend eine Incommodität, welche die Röhrenzüge veranlassen, vorgekommen ist«.[203]

Auch in anderen Schlossgärten setzte man auf Dampfkraft. Als im Herrenhausener Schlosspark bei Hannover Mitte des 19. Jahrhunderts die alte mit Wasserkraft betriebene Anlage immer reparaturanfälliger wurde, er-

203 Gottgetreu (1853), S. 208.

richtete man auch hier 1861 ein neues Pumpenhaus. Es glich äußerlich eher einem Palais, beherbergte in seinem Inneren jedoch eine nach der neuesten Technik konstruierte Dampfmaschine, mit der die große Fontäne im Schlosspark auf eine Höhe von 67 m getrieben wurde.[204]

Im Gegensatz zu Sanssouci, Herrenhausen und anderen Schlossgärten blieb man in Nymphenburg beim Wasserkraft-Antrieb. Die von Baader konzipierten und in den 1830er-Jahren vom Hofbrunnmeister Franz Höß in einigen Teilen erneuerten Anlagen sind noch heute in Betrieb. Das bedeutet jedoch nicht, dass man in Bayern der Dampfmaschinentechnik keine Bedeutung zuerkannte. Baader und Reichenbach waren auch auf diesem Gebiet Vorkämpfer – und erbitterte Rivalen. Reichenbach hatte sich, wie er im Februar 1816 in einer Denkschrift der Bayerischen Akademie der Wissenschaften mitteilte, »schon seit vielen Jahren mit der Idee beschäftigt, den bisher an sich so unbehilflichen Dampfmaschinen eine solche Einrichtung zu geben, daß sie möglichst wohlfeil, einfach, tragbar und mobil, also für alle Zwecke des gemeinen Lebens« anwendbar wurden.[205]

Baader nahm dies zum Anlass für eigene Bemerkungen über die von Reichenbach angekündigte Verbesserung der Dampfmaschinen. Er war gerade von seiner dritten Englandreise zurückgekehrt, wo er »Zeit und Gelegenheit gefunden hatte, alle die neuesten, seit 20 Jahren dort gemachten, Verbesserungen und unzähligen sinnreichen Anwendungen dieser Maschine« kennenzulernen. Reichenbachs Dampfmaschinenplan, besonders was ihren mobilen Einsatz betraf, erschien ihm vor dem Hintergrund seiner jüngsten Erfahrungen in England als »eine gänzlich verunglückte Idee«.[206] Reichenbach konterte mit einer *Erklärung der von Herrn v. Baader herausgegebenen Bemerkungen über meine Verbesserungen der Dampfmaschine.* Eigentlich habe er Baaders Einwände für zu unwichtig gehalten, um darauf öffentlich zu reagieren, »weil ich mir schmeichle, bey meinen Landsleuten vortheilhafter bekannt zu seyn«, und es sei »ja nicht das erste Mahl, daß Herr v. Baader die Möglichkeit der Ausführung meiner Maschinen mit gleicher Heftigkeit bestritt, die am Ende nur um so vollkommener gelungen sind«. Aber dass Baader ihm die Kompetenz auf dem Gebiet der Dampfmaschinen absprach und für sich reklamierte, wollte er doch nicht unwidersprochen hinnehmen. »Was sind denn aber die mechanischen Produkte von Herrn von Baader, auf die er so stolz ist, und sich als

[204] Hübschmann (1980), S. 87.

[205] Abgedruckt in Dyck (1912), S. 101–104.

[206] Baader (1816), S. 26.

Richter über Dinge, die er nicht kennt, aufwirft?«, hielt Reichenbach seinem Rivalen entgegen. Selbst in der so hoch gelobten Baaderschen Pumpenanlage im Grünen Brunnhaus sah Reichenbach nur teure »Klöße«, die man für die Hälfte der Kosten hätte herstellen können und die »nur dem Laien in der Mechanik, der auf die bewegten Massen, aber nicht auf die Wirkung sieht, Staunen erregen« konnten.[207]

Dies ist nur ein Beispiel für den heftigen Streit zwischen Baader und Reichenbach. Was die Dampfmaschinen betraf, blieb es jedoch auf beiden Seiten vorerst bei Entwürfen. Es dauerte noch einige Jahre, bis Baader mit einem Modell einer von ihm erfundenen Dampfmaschine für Furore sorgte. Im Februar 1821 berichtete das Polytechnische Journal über die »Erfindung einer neuen Dampfmaschine von Hr. Oberst-Bergrath R. von Baader«, die bereits auf ihre Tauglichkeit geprüft worden sei. Die dazu eingesetzte Kommission habe sich »von der einfachen und wohlfeilen Konstruktion dieser Maschine, so wie von ihrer vortheilhaften Wirkung überzeugt« und glaube, »daß die Anwendung derselben in unserm Vaterlande, welches an Holz, Torf und Steinkohlen einen so beträchtlichen, größtentheils noch unbenüzten Reichthum von Brennmaterialien besizt, von den wichtigsten und wohlthätigsten Folgen für den Gewerbfleiß für Fabriken aller Art, insbesondere aber für die Landwirthe werden könne«. Wie aus dem Bericht weiter hervorgeht, hatte Baader den Nymphenburger Schlosspark, wo ein Gebäude neben dem Grünen Brunnhaus als Werkstätte eingerichtet war, als Bühne für eine erste Demonstration benutzt. In der Nachbarschaft seiner bewährten hydraulischen Anlagen hoffte Baader, die geladenen Experten auch von seiner neuesten Erfindung zu überzeugen:[208]

> *Dem sichern Vernehmen nach ist diese Erfindung, von welcher Hr. von Baader zu Nymphenburg die erste Probe auf seine eigne Kosten, zwar nur im Kleinen, aber doch mit dem glüklichsten Erfolge hergestellt hat, dazu bestimmt, statt der für unser Vaterland, besonders auf dem Lande noch immer viel zu kostbaren und künstlichen englischen Dampfmaschine, die bewegende Kraft des Wasserdampfes mittelst eines ganz verschiedenen Apparates, welcher aller Orten von gemeinen Arbeitern leicht, und mit geringen Kosten hergestellt, und unterhalten werden kann, zur Hebung des Wassers, und zum Betriebe von Mühlen und anderen Maschinen-Werken aller Art zu benüzen.*

[207] Reichenbach (1816), S. 4.

[208] Polytechnisches Journal, 4, 1821, S. 256.

Ein Jahr später berichtete Baader im Wochenblatt des Landwirtschaftlichen Vereins in Bayern, dass er in einer Münchner Essigfabrik nach dem Muster des Nymphenburger Demonstrationsmodells »eine vollständige, eben so einfache als wirksame Dampfmaschine hergestellt« habe; diese »erste gelungene Dampf-Maschine in Baiern« könne pro Stunde »100 Eimer Wasser aus einem Brunnen 39 Fuß hoch« pumpen. Eine danach eingesetzte vierköpfige Kommission, zu der auch der Hofgartenintendant Sckell gehörte, hielt in ihrem Protokoll fest, dass Baaders Dampfmaschine »im Vergleiche mit den bisher bekannten sogenannten englischen Dampfmaschinen um vieles einfacher und minder kostspielig gebaut ist, und nach Verhältniß der Größe eben so viel leistet«.[209] Auch das Polytechnische Journal lobte »diese nunmehr in hinreichender Größe ausgeführte, und durch die Erfahrung bewährte Erfindung« und hoffte, dass Baader bald eine genaue Beschreibung davon veröffentlichen werde.[210]

Dazu kam es vorerst nicht, weil Baader seine Erfindung zuerst patentieren wollte. Zwei Jahre später schlug Baader »die von mir neuerfundene Construktion von Dampf-Rädern«, deren Vorzüge von »gründlichen und unbefangenen Sachverständigen« zweier Kommissionen des Landwirtschaftlichen Vereins und der Bayerischen Akademie der Wissenschaften anerkannt worden sei, für den Einsatz bei der Münchener Wasserversorgung vor. »Unwissende oder mißgünstige Menschen« wollten ihm jedoch den Wert seiner Erfindung absprechen.[211] Damit spielte Baader auf Akademikerkollegen an, die schon bei der ersten Präsentation im Nymphenburger Schlosspark seine Erfindung kritisiert hatten. Als er ihnen »das zu Nymphenburg aufgestellte Modell dieser Maschine« präsentierte, sei er »weit davon entfernt« gewesen, so hatte er ihnen am 13. März 1821 in einer »Antikritik« entgegengehalten,[212]

> *diese meine Erfindung der Censur meiner Herren Kollegen unterwerfen, oder von ihnen belehrt werden zu wollen, ob diese Erfindung etwas tauge oder nicht, und ob ich mich in den Grundsätzen und Berechnungen worauf sie beruhet, geirrt habe oder nicht – eine Belehrung, welche*

[209] Wochenblatt des Landwirtschaftlichen Vereins, Nr. 25, Berichte vom 4. und 12. Februar 1822.

[210] Polytechnisches Journal, 7, 1822, S. 375–376.

[211] Baader (1824), S. 22–23.

[212] Des königlich baierischen Oberst-Bergwarthes und Akademikers, Ritter Joseph von Baader Antikritik seiner neuerfundenen Dampfmaschine, 13. März 1821. DMA, NL 272/107.

ich /: gottlob :/ weder bey der hiesigen noch bey irgend einer anderen Akademie der Wissenschaften zu suchen brauche – und ich hatte daher weder verlangt noch erwartet, daß die auf meine Einladung ernannten Herren Kommissäre, welche meine Maschine nur einmal flüchtig besahen, und meine übrigen Herren Kollegen, welche sie gar nicht gesehen haben, und von welchen bekanntlich nur Einer sich auch mit dem Maschinenwesen befaßet, ohne meine Zuziehung, über den Werth dieser meiner Erfindung zu Gericht sitzen, und durch Mehrheit der Stimmen /: welche hier garnichts entscheiden kann :/ ein Urtheil aussprechen würden, gegen welches, wie es scheint, keine Appellation Statt finden, und welchem, gleich dem Ausspruche eines Kirchen-Conciliums in Glaubenssachen, als infallibel anerkannt, man sich in Demuth unterwerfen sollte.

Mit dem »Einen« war Reichenbach gemeint, der vor allem die Effizienz der Baaderschen Dampfmaschine bezweifelte. Sie benötige »für gleichen Effekt 24 mal so viel Brennmaterial als mit einer Wattschen Dampfmaschine nöthig wäre«.[213] Auch 1824, als in der Akademie erneut »die Rad-Dampf-Maschine von Herrn v. Baader« zur Sprache kam, brachte Reichenbach wieder seine Einwände dagegen vor.[214]

Am 8. Mai 1824 nutzte Baader eine öffentliche Sitzung der Akademie für eine »Darstellung des Geschichtlichen seiner Erfindung einer Dampfmaschine mit unmittelbarer Radbewegung«. Er habe bereits 1788 als Student in Edinburgh »das Prinzip eines Dampfrades erfunden«, aber es damals nicht weiterverfolgt. Bei seiner letzten Englandreise sei ihm dann bewusst geworden, dass dort alle Versuche »zur Hervorbringung einer unmittelbaren Radbewegung durch die Kraft des Wasserdampfes« misslungen seien. Nach seiner Rückkehr im Jahr 1816 habe er deshalb seine alten Aufzeichnungen, die er den versammelten Akademikern nun präsentierte, wieder aufgegriffen. Da er in England darauf ein Patent erhalten wollte, habe er die Details geheim gehalten. Vorerst habe er sich damit begnügt, »durch einen vertrauten Arbeiter zu Nymphenburg das erste Modell eines Dampfrades« bauen zu lassen, »welches dort mehrere Mal in Gang gesetzt, der Erwartung vollkommen entsprach«. Noch im Mai 1921, 15 Monate nach diesen Demonstrationen im Nymphenburger Schlosspark, hätten ihm eng-

213 Bemerkungen »Über die von Herrn v. Baader erschienene Antikritik seiner neu erfundenen Dampfmaschine«, 16. April 1821. DMA, NL 272/107.

214 Gutachten »über des Hrn. v. Baader Rad-Dampf-Maschine«, 9. März 1824. DMA, NL 272/537.

lische Ingenieure versichert, »daß die ersten Mechaniker dieses Landes bis dahin noch sogar die Möglichkeit einer befriedigenden Lösung des Problems, eine unmittelbare Radbewegung ohne Cylinder und Kolben, Kurbel und Schwungrad hervorzubringen, bezweifelten«. Danach habe er »ein großes arbeitendes Modell« in der polytechnischen Sammlung der Akademie aufstellen lassen. »Während nun dieses Modell schon in Arbeit war, erschien im Augusthefte des *Repertory of arts, manufactures et agriculture* 1822 die Specifikation eines Patentes, welches ein Bierbrauer in London, Hr. Masterman, am 22. Jänner desselben Jahres auf eine Dampfmaschine genommen hatte, welche dem Prinzip nach mit der von Hrn. v. Baader erfundenen die auffallendste Aehnlichkeit hat, in der Ausführung hingegen wesentlich verschieden, und bei Weitem nicht so einfach und dauerhaft ist.« Masterman habe danach aber Baaders Priorität anerkannt:[215]

> *Aus dieser ganzen, mit allen erforderlichen Dokumenten belegten, geschichtlichen Darstellung ging demnach zur vollsten Ueberzeugung der Herren Kommissäre der k. Akademie der Wissenschaften unbestreitbar hervor, daß dem Herrn v. Baader nicht nur das Verdienst der Originalität, sondern auch die Ehre der Priorität der genannten Erfindung gebühre, nachdem es erwiesen ist, daß Hr. Masterman sein Patent gegen zwey Jahre später erhielt, als Hr. v. Baaders erstes Modell zu Nymphenburg hergestellt war und der Herr Oberst-Bergrath die eigentliche Erfindung und den ersten Entwurf seines Dampfrades bis zum Jahre 1788 nachgewiesen hat.*

Am 18. September 1826 erhielt Baader ein »Privilegium auf 15 Jahre« für die Erfindung einer »Dampfmaschine mit unmittelbarer und gleicher Radbewegung« und eines »Gebläses ohne Ventile mit Kolbenbewegung ohne Ende«. Das Gebläse ähnelte in seiner Funktionsweise »einer rotierenden Dampfmaschine oder Radpumpe«, hieß es dazu; für eine solche Radpumpe hatte Baader zusammen mit dem Hofbrunnmeister Franz Höß am 21. April 1826 ein »Privilegium auf 10 Jahre« erhalten.[216] Höß machte sich danach auch als Konstrukteur von Dampfmaschinen bei der Münche-

[215] Hesperus, Nr. 123, 22. Mai 1824, S. 489–496.

[216] Königlich-Bayerisches Intelligenzblatt für den Isarkreis, 10. März 1830, S. 249–254; 30. Juni 1830, S. 616–622.

ner Wasserversorgung einen Namen, nachdem Baader 1824 mit seinen Vorschlägen noch nicht durchgedrungen war.[217]

EIN NEUES SYSTEM »FORTSCHAFFENDER MECHANIK«

Baaders Eintreten für die Dampfmaschine beschränkte sich jedoch auf ortsfeste Dampfmaschinen. Mobile Dampfmaschinen, wie sie Reichenbach 1816 vorgeschlagen hatte, hielt er für zu gefährlich. Auch in England, so schrieb Baader im September 1815 aus London an seinen Bruder, seien mit »locomotive Engines« keine guten Erfahrungen gemacht worden. »Ein schreckliches Unglück, welches vor einigen Wochen mit einer solchen Strolling Engine in the County of Durham sich ereignete, wo der Dampfkessel [...] mit einer fürchterlichen Explosion zersprang und über 50 Personen tödtete oder verwundete, hat diese Maschine sehr in Misscredit gebracht« und »die allgemeine Aufmerksamkeit eben jetzt auf die bisher ganz vernachlässigte, doch höchst wichtige fortschaffende Mechanik gerichtet«, mit der er sich schon seit einigen Jahren beschäftigte.[218] Bei der »fortschaffenden Mechanik« war – im Unterschied zur »hebenden Mechanik« wie bei den Wasserförderungsanlagen – die Reibung der wesentliche Faktor. Dampfmaschinen sollten nach Baaders Ansicht allenfalls stationär für den Antrieb von Seilwinden eingesetzt werden, um Wagen über Steigungen zu ziehen, nicht für den Transport auf ebener Strecke, wo es vor allem auf die Reduzierung der Reibung ankam. Dazu müssten aber sowohl die Wagen als auch die Straßen verbessert werden. Nicht zuletzt war es der Zweck seiner dritten Englandreise, dort ein Patent über »Railroads and Carriages« anzumelden.[219]

Bereits einige Jahre vorher hatte Baader in einer Denkschrift dem bayerischen Finanzminister vorgeschlagen, für den Gütertransport nicht neuen Kanalbauten, sondern »eisernen Straßen /:Iron railroads:/ eigentlich eisernen Wagengeleise oder Eisenbahnen« den Vorzug zu geben. Dabei dachte er an Pferde als Antriebskraft. Wagen, die auf Eisenschienen rollten, benötigten weniger Zugpferde als beim Transport von Fuhrwerken auf gewöhnlichen Straßen oder beim Treideln von Schiffen in Kanälen. Eiserne Straßen leisten[220]

[217] Henle (1912), S. 19.

[218] Joseph von Baader an Franz von Baader, 15. September 1815. Abgedruckt in Hoffmann (1857), S. 272–275, hier S. 273.

[219] Britisches Patent Nr. 3959 (1815), erteilt am 6. Mai 1816. Zitiert in Berninger (1985), S. 149.

[220] Joseph von Baader: Vorschlag zur Einführung eiserner Straßen im Königreich Baiern, undatiert [vermutlich 24. Oktober 1812], abgedruckt in Deutinger (1997), S. 109–122,

in Hinsicht auf die Schnelligkeit und Bequemlichkeit des Transportes noch ungleich mehr als die Kanäle. Ihre Anlage und Unterhaltung kostet im Durchschnitte kaum den dritten Theil von diesen; sie ist überall auf jedem Terrain anwendbar; sie entzieht /:in so fern die eisernen Geleise auf den schon vorhandenen Strassen angebracht werden:/ dem Ackerbau kein Land, ist zu jeder Jahreszeit brauchbar und unabhängig von allen Schwierigkeiten, und Lokalhindernissen, welchen die Kanäle überall mehr oder weniger unterworfen sind.

Die Alternative zum Kanalbau stellte jedoch Anforderungen an die Technik von gusseisernen Schienen und Wagen, die bislang nur für den Einsatz bei Bergwerken entwickelt worden war. Hier sah Baader eine Gelegenheit, sich als Ingenieur und Erfinder auf einem neuen Feld hervorzutun. Er habe nun in einem Versuch gezeigt, schrieb er im Januar 1815 an den Kronprinzen Ludwig, »daß die von mir verbesserten Iron rail-roads und neuerfundenen Wagen dreymal so viel als die englischen leisten, nämlich, daß ein Pferd ohne sonderliche Anstrengung auf der Ebene 360 bis 400 Zentner ziehen kann, da es in England nur 120 Zentner zieht«.[221] Er ließ sein System von der Bayerischen Akademie der Wissenschaften begutachten und bekam – trotz erheblicher Zweifel an der Wirtschaftlichkeit – im Mai 1815 für Bayern ein Patent über die Erfindung »eiserne(r) Kunststrasse(n) und Wagen«.[222] Um die gleiche Zeit hielten sich die Kaiser von Österreich und Russland zu einem Staatsbesuch in München auf, und Baader nutzte die Gelegenheit, um »diesen beyden Monarchen, so wie auch Sr. Majestät dem Könige und Ihren königlichen Hoheiten, dem Kronprinzen und dem Prinzen Karl von Baiern, ein großes arbeitendes Modell einer Eisenbahn mit einem darauf gehenden Wagen vorzuzeigen, welches mit dem gnädigsten und schmeichelhaftesten Beyfalle beehrt wurde«. Der Wagen wurde mit einer 300 Pfund schweren Last beladen und konnte auf genau waagrecht ausgerichteten Schienen von »einer schwachen, über eine bewegliche Scheibe gelegten, seidenen Schnur von einem senkrecht niedergehenden Gewichte von einem 1 ½ Pfund in schnellen Gang gesetzt« werden. Dann ließ Baader drei Personen auf dem Wagen Platz nehmen, und er wurde »an derselben Schnur von einem Schoßhündchen

hier S. 112.

221 Baader an den Kronprinzen Ludwig, 19. Januar 1815. Abgedruckt in Deutinger (1997), S. 138–139.

222 Abgedruckt in Deutinger (1997), S. 149.

mit der größten Leichtigkeit fortgezogen«.[223] Ohne nähere technische Einzelheiten zu verraten, verbreitete er diese und andere Vorzüge seiner »Eisenbahn« im Mai 1817 in einer kleinen Schrift *Ueber ein neues System der fortschaffenden Mechanik*, die er aber »nur als Vorläufer eines großen und ausführlichen Werkes« bezeichnete.[224]

Bevor er an das große Werk ging, ließ Baader nichts unversucht, um die Zweifel seiner Kritiker an der Wirtschaftlichkeit seines Systems auszuräumen. Dazu ließ er sich staatliche Mittel bewilligen, die ihm Versuche im »Hofbaustadel« in der Münchner St.-Anna-Vorstadt ermöglichten. Dort legte er eine etwa 100 m lange Schienenstrecke für Modellwagen im Maßstab 1:2 an, die mit 20 Zentner schweren Lasten beladen und von Personen oder Pferden gezogen wurden. Außerdem demonstrierte er mit Materialprüfversuchen, bei welcher Last die aus Gusseisen hergestellten Gleise und Wagenachsen brachen. Zwischen 1818 und 1819 leistete Baader bei Hunderten solcher Vorführungen eine zuvor in diesem Ausmaß für eine technische Innovation selten betriebene Überzeugungsarbeit – mit dem Erfolg, dass sein System Gegenstand weiterer Gutachten wurde und auch bei Diskussionen im Landtag über die Eisenbahnfrage in Betracht gezogen wurde.[225]

Danach ging Baader an die Veröffentlichung des »großen und ausführlichen Werkes«, das er schon 1817 angekündigt hatte. Nach dem Muster des – nicht realisierten – Prachtbandes über die Pumpen im Grünen Brunnhaus sorgte auch in diesem Fall die »Praenumeration« für die Finanzierung. Dass es sich um ein Werk für einen illustren Kreis handelte, unterstrich Baader schon mit der Widmung an den russischen Kaiser Alexander I., der 1815 Zeuge der ersten Versuche war und mit dem Betrag von »tausend Louis d'ors« insgesamt 100 Exemplare im Voraus bezahlte. Mit seinen eigenen Mitteln und den übrigen »Praenumerationen und Subscriptionen« wäre die Herstellung dieses »so kostbaren und mühesamen Werkes« nicht möglich gewesen.[226] Insgesamt konnte Baader außer den Bestellungen des russischen Kaisers noch Bestellungen für 57 Exemplare vorweisen, davon 20 für das bayerische Königshaus. Weitere Interessenten waren die Generalbergwerks- und Salinenadministration, das Generalkomitee

[223] Baader (1817), S. 66–67.

[224] Baader (1817), S. 3.

[225] Deutinger (1997), S. 53.

[226] Baader (1822), Vorrede.

des Landwirtschaftlichen Vereins und andere prominente Institutionen und Persönlichkeiten. In den Buchhandel gelangten nur 14 Exemplare.[227]

Was das Werk so teuer machte, war nicht sein Umfang – der Textteil umfasste 219 Druckseiten – sondern 16 großformatige Tafeln mit kolorierten Kupferstichen. Sie dienten nicht nur der Illustration, sondern stellten mit der minutiösen Abbildung zahlreicher technischer Einzelheiten den eigentlichen Inhalt des Buches dar. Für die dort gezeigten Konstruktionen waren für Baader von den physikalischen Prinzipien her zwei Gesichtspunkte maßgeblich: »Der Theorie zufolge müßte eine sehr geringe Kraft (im Beharrungs-Stande) hinreichen, um die größte Last mit einer mäßigen und gleichförmigen Geschwindigkeit auf einer ganz horizontalen Straße fort zu bewegen, wenn diese, wie sie seyn sollte, eine vollkommen ebene, glatte, feste und harte Fläche wäre.« So bezog sich Baader auf das Grundprinzip der Newtonschen Mechanik, wonach bei Vernachlässigung der Reibung Kraft nur aufgewendet werden muss, um die Last zu beschleunigen (Kraft = Masse mal Beschleunigung). Es kam also für die Konstruktion eines Transportsystems darauf an, eine möglichst gleichförmige Bewegung zu gewährleisten. Der zweite Gesichtspunkt betraf die Reibung, die auch bei gleichförmiger Bewegung mit einem Kraftaufwand verbunden ist. Hier galt es, die »schleppende und schleifende Bewegung« zu vermeiden, sodass nur noch die »rollende Reibung« übrig blieb und »ein Wagen, dessen Räder vollkommen rund und eben so glatt sind, zehnmal leichter fortgezogen wird als ein mit derselben Ladung beschwertes gewöhnliches Fuhrwerk auf der besten Chaussee ... Dieses einfache Raisonnement enthält und erklärt die ganze physische Theorie der Eisen-Bahnen, welche in Hinsicht auf Erleichterung des Transportes die fürtrefflichsten und vollkommensten Chausseen ohngefähr eben so weit übertreffen, als diese letztern einen ganz ungemachten Weg über Bruch-Gründe, Sand- oder Sumpf-Land.«[228]

Um dies auch im praktischen Einsatz zu ermöglichen, bedurfte es besonderer Maßnahmen. Anders als in England, wo die Eisenbahnschienen in Grubenanlagen direkt auf unebenem Boden verlegt wurden, sorgte Baader mit einem Unterbau dafür, dass die Schienen eben blieben und nicht mit Erde oder Sand bedeckt wurden. Außerdem führte Baader im Unterschied zu den starren Achsen bei den englischen Eisenbahnwagen Drehgestelle ein, um seinen Wagen auch in Kurven eine schleifende Reibung zwischen Rad und Schiene zu ersparen. Eine besondere Wagenart zeichnete sich

[227] Deutinger (1997), S. 51–52.

[228] Baader (1822), S. 12 und 36.

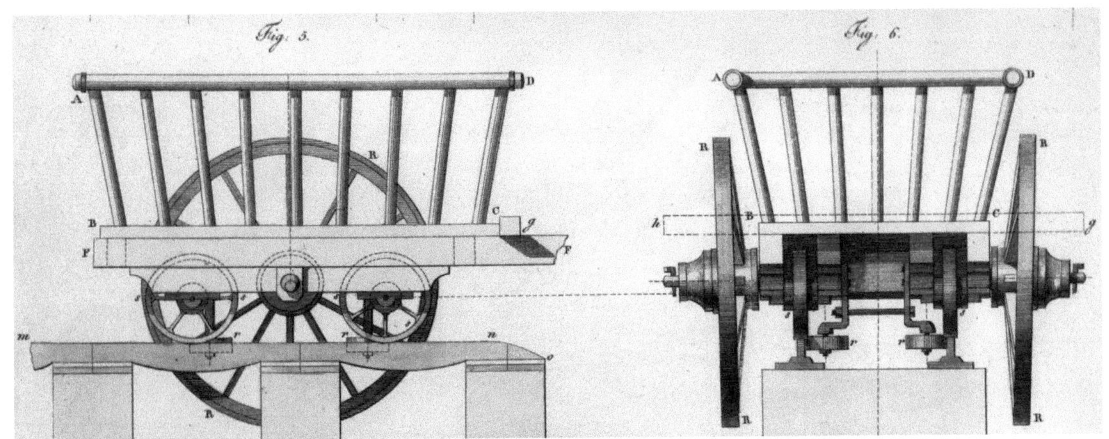

Mit einer neuen Wagenart wollte Baader sowohl den konventionellen Betrieb von Fuhrwerken auf Landstraßen ermöglichen als auch einen Eisenbahntransport auf erhöhten Schienen, die neben den Straßen verlaufen sollten.

durch ein doppeltes Radsystem aus, eines für gewöhnliche Landstraßen, das andere für Schienen; den damit ausgestatteten Pferdefuhrwerken sollte ein Wechsel von der Straße auf die Schiene ohne Umladen ermöglicht werden.

Auch für das Überwinden von Steigungen konstruierte Baader kraftsparende Vorrichtungen. Sie beruhten auf dem von ihm, wie er behauptete, »zuerst aufgefassten und entwickelten Compensations-Principe«. In modernen physikalischen Begriffen ausgedrückt, bringt dieses Prinzip die Umwandlung von potenzieller Energie (Lageenergie) in kinetische Energie (Bewegungsenergie) zum Ausdruck. Dieses Energieerhaltungsprinzip der Mechanik war schon mehr als 100 Jahre vorher von Leibniz formuliert worden (ohne Einbeziehung der thermodynamischen Energieumwandlung; der erste Hauptsatz der Thermodynamik ließ noch einige Jahre auf sich warten). Was Baader mit seinem »Compensations-Principe« herausstreichen wollte, war die Nutzbarkeit für kraftsparende Einrichtungen:[229]

> *Wenn ein beladener Wagen einen steilen und langen Berg heruntergeht, so findet bekanntlich nicht nur kein Widerstand in der Richtung des Zuges statt, sondern die Last selbst verwandelt sich zur Unzeit und mit so großem Uebergewichte, in bewegende Kraft, daß das ganze Fuhrwerk mit Menschen und Pferden in Gefahr gerät; dieses Uebergewicht muß daher theils durch Gegenstemmen, Aufhalten der Pferde, theils durch eine, mittelst eingehängter Radsperren erzeugte, gewaltsame Reibung, meistens durch beyde zugleich, zum größten Nachtheile der Wagen und Pferde, so wie der Strassen selbst, zerstört werden. Gäbe es nun*

[229] Baader (1822), S. 123.

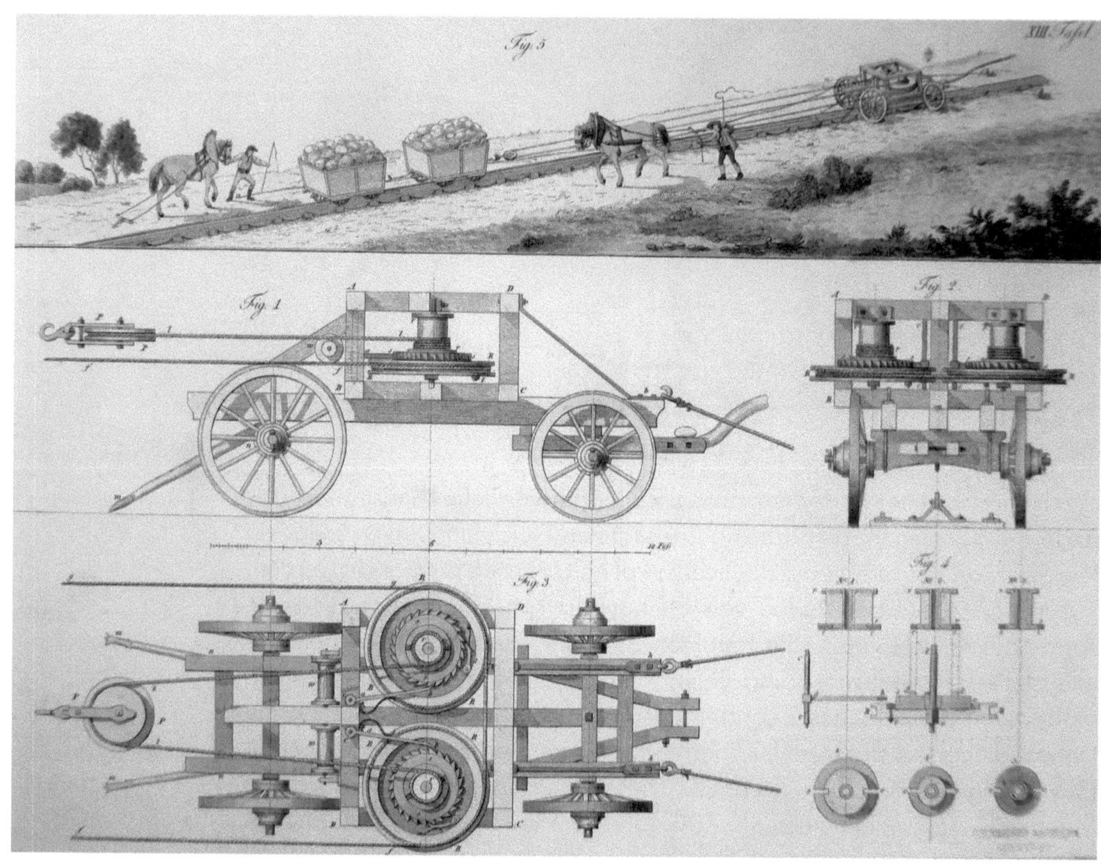

Die von Pferden betriebene »Bergwinde« im Einsatz beim Lastentransport an einer Steigung.

ein Mittel, diesen unzeitigen, nicht nur unnützen, sondern nachtheiligen, Ueberfluß von Kraft, welchen die Natur bey jedem Berg-abwärts gehenden Wagen darbietet, statt solchen ganz nutzlos zu verlieren, auf unbestimmte Zeit gleichsam in einem Kraft-Magazine so zurück zu legen und aufzubewahren, daß solcher zur Erleichterung des nächsten Wagens, welcher dieselbe Anhöhe aufwärts zu gehen hat, wieder hergenommen und verwendet werden könnte, so würde sich offenbar das zu Viel und zu Wenig gegeneinander ausgleichen …

Für das »Kraft-Magazin« ersann Baader verschiedene Mechanismen. Im einfachsten Fall bestand es aus Ballastwagen, die mit den nach oben beförderten Wagen in entgegengesetzter Richtung abwärtsfuhren. Wo die dafür notwendige doppelte Gleisanlage nicht vorhanden war, sah Baader

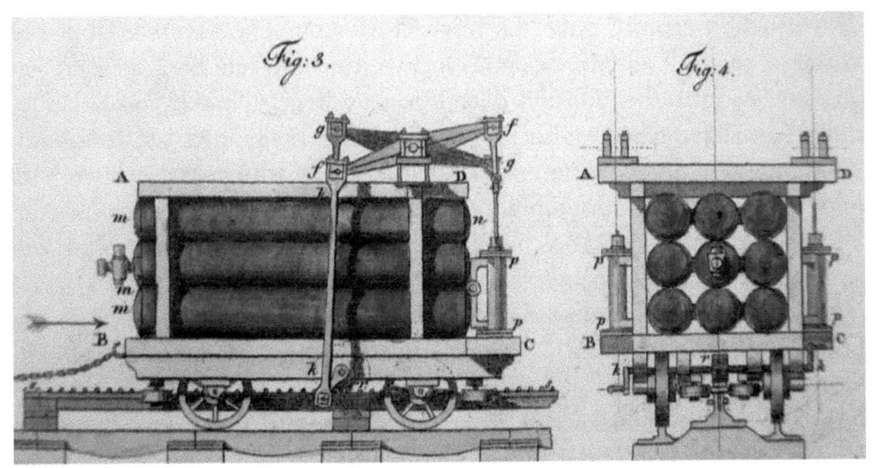

Baaders »Luftwagen« nahmen wegen der »leichten, bloß mit Luft gefüllten Rezipienten kaum den dritten Theil vom Gewichte eines Dampfwagens« ein; deshalb sei »von der Triebkraft der Maschine nur der geringste Theil auf ihre eigene Fortschaffung zu verwenden« und es bleibe »desto mehr für die eigentliche Wirkung: den Zug der angehängten beladenen Fuhrwerke übrig«.

den Einsatz einer wie ein Flaschenzug funktionierenden »Bergwinde« vor, die mit Pferdekraft bedient wurde.

Einer besonderen »Anwendung des Compensations-Princips, ohne Gegengewichte und ohne Wasser«, widmete Baader ein eigenes Kapitel: dem »Kraft-Magazine mit verdichteter Luft«. Luft könne »in verschlossenen Gefässen von hinlänglicher Stärke ohne Gefahr zu einem sehr hohen Grade verdichtet oder comprimirt, und in solchen Zustande Jahre lang aufbewahrt werden«; man müsse also »nur eine schickliche Vorrichtung« konstruieren, »mittelst welcher die Luft in einem großen Rezipienten durch das Gewicht der abwärts gehenden Wagen angehäuft und comprimirt wird, und, durch die Kraft der aus demselben Rezipienten wieder ausströmenden, sich ausdehnenden, Luft von Zeit zu Zeit die in entgegen gesetzter Richtung kommenden Fuhrwerke denselben Berg hinauf gezogen werden können; wobey also ein solcher Rezipient oder Luftbehälter das einfachste und bequemste Kraft-Magazin wird«. Solche Vorrichtungen sollten stationär an Steigungsstrecken installiert werden. Die Funktionsweise einer solchen Druckluftmaschine ähnelte der von Wassersäulen- beziehungsweise Dampfmaschinen. Im Gegensatz zu den gefährlichen Dampflokomotiven konnte sich Baader hier auch den mobilen Einsatz von »Luftwagen« vorstellen.[230]

Die detailreichen Darstellungen muteten wie realistische Abbildungen von bereits in Betrieb befindlichen Schienen und Eisenbahnwagen an, aber sie beruhten auf Konzepten, die Baader bislang allenfalls in Mo-

[230] Baader (1822), S. 145–146, 176.

dellversuchen erprobt hatte. Er war sich dessen sehr bewusst. Über die Vorzüge seines Systems »können und werden freylich nur Versuche, im grossem Maaßstabe und mit aller erforderlichen Aufmerksamkeit angestellt, zur allgemeinen Ueberzeugung und auf eine ganz befriedigende Weise entscheiden«, schrieb er in der Einleitung zu seinem Prachtwerk im Juli 1822, »und ich bedauere daher Nichts mehr, als daß ich noch nicht im Stande bin, die Resultate solcher Versuche zugleich mit diesem Werke, wie es mein Wunsch und meine Absicht war, vorlegen zu können«.[231]

Drei Jahre später kam er diesem Ziel ein gutes Stück näher. Für Eisenbahnversuche im Maßstab 1:1 zog er zunächst verschiedene Testgelände im Münchener Umland in Betracht. »Was fürs Erste den Platz betrifft, so habe ich keinen schicklichen Platz gefunden, und es dürfte schwerlich eine taugliche Stelle in der Nähe aufgefunden seyn«, schrieb er nach der zusammen mit der königlichen Hof-Bau-Intendanz im Mai 1825 vorgenommenen Prüfung einiger Lokalitäten.[232] Ein für Artillerieversuche genutztes Gelände vor der Stadt bereitete »wegen des ganz unbequemen Grundes bedeutende Schwierigkeiten« und schied am Ende aus, weil »der von allen Seiten offene Platz gegen die unangenehmsten und nachtheiligsten Störungen in der Arbeit durch das Zudringen der müßigen Neugierde, so wie gegen muthwillige Zerstörungen oder Entwendungen nicht leicht geschützt werden konnte«. Er habe deshalb »eine in jedem Betrachte weit tauglichere und vortheilhaftere Stelle im eingeschlossenen Bezirke des königlichen Lustgartens zu Nymphenburg« in Betracht gezogen,[233]

> *und zwar in einer von allen Garten-Anlagen und Spaziergängen abgesonderten Gegend, hinter der königlichen Menagerie, an einer großen Sandgrube, welche zugleich als ein doppelter Berg zum abwärts und aufwärts fahren benützt werden konnte, wo auch die königliche Maschinen-Werkstätte am grünen Brunnhause ganz in der Nähe sich befindet, und die Arbeiten gegen jede Störung vollkommen gesichert sind; und da der königliche Hofgarten-Inspektor Sckell, mit welchem ich mich deßhalb mündlich benahm, dagegen Nichts einzuwenden, und die hiezu nöthige Erlaubnis Seiner Majestät des Allerhöchst seligen Königs unmittelbar zu erwirken über sich genommen hatte, so machte ich daselbst in der 45ten Woche des letzten Etats-Jahres /: Hälfte August :/ mit Zurich-*

[231] Baader (1822), Vorrede.

[232] Baader an den König, 21. Juni 1825. VA 4001, BayHStA.

[233] Baader an den König, 26. Februar 1826. VA 4001, BayHStA.

tung des Grundes, Bestellung der erforderlichen Gußwaren, Anfertigung der Wagen und anderen Maschinen den Anfang, und ich halte es für meine Pflicht, Eurer Königlichen Majestät nunmehr allerunterthänigst anzuzeigen, wie weit alle diese Arbeiten bis jetzt vorgerückt sind.

Danach stand den Eisenbahnversuchen im Nymphenburger Schlosspark nichts mehr im Weg. Baader ließ nur einen Teil der in seinem Prachtwerk beschriebenen Gleisanlagen und Eisenbahnwagen aufbauen – kompliziertere Maschinen wie Luftdruck-Lokomotiven blieben zukünftigen Erfindern und Konstrukteuren vorbehalten.[234] Aber die wesentlichen Elemente seines Systems konnten nun in Originalgröße im Schlosspark inspiziert werden. Am 18. April 1826 stellte Baader die Anlage dem König selbst vor. Dann wurde sie verschiedenen Gutachter-Kommissionen vorgeführt. Eine Hälfte der Anlage war auf einer Länge von etwa 250 m mit Schienen englischer Bauart versehen; parallel dazu verlief auf gleicher Länge die Baadersche Anlage mit Schienen, die auf einen Unterbau montiert waren. Ein Teil der Versuchsstrecke führte durch die Sandgrube, wo man auf den ansteigenden Gleisen das Baadersche Kompensationssystem und die Bergwinde bewundern konnte. Gewöhnlich begann die Vorführung mit dem Vergleich eines Wagenzugs, der erst auf den englischen und dann auf den Baaderschen Gleisen von Pferden gezogen wurde; im Anschluss daran wurden einzelne Wagen über die Gefällestrecke – gebremst von gleichzeitig auf einem Parallelgleis nach oben bewegten Wagen – in der Sandgrube abwärts bewegt und anschließend mit der Bergwinde wieder nach oben gezogen. Außerdem beinhaltete die Vorführung Transporte mit Zweiwege-Wagen, die von Landstraßen ohne Mühe auf Gleise und wieder zurück auf Straßen wechseln konnten.[235]

Der Hauptzweck der Versuchsfahrten auf der Anlage im Schlosspark war die Begutachtung durch Experten. Die ersten im Mai 1826 abgegebenen Gutachten ließen an Baaders System kein gutes Haar. Nur auf völlig ebenem Gelände habe Baaders »Erfindung der erhöhten Eisenbahn nebst manchem Nachtheile, doch auch einen Vortheil«, nämlich die doppelte Nutzung ein und desselben Wagens auf Schienen und auf gewöhnlichen Straßen. Aber die Vorrichtungen bei Steigungsstrecken seien »völlig unnütz, und unbrauchbar«. Außerdem seien die Kostenschätzungen für das Baadersche System »ganz falsch und unzuverläßig«. Da zu den Gutach-

[234] Metzeltin (1935).

[235] Deutinger (1997), S. 55–57.

tern Persönlichkeiten wie Leo von Klenze zählten, die großen Einfluss auf den König hatten, wog ihr Votum schwer. Doch es blieb nicht bei so negativen Expertenmeinungen. Die zu Gutachtern bestellten Mitglieder des Polytechnischen Vereins und des Landwirtschaftlichen Vereins kamen zu einem ganz anderen Urteil: »Die Leistung der neuen v. Baader'schen Eisenbahn hat den Erwartungen der Commissions-Mitglieder nicht nur entsprochen, sondern sie hat dieselben in der That übertroffen.« Auch eine Kommission der Bayerischen Akademie der Wissenschaften bescheinigte Baader, dass er mit seinem System »nicht nur den Vorzug der grösseren Zweckmässigkeit, sondern auch der grösseren Wohlfeilheit miteinander verbinde«.[236]

Baader ließ nichts unversucht, um die positiven Expertenurteile weiter zu verbreiten. Er nutzte eine Festsitzung der Akademie »zur Feyer des allerhöchsten Geburts- und Namensfestes Seiner Majestät des Königs am 25ten August 1826« für einen Vortrag *Ueber die Vortheile einer verbesserten Bauart von Eisenbahnen und Wagen, welche an einer auf Allerhöchsten Befehl zu Nymphenburg ausgeführten Vorrichtung durch wiederholte öffentliche Versuche sich bewährt haben*. Diesen Vortrag ließ er zusammen mit den positiven Gutachten seiner Akademikerkollegen als Anhang in hoher Auflage drucken.[237] Der zu einem öffentlich zugänglichen Landschaftspark umgestaltete Schlosspark trug das seine dazu bei, dass Baaders System nicht nur unter Fachleuten für Gesprächsstoff sorgte. Für Tausende von Besuchern wurden die Baaderschen Eisenbahnversuche nahe dem Grünen Brunnhaus zu einer Attraktion. Der Hofgartenintendant Friedrich von Sckell ließ die Teststrecke nach den Gutachterversuchen vom Sommer 1826 nicht sofort abbauen; sie ist auf einem 1837 gedruckten Plan des Schlossparks immer noch deutlich als Oval abgebildet.[238] Allerdings gab es um diese Zeit schon lange keine Vorführungen mehr, da Baader dafür keine Mittel mehr auftreiben konnte. Der König erteilte allen diesbezüglichen Anträgen eine Absage. Auch mit seinen Aufrufen an die Öffentlichkeit gelang es Baader nicht, seinem System zum Durchbruch zu verhelfen. Als in Bayern das Eisenbahnzeitalter mit der Eröffnung der »Ludwigsbahn« von Nürnberg nach Fürth am 7. Dezember 1835 – wenige Wochen nach Baaders Tod – begann, verfolgte man andere Technologien. Baaders System der »fortschaffenden Mechanik« war zehn Jahre nach den Versuchen im Schlosspark nur noch ein kurios anmutendes Kapitel aus der Vorgeschichte der Eisenbahn.

[236] Die Gutachten sind vollständig abgedruckt in Deutinger (1997), S. 190–220.

[237] Baader (1826).

[238] Deutinger (1997), S. 55.

EIN WASSERSCHLITTEN

Eine andere Schlosspark-Kuriosität konnten die Besucher auf den zu Seen umgestalteten Bassins des Landschaftsgartens bewundern. Dort, so stand im Parkführer des Jahres 1837 zu lesen, begegne man auch einer »daselbst befindlichen Maschine, genannt der Wasserschlitten«:[239]

> *Diese Maschine, deren Name von ihrer Form, der eines Schlittens mit erhabenem Sitze ähnlich genommen ist, bestehet aus einem Stuhle, der auf zwey hermetisch verschlossenen, kleinen kupfernen Schiffchen ruht, und von diesen getragen wird. Vom Stuhle aus, worauf nur eine einzige Person Platz nehmen kann, bewegt diese durch eine mechanische Vorrichtung mit ihren Füßen zwey kleine Ruder, mit denen sie sich sodann fortbewegen und hinwenden kann, wohin es ihr beliebt, während der obere Körper ruhen oder mit Lesen, Zeichnen, etwa auch mit dem Schießgewehre sich beschäftigen kann. Ein an dem hinteren Theile zwischen den beyden Schiffchen angebrachtes Steuerruder, das mittelst einer seitwärts stehenden eisernen Stange bequem bewegt werden kann, dient zur leichten Direction des Wasserschlittens.*

Offenbar war dieses merkwürdige Wassergefährt auch für viele auswärtige Besucher des Schlossparks eine besondere Attraktion. Eine englische Enzyklopädie über Landschaftsgärten in aller Welt berichtete 1835, man könne den Wasserschlitten während jeder Sommersaison auf den Gewässern des Nymphenburger Schlossparks bestaunen. Der Autor lieferte mit einem Holzschnitt auch eine sehr detaillierte Ansicht des Wasserschlittens und erwähnte sogar, dass es sich dabei um eine Erfindung Baaders handelte.[240] »Dieses in seiner Art einzige Wasserfahrzeug« habe Baader »um das Jahr 1810 erfunden«, hieß es auch in Sckells Beschreibung.[241]

Erstmals war von dem Wasserschlitten bereits im Jahr 1811 in den *Annalen der Physik* die Rede. »Am 29. August 1810 machte der Oberbergrath Joseph von Baader auf dem See zu Nymphenburg in Gegenwart der königl. bayerischen Familie den ersten öffentlichen Versuch mit einem von ihm erfundenen kleinen Fahrzeuge, das man füglich einen Fahrstuhl auf dem Wasser oder Wasserschlitten nennen könnte.« Es bestehe aus zwei hohlen kupfernen Pontons, die einen »Armstuhl in der Form eines Kutschersitzes« trugen. Zwischen den Pontons seien Tretbalken angebracht, mit

[239] Sckell (1837), S. 116–118.

[240] Loudon (1835), S. 148–149.

[241] Sckell (1837), S. 116.

denen »Klappenruder, die den Füßen der Schwimmvögel völlig ähnlich sind«, vor- und zurückbewegt werden konnten. Das Gefährt sei wegen der erhöhten Lage des Benutzers »zur Aufnahme schöner Gegenden und zur Wasserjagd vorzüglich geeignet«. Die in einem Abstand von sechs Fuß angeordneten acht Fuß langen Pontons garantierten eine stabile Fahrt, der Wasserschlitten sei selbst bei einem Sturm nicht umzuwerfen und somit »weit sicherer als jedes gewöhnliche Boot«. Außerdem könne er »in wenigen Minuten zerlegt, in eine Kiste gepackt und auf einem Bauernwagen von einem See oder Flusse zum andern geführt, und dort eben so schnell wieder zusammengeschraubt und flott gemacht werden«. Baader habe damit auf dem »Starenberger oder Würm-See« bereits mehrere Fahrten unternommen und sein 14-jähriger Sohn sei damit ganz allein quer über den See gefahren, ohne sich mehr als bei einem gleich langen Spaziergang anzustrengen. »Einen sehr artigen Anblick gewährt es, einen Menschen auf diesem Fahrzeuge in beträchtlicher Höhe über dem Wasser schweben und sitzend auf demselben umherwandeln zu sehen.«[242]

Baaders »Wasserschlitten«.

Die Nachricht über die neue Erfindung Baaders blieb nicht dem an Technik interessierten Leserkreis der *Annalen der Physik* vorbehalten. Unter der Überschrift »Neuer Wasser-Fahrstuhl« berichtete auch die in Brünn herausgegebene Zeitung *Hesperus oder Belehrung und Unterhaltung für die Bewohner des österreichischen Staats* über die jüngste Attraktion im Nymphenburger Schlosspark.[243] Auch das in Berlin herausgegebene *Bulletin des Neuesten und Wissenswürdigsten aus der Naturwissenschaft, den Künsten, Manufakturen, technischen Gewerben, der Landwirthschaft und der bürgerlichen Haushaltung für gebildete Leser und Leserinn aus allen Ständen* berichtete darüber. Baaders Wasserschlitten passte zu dem neuen Denken, das auch die Umgestaltung des barocken Schlossparks in den englischen Landschaftsgarten begleitete und die Mentalität der bürgerlichen Gesellschaft widerspiegelte. »Diese Maschine verbindet demnach mit dem gewöhnlichen Vergnügen des Wasserfahrens, die Annehmlichkeit einer leichten und gesunden Bewegung, und den Vortheil der Unabhängigkeit von einem lästigen Führer.« Mit einem kleinen Tisch

242 Annalen der Physik, 38:2, 1811, S. 234–235.

243 Hesperus 2, 1811, S. 102–105.

vor sich könne »der Fahrende lesen, schreiben, zeichnen, essen, trinken, Flöte, Violine oder Guitarre spielen, eine Flinte laden und abschießen«, so pries das *Bulletin* die große Freiheit auf dem Wasser. »Eine große lederne Tasche hinter dem Sitze, enthält alles, was er zur Reise bedarf.«[244]

Physikalisch könnte man Baaders Wasserschlitten ein frühes Beispiel der Bionik nennen, einer Technik, die sich bei ihren Konstruktionen an Vorbildern aus der Biologie orientiert. Die Idee der »Klappenruder, die den Füßen der Schwimmvögel völlig ähnlich sind«, mag Baader beim Betrachten von Gänsen und Enten im Schlosspark gekommen sein, die mit den Schwimmhäuten zwischen den Zehen den Strömungswiderstand des Wassers zur Fortbewegung nutzen. Im Vorwärtszug legen sich die beiden mit Scharnieren verbundenen Bleche des Klappruders aneinander an, sodass sie dem Zug durch das Wasser kaum einen Widerstand entgegensetzen; in der Rückwärtsbewegung klappen die beiden Bleche, wenn sie hinten etwas nach außen gebogen sind, auseinander und verleihen dem Wasserschlitten durch den jetzt sehr großen Strömungswiderstand einen Schub nach vorne. Klappruder erlauben keine Rückwärtsfahrt – auch in dieser Hinsicht besitzt dieser Antrieb eine Gemeinsamkeit mit dem Vorbild aus der Natur, denn auch Wasservögel schwimmen nicht rückwärts. Aber dank des Steuerruders lassen sich Kurven fahren, sodass der Baadersche Wasserschlitten durchaus nach allen Richtungen gesteuert werden konnte. Fast 200 Jahre später wurde mit einem Nachbau gezeigt, dass er für geruhsame Fahrten auf dem Wasser sehr geeignet war und auch im 21. Jahrhundert ein »umweltverträgliches Freizeitgefährt für jedermann« darstellen könnte.[245]

Dennoch blieb der Wasserschlitten im Nymphenburger Schlosspark ein Unikat – und er wird wohl auch in unserer Zeit keine Renaissance erleben. Wie die Baaderschen Eisenbahnversuche zeigt auch dieses Beispiel, dass es bei der Durchsetzung neuer Technologien nicht allein auf physikalisch-technische Eignung ankommt.

GASLICHT

Über eine neue Technik ganz anderer Art berichtete ein Parkbesucher aus Lübeck im Mai 1817 in einer in Nürnberg herausgegebenen Zeitung. Er sei »ganz unerwartet bey einem Spaziergange im Schloßgarten zu Nymphenburg auf einen mit vollkommenen Erfolge ausgeführten Versuch von Gasbeleuchtung« gestoßen. Der dort tätige Mechaniker Franz Heß [ge-

[244] Bulletin des Neuesten und Wissenswürdigsten aus der Naturwissenschaft, 1811, S. 95.
[245] Leibl u. Schegk (2005).

meint ist Franz Hößl] habe, nachdem er bei einer gemeinsam mit Baader unternommenen Englandreise in London die dort installierte »Gas-Beleuchtung im Großen« gesehen hatte, im Nymphenburger Schlosspark eine ganz ähnliche Anlage »im Kleinen« nachgebaut. Heß sei es gelungen, »ohne fremde Anleitung, blos durch eigenes Nachdenken und durch Benutzung der in London aufgefassten Ideen, einen kleinen Gas-Beleuchtungs-Apparat zusammen zu setzen, der, wie ich glaube, vollkommen Genüge leistet, und selbst bey größeren Vorrichtungen zum Maßstabe und Anhalten dienen dürfte«.[246]

Die Versuche, natürliche Lichtquellen wie Wachskerzen oder Ölfunzeln durch bessere Leuchtmittel zu ersetzen, reichen weit zurück. Im 18. Jahrhundert hatten Chemiker immer wieder das von glühender Steinkohle und anderen organischen Substanzen bei der Zersetzung ausgehende brennbare Gas abgesondert, um es dann andernorts zu entzünden und so als Leuchtmittel zu nutzen. Um 1800 machte sich der schottische Ingenieur William Murdoch einen Namen, als er Steinkohlegas zur Beleuchtung der Fabrik von Boulton und Watt einsetzte. 1813 wurde es erstmals in London zur öffentlichen Beleuchtung verwendet. Die »Construction der Erleuchtungswerkzeuge«, schrieb der nach England ausgewanderte deutsche Chemiker Friedrich Accum in seinem 1815 in London publizierten Werk über die Gasbeleuchtung, verdiene »gewiß die höchste Aufmerksamkeit jedes gebildeten Mannes«. Schon der Titel verrät die Bedeutung, die dieser Technologie zuerkannt wurde: *A practical treatise on gas-light: exhibiting a summary description of the apparatus and machinery best calculated for illuminating streets, houses, and manufactories, with carburetted hydrogen, or coal-gas; with remarks on the utility, safety, and general nature of this new branch of civil economy.*[247]

Dennoch dauerte es noch lange, bis das Gaslicht auch in Deutschland zum Einsatz kam. Berlin erhielt 1826 die erste Gasbeleuchtung, München erst 1850 – 33 Jahre nach der Installation der ersten Versuchsanlage im Nymphenburger Schlosspark. »Geheimrath Josef von Baader äußerte sich gelegentlich einmal recht unbefriedigt darüber, dass Bayern um die Ehre

[246] »Versuche mit der Gasbeleuchtung. (Ein Schreiben aus München, vom 6. May)«. Allgemeine Handlungs-Zeitung, Nürnberg, am 13. May 1817. Unterzeichnet mit »D. Günther aus Lübeck«.

[247] Accum (1815).

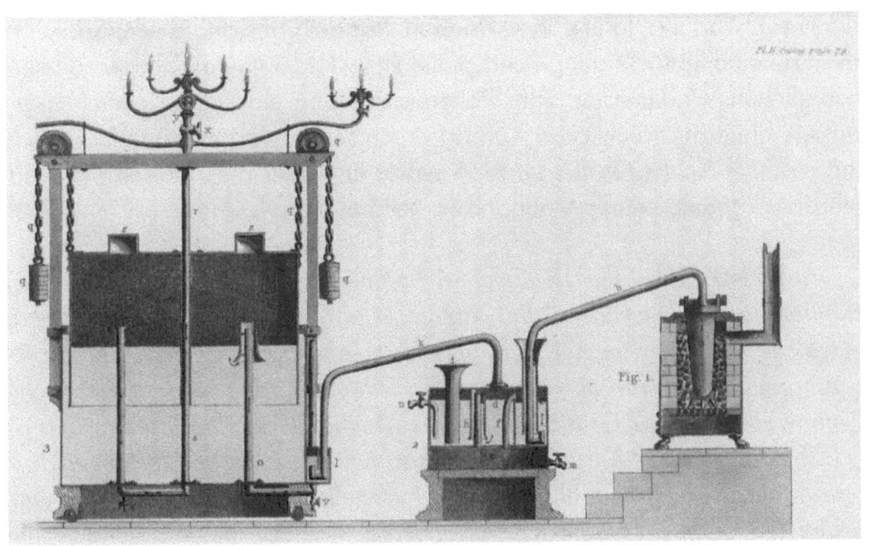

Accums Gaslicht-Anlage bestand aus drei Teilen: einem Ofen (rechts) mit der luftdicht abgeschlossenen Retorte aus Gusseisen, in der Steinkohle zu Koks verglüht und das dabei entstehende Gas über eine Leitung abgeführt wird; einem Reinigungskasten (Mitte), in dem die bei der Verkokung entstehenden und für das Gaslicht unerwünschten Stoffe abgeschieden werden; und einem »Gasometer«, in dem das Gas wie in einem Windkessel über einem mit Wasser gefüllten Becken gesammelt wird und der Gasdruck mit dem Gewicht des in das Wasser eintauchenden Deckels geregelt wird.

gekommen sei, zuerst die Gasbeleuchtung eingeführt zu haben«, heißt es in einer Studie *Zur Geschichte der Gasbeleuchtung in Bayern.*[248]

Tatsächlich hatte die nach dem Londoner Vorbild konstruierte Anlage in Nymphenburg nicht nur das Prinzip und die Machbarkeit der Gasbeleuchtung aufgezeigt, sondern auch seine Wirtschaftlichkeit:[249]

> *Herr Heß setzte bey seinen Versuchen jedesmal 5 Pfund Steinkohle (von Miesbach in Oberbayern) in die Retorte ein. Nach seiner Angabe erhielt er hiervon 18 Kubikfuß Gas. Das aus der Röhre ausströmende Licht verbreitet auch nicht den mindesten Geruch und ist sehr hell und weiß. Ein Pfund Steinkohlen soll so viel Gas geben, daß 2 Stunden hindurch ein Lichtstrom unterhalten werden kann, welcher dem Effekte von drey ordinären Talglichtern (zu 6 Stück auf das Pfund) gleichkommt.*

Obwohl damit die Vorzüge des Gaslichts gegenüber den herkömmlichen Beleuchtungsarten herausgestellt wurden, sah Baader in diesem Artikel seine eigene Rolle als Initiator der Nymphenburger Versuche nicht genügend gewürdigt; stattdessen wurde Franz Höß, der sich nun Heß schrieb,

248 Schilling (1887), S. 1.

249 Versuche mit Gasbeleuchtung zu Nymphenburg. Wöchentlicher Anzeiger für Kunst- und Gewerbe-Fleiß im Königreiche Bayern, 31. May 1817, Nr. 22. S. 338–342, hier S. 341.

die Verantwortung dafür zugeschrieben. Baader übersandte der Redaktion deshalb eine »Berichtigung« und stellte klar, dass »einem untergeordneten königlichen Werkmeister oder Poliere« der Bau einer Gasbeleuchtungsanlage ohne ausdrücklichen Auftrag durch seinen Vorgesetzten – nämlich ihn selbst – nicht gestattet worden wäre. Er wollte dies jedoch nicht als Herabwürdigung seines Mechanikers verstanden wissen:[250]

> *Franz Heß (Sohn des königlichen Brunnwärters Heß zu Heßelohe) ist einer der geschicktesten und talentvollsten unter den vielen Arbeitern, welche sich unter meiner Aufsicht und Anleitung bey der von der Regierung seit 20 Jahren mir anvertrauten Direction des Brunn- und Maschinenwesens dahier für die ausübende Mechanik gebildet haben, und ist* [...] *dann bey der Aufstellung und Zusammensetzung der im Jahre 1809 von mir zu Nymphenburg erbauten hydraulischen Maschine, durch welche die äußere Fontäne betrieben wird,* [...] *auf meinen Antrag zum Brunnen-Polier (Unteraufseher über sämtliche Maschinen und Wasserwerke) daselbst befördert worden.*

Als er dann im Jahr 1815 England zum dritten Mal bereiste, habe er »diesen Heß« mitgenommen, und zwar auf eigene Kosten. Heß habe dabei »mit mir, und durch mich« Zutritt zu den englischen Industrieanlagen erhalten, »wo ich ihn, da er der Sprache ganz unkundig war, über alles, was wir sahen, die nöthigen Erklärungen und Unterricht ertheilte«. In London habe Heß dann in seiner Begleitung auch die Anlage zur Gasbeleuchtung gesehen. Deren Direktoren hätten ihn, Baader, nämlich »über einige Verbesserungen zu Rathe« gezogen:[251]

> *Dort also sah Herr Heß in meiner Gesellschaft die ganze Vorrichtung und alle Theile des vollständigsten Gasbeleuchtungsapparates; dort erklärte ich ihm zuerst das Prinzip, die Wirkung, alle Manipulationen und die Anwendung des Verkohlungsprozesses, die Gasbereitung, Reinigung, Fortleitung u. d. gl. und diese Gelegenheit und dieser mein Unterricht setzte ihn nach seiner Rückkunft in Stand, in seiner Werkstätte zu Nymphenburg, unter meiner Aufsicht und auf meine Kosten einen kleinen Apparat dieser Art auszuführen, welcher vollkommen gelungen ist, und*

[250] Baader an die Redaktion des Bayerischen Industrie- und Gewerbeblatts, 2. Juni 1817. Akten des Polytechnischen Vereins, FA 004, vorl. Nr. 0678, DMA.

[251] Ibid.

ihm um soviel mehr Ehre macht, als er alle Theile selbst und ganz allein mit der größten Genauigkeit verfertigt und zusammengesetzt, und durch diese Arbeit einen neuen Beweis seiner vorzüglichen Geschicklichkeit und des guten Erfolges meiner auf seine praktische Erziehung und Ausbildung verwendeten Mühe und Kosten geliefert hat.

Baader hoffte, »die Gasbeleuchtung dahier nächstens im Großen auszuführen«, und behielt sich einen »vollständigen und authentischen Bericht über diese Unternehmung« für einen künftigen Aufsatz vor. Dann werde man seine Verdienste um die Gasbeleuchtung besser würdigen können als aus Aufsätzen, »welche nur zu oft das Gepräge von Partheygeist und persönliche Abneigung an sich tragen«.[252]

Kurz darauf konnte man Zeitungsberichten entnehmen, dass Baader auch in der Residenz Werbung für Gasbeleuchtung machte. Der Kronprinz habe sich in Nymphenburg »von dem königl. Oberst-Bergrath und Maschinen-Direktor, Jos. v. Baader, den dort unter seiner Leitung und auf seine Kosten ausgeführten Probe-Apparat zur Gasbeleuchtung« zeigen lassen und »höchste Zufriedenheit« darüber bekundet.[253] Kronprinz Ludwig, der spätere König Ludwig I., war von Baaders Plänen für eine Gasbeleuchtung der Residenz sehr angetan. Er hatte große Pläne für den Ausbau Münchens zu einer Residenzstadt und konnte sich die Gasbeleuchtung auch in anderen Bauten vorstellen. »Was wären die Kosten für eine Gasbeleuchtung in der Glyptothek?«, schrieb er an Leo von Klenze, der 1816 als Privatarchitekt des bayerischen Königshauses mit dem Bau der Glyptothek begonnen hatte. Allerdings bedeutete Ludwigs Begeisterung für das Gaslicht nicht, dass er dessen streitbarem Verfechter Baader ein Projekt wie die Beleuchtung der Glyptothek oder der Residenz anvertrauen wollte. »Jemand anderes ausser Baader sollte befragt werden«, riet er seinem Architekten.[254] »Die Berechnung von Jos. Baader und einem andern will ich in jedem Fall haben«, erinnerte er Klenze am 16. Juli 1817, und einen Tag später: »Lassen Sie sich von Jos. v. Baader zu Nymphenburg den Gasbeleuchtungs-Versuch zeigen.«[255]

252 Ibid.

253 Baierische National-Zeitung, Nr. 145, 21. Juni 1817. Ähnlich auch in der Augsburgischen Ordinari Postzeitung, Nr. 150, 24. Juni 1817 und Bremer Zeitung, Nr. 184, vom 3. Juli 1817.

254 Kronprinz an Klenze, 29. Juni 1817, Brief 73 in Glaser (2004).

255 Ibid., Brief 76 und 77.

Jemand anderes als Baader? Dabei dachte der Kronprinz vermutlich an das von Baaders Erzrivalen Reichenbach gegründete mechanisch-optische Institut in München und Benediktbeuern, wo neben Fernrohren und wissenschaftlichen Instrumenten auch andere technische Gerätschaften hergestellt wurden. Joseph Liebherr, der dieses Institut mitbegründet hatte, und Rudolf Sigismund Blochmann, der die mechanische Abteilung des Instituts leitete, beschäftigten sich um diese Zeit mit Plänen für Gasbeleuchtungsanlagen in einer Tabakfabrik und einem Theater in München.[256] Reichenbach selbst wurde ebenfalls um Rat gefragt. »Auf Reichenbach halte ich viel«, schrieb der Kronprinz an Klenze, »aber er und Baader sind Gegner, und Reichenbach äußerte sich schon gegen die Gasbeleuchtung Einführung bey uns. Lassen Sie also noch von einem Dritten den Überschlag machen.«[257]

Am Ende wurde doch Reichenbach damit beauftragt, die Pläne für die Gasbeleuchtung der Residenz auszuarbeiten. Außer Gutachten und Planzeichnungen hinterließ das Projekt jedoch nichts, was dem Gaslicht zum Durchbruch verholfen hätte. »Man kam in München, wie in allen übrigen Städten Deutschlands, vorläufig über Versuche im Kleinen nicht hinaus«, so lautete das Fazit über diese frühe Phase der Gasbeleuchtung in Bayern.[258]

[256] Voit (1906), S. 57–58, Dyck (1912), S. 117.

[257] Kronprinz an Klenze, 21. August 1817, Brief 81 in Glaser (2004).

[258] Schilling (1887), S. 13.

8 IM GARTEN DES MÄRCHENKÖNIGS

Nach Sckells Umwandlung in einen Landschaftsgarten erfuhr der Nymphenburger Schlosspark kaum noch nennenswerte Veränderungen. Im Großen und Ganzen bietet sich Besuchern heute das gleiche Bild wie vor 200 Jahren. Für technikhistorisch Interessierte gehören die Kanäle und die von Baader und Höß installierten Anlagen in den beiden Brunnhäusern nach wie vor zu den besonderen Sehenswürdigkeiten des Schlossparks. Alle anderen wissenschaftlich-technischen Neuerungen, die im frühen 19. Jahrhundert noch für Aufsehen sorgten – Blitzableiter, Dampfmaschinen, Eisenbahn, Wasserschlitten und Gaslicht –, haben keine sichtbaren Spuren hinterlassen.

Fürstliche und königliche Gärten gehörten im bürgerlichen Zeitalter nicht mehr zu den Schauplätzen neuer Technik. Wer sich daran berauschen wollte, flanierte unter dem Glasdach des Kristallpalastes bei der Weltausstellung in London (1851) oder ließ sich vom monströsen Eisenfachwerk des Eiffelturms beeindrucken, der für die Weltausstellung in Paris im Jahr 1889 errichtet wurde. Dennoch gab es auch in der zweiten Hälfte des 19. Jahrhunderts noch den einen oder anderen Schlosspark, wo die jüngsten Errungenschaften aus Wissenschaft und Technik zum Einsatz kamen. Dafür sorgte in Bayern ausgerechnet Ludwig II., ein König, der als »Märchenkönig« eher für seine Weltflucht in Traumwelten berühmt wurde. Trotzdem – oder gerade deshalb – finden wir in seinen Schlossgärten Innovationen, die Ingenieure und Wissenschaftler vor größte Herausforderungen stellten.

EIN SCHLOSSPARK AUF DEM DACH DER RESIDENZ

Nicht jede Extravaganz Ludwigs II. entsprang seiner wahnhaften Flucht vor den ungeliebten Realitäten, mit denen er als König von Bayern konfrontiert war. Das Projekt eines großen Wintergartens, mit einem Gewässer und gewundenen Spazierwegen zum Lustwandeln wie in einem englischen Landschaftsgarten, hatte schon seinem Vater Maximilian II. vorgeschwebt. Das Vorbild lieferte ein 1841 in Chatsworth in England errichteter Wintergarten, »der größte und vollkommenste, welcher existiert«, wie der Architekt Franz Jakob Kreuter berichtete, der diese Anlage 1850 besuchte, nachdem ihn Maximilian II. mit der Anlage eines Wintergartens in München beauftragt hatte. Die Anlage in Chatsworth überspannte eine 93 m lange und 43 m breite Fläche und erreichte eine Höhe von mehr als 20 m. Dieses gigantische Gewölbe aus Eisen und Glas ruhte auf einem Fundament von fast 3 m dicken Grundmauern. »An diesem Glashause arbeiteten täglich 500 Menschen 4 Jahre lang«, wusste Kreuter zu berichten. Es habe »über 2 Millionen Gulden« gekostet. Die tragenden Säulen und Rippen der Konstruktion seien »mit schönen Schlingpflanzen bedeckt«, sodass im Innern ein natürlicher Eindruck eines tropischen Gartens vorgetäuscht wurde. Auch die dafür nötige Heizung sei »sorgfältig verborgen«. Sie bestand aus einem mehr als 5 km langen System von Röhren, durch das heißes Wasser gepumpt wurde. Aber Kreuters Bericht beschränkte sich nicht auf technische Daten. »Auf einer kleinen Felsenpartie, an deren Fuß sich ein Teich befindet, sieht man die seltensten Pflanzen des Himalaja und Chimborasso«, so geriet der Architekt ins Schwärmen. Die Pflanzen gediehen darin mit »wunderbarer Kraft« und die exotischen Bäume, die man in den Kübeln hiesiger Gewächshäuser »gar nicht cultivieren« hätte können, trugen hier sogar Früchte. Der Bau habe sich so ausgezeichnet bewährt, dass er »als Muster von Anlagen dieser Art allenthalben« angesehen werde.[259]

Für den geplanten Münchener Wintergarten machte Kreuter verschiedene Entwürfe. »Vorliegendes Projekt hat folgende Dimensionen: 290 Fuß lang – 126 Fuß breit«, so beschrieb er einen vermutlich im Frühjahr 1850 ausgearbeiteten Entwurf. »Der mittlere Dom ist 55 Fuß hoch mithin nicht viel kleiner als jener zu Chatsworth.« Doch der Entwurf für den Münchener Wintergarten wich in einem wesentlichen Punkt vom englischen Vorbild und von allen anderen bis dahin gebauten Eisen-Glas-Konstruktionen ab. »Dieser Garten soll auf einem Gebäude angelegt werden und unterscheidet sich hierin von dem in Chatsworth und vom Pariser Wintergarten, welche beide in der Ebene liegen. Er ist deßhalb einzig in seiner Art.« Doch auch als Dach-Wintergarten sollte in seinem Innern mit allen zu Gebote stehenden technischen Hilfsmitteln die Illusion eines Landschaftsgartens erzeugt werden:[260]

> *Im Wintergarten wechseln Gebüsche und Rasenplätze.* […] *In der Mitte des Domes ist eine große Fontäne.* […] *In der Anlage selbst sind Ruheplätze, Vasen und Statuen verteilt* […] *Die Heizung und Lüftung dieses*

[259] Kreuters Bericht, zitiert in Baumgartner (1981), S. 40.

[260] Kreuters Entwurf, zitiert in Holz (2003), S. 248–251.

Gartens von so großem Umfange muß mit größter Genauigkeit ausgeführt werden, indem ein Fehler in der Construction dieser Vorrichtungen ein Mißlingen des ganzen kostspieligen Etablissements zu Folge hätte. Die Heitzung ist beantragt bis zur mittleren Temperatur von 12° Wärme, wenn außerhab die Luft 12° Kälte hat. Das zur Heitzung nöthige warme Wasser wird durch 4 Dampfkessel erzeugt. Der Dampf heizt das Wasser in 9 Thermosyphons, von welchen dasselbe in 24 000 Fuß langen eisernen Röhren im Wintergarten circulirt [...]. Die Dampfmaschinen haben außer der Bewegung der Ventilatoren noch die Bestimmung, das Wasser zum Begießen und für die Fontäne in die Höhe zu treiben, die Aufzüge etc. in Bewegung zu setzen [...]. Was die Ausführung betrifft, so sind hiezu 2 Saisons Bauzeit nöthig. Das Dachwerk von Eisen wäre in einer englischen Fabrik anzufertigen, da es sehr genau und solide gearbeitet und seine Dauerhaftigkeit mit hydraulischen Pressen probirt werden muß, wozu die inländischen Fabriken nicht eingerichtet sind. Die Heitzapparate und Ventilatoren werden nur in England gut und wohlfeil gemacht.

Kreuters Vorhaben wurde in dieser Größe jedoch nicht realisiert. Es ließ sich nicht mit anderen Projekten in der näheren Umgebung der Residenz in Einklang bringen. Danach wünschte der König, den Wintergarten in kleineren Ausmaßen auf dem Verbindungsbau zwischen der Residenz und der Oper zu errichten. Bei dem daraufhin begonnenen Bauprojekt liefen die Kosten jedoch nach Ansicht des Königs aus dem Ruder. Außerdem verlor er das Vertrauen in Kreuter und beauftragte den Architekten August von Voit mit der weiteren Durchführung. Er habe die unangenehme Erfahrung gemacht, schrieb der König an Voit, dass Kreuters Kostenvoranschlag bei einem anderen Bauvorhaben nicht eingehalten worden sei; beim Wintergarten befürchte er außerdem, dass Kreuter ihn nicht innerhalb der vorgesehenen Frist fertigstellen würde.[261]

Voit verfügte als Leiter der Obersten Baubehörde Bayerns im Umgang mit großen Bauvorhaben über einschlägige Erfahrungen. Er betreute um die gleiche Zeit für die Erste Allgemeine Deutsche Industrieausstellung das viel größere Projekt des Münchener Glaspalastes, dessen Bauausführung er der Eisengießerei und Maschinenfabrik Klett & Comp. in Nürnberg überantwortete. Zwischen der Vertragsunterzeichnung (11. September 1853) und der Fertigstellung (8. Juni 1854) der riesigen Eisen-Glas-Kons-

[261] Holz (2003), S. 259.

truktion des Münchener Glaspalastes vergingen nur 9 Monate.[262] Mit 234 m Länge, 67 m Breite und 25 m Höhe übertraf diese Konstruktion bei Weitem die Ausmaße des Wintergartens auf dem Dach der Residenz, der in der letzten Planungsphase auf einen aus drei Schiffen bestehenden Bau von 49 m Länge, 25,5 m Breite und 8 m Höhe geschrumpft war. Auch der Bau des Wintergartens wurde ohne Verzögerung und fast zeitgleich mit dem Glaspalast im Jahr 1853 fertiggestellt. Die Anlage der Tropenlandschaft im Innern übernahm der Hofgärtner Carl Effner, der Sohn des Oberhofgärtners mit gleichem Namen und Urenkel von Joseph Effner, der sich als bayerischer Hofbaumeister unter dem Kurfürsten Max Emanuel mit der Nymphenburger Schlossparkanlage einen Namen gemacht hatte. Die Heiztechnik war in dem arkadenartigen Unterbau – dem heutigen Residenztheater – untergebracht. Sie wurde von einer Augsburger Firma installiert und bestand aus vier Hochdruckdampfkesseln, die über Wärmetauscher das Wasser in den im Boden des Wintergartens verlegten Rohrleitungen erhitzten.[263]

Aus technikhistorischer Sicht markiert der Wintergarten den Anbruch des Industriezeitalters in Bayern. Neben dem Wintergarten und dem Glaspalast machte sich Klett & Comp. in den 1850er-Jahren auch mit dem Bau der Schrannenhalle beim Münchener Viktualienmarkt und der Isartalbrücke bei Großhesselohe einen Namen. Der Eisenbahnboom verschaffte der Firma neben dem Bau von Bahnhofshallen auch eine Bedeutung als Waggonfabrik. So begann der Aufstieg von Klett & Comp. zur Maschinenfabrik MAN, die ein halbes Jahrhundert später weit über Bayern hinaus Industriegeschichte schrieb.[264]

Auch das Zusammenwirken von Architektur und Technik trat mit den großen Eisen-Glas-Konstruktionen in eine neue Phase – beim Glaspalast und dem Wintergarten auf der Residenz verkörpert durch den Architekten Voit, der den gestalterischen Plan vorgab, und dem Ingenieur Ludwig Werder von Klett & Comp., der im Zusammenhang mit den Hallenkonstruktionen auch Prüfmaschinen erfand, um die Belastung der vorgesehenen Bauteile – Fachwerkbinder und -träger – auf Zug und Druck zu untersuchen. Die Baustatik wurde mit den Wintergärten, Glaspalästen, Eisenbahnbrücken und -hallen auf besondere Weise herausgefordert. Es kam »zu einer Ver-

[262] Kohlmaier (1979).

[263] Ausstellung »Arkadien unter Glas – die königlichen Wintergärten in der Münchner Residenz«. Residenzmuseum München.

[264] Bähr u. a. (2008).

dichtung der strukturellen Kräfte, zu elementaren Kraftlinien und zu einer äussersten Ökonomie des Materialeinsatzes«, so resümierte ein Architekturhistoriker diese Etappe des Eisenbaus in der Mitte des 19. Jahrhunderts. »Nicht mehr so fest wie möglich, sondern so fest und sicher wie gerade nötig wurden die Konstruktionen durchgeführt.«[265]

Ludwig II. war als Sohn von Maximilian II. die Begeisterung für neue Bauten schon in die Wiege gelegt. Er dürfte schon als Kind viel Zeit im Wintergarten seines Vaters verbracht haben. Drei Jahre nach seiner eigenen Thronbesteigung gab er der Hofbauintendanz bereits den Auftrag, ihm einen eigenen Wintergarten zu projektieren, der sich an seine Wohnung im Obergeschoss des nördlichen Eckbaus der Residenz anschließen sollte. Zunächst wurde ein Pavillon geplant, der dem König jedoch besser für sein Schloss in Berg am Starnberger See geeignet erschien. Die Anregung für die am Ende favorisierte Form des Wintergartens kam vermutlich aus Paris, wo Ludwig II. bei der Weltausstellung 1867 gigantische Eisen-Glas-Dachkonstruktionen bestaunt hatte. Im darauffolgenden Jahr errichtete die Firma Klett & Comp. auf dem Nordflügel der Residenz ein 68 m langes, 16 m breites und in der Mitte knapp 10 m hohes freitragendes Halbtonnengewölbe, das von einem 28 m breiten Quertrakt unterbrochen und auf der Innen- und Außenseite der bogenförmigen Träger verglast wurde. Die architektonische Verantwortung lag auch für die Baukonstruktion dieses Wintergartens in den Händen von August von Voit; die Gartengestaltung übernahm wieder Carl Effner, der Jüngere. Wie andere Gartenlandschaften unter Glasdächern sollte auch Ludwigs Garten auf dem Dach der Residenz mit tropischen Gewächsen ausgestattet werden. »Sagen Sie Effner, er möge auch Bananen- und Dattelpalmen für den Wintergarten ohne Zögern herbeischaffen, denn diese Bäume sind absolut notwendig«, schrieb der König im Februar 1871 an einen für die künstlerische Ausgestaltung zuständigen Kabinettssekretär kurz vor Vollendung dieses Wintergartens.[266]

Im Unterschied zum Nymphenburger Schlosspark, der nach der Sckellschen Umgestaltung in einen englischen Landschaftsgarten der Öffentlichkeit zugänglich war, betrachtete Ludwig seinen Dachgarten auf der Residenz als sein privates Refugium. Wer Zutritt dazu erhielt, durfte dies als eine besondere Gunstbezeugung betrachten. »Bisweilen gab er hohen Gästen eine Hoftafel im Wintergarten«, berichtete die Gattin eines Kabi-

[265] Hütsch (1979), S. 16.

[266] Zitiert in Baumgartner (1981), S. 59.

nettsekretärs, die das Glück hatte, an einer solchen Tafel teilzunehmen. »Der Anblick war überwältigend«, so beschrieb sie ihre Eindrücke. »Von der gewölbten Glasdecke hingen in anmutigem Gewirr Heckenrosen herab, Lotosblumen blühten auf einem kleinen See, der ein goldenes Schifflein trug.« Eine andere Teilnehmerin an einer Soiree in Ludwigs Wintergarten zeigte sich nicht weniger verzaubert:[267]

[267] Zitiert in Baumgartner (1981), S. 61.

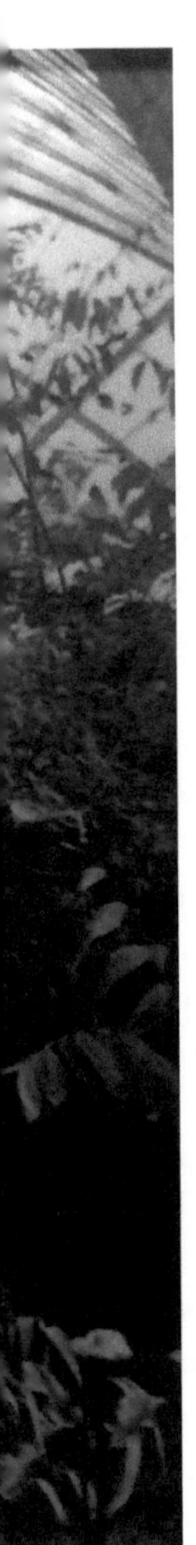

Lächelnd hob der König den Vorhang zur Seite. Ich war verblüfft; denn ich sah einen riesigen, auf venezianische Art beleuchteten Garten mit Palmen, einem See, Brücken, Hütten und schloßartigen Bauwerken. »Geh«, sagte der König, und ich folgte ihm fasziniert, wie Dante Vergil ins Paradies. Ein Papagei schaukelte sich in einem goldenen Reif und schrie mir »Guten Abend« entgegen, während ein Pfau gravitätisch vorüber stolzierte … Der König führte uns weiter auf einem schmalen Pfade zum See, worin sich ein künstlicher Mond spiegelte, Blumen und Wasserpflanzen magisch beleuchtend … In einem anschließenden runden Pavillon hinter einem maurischen Bogen war das Abendessen gerichtet. Der König wies mir den Mittelplatz an und klingelte leise mit einer Tischglocke … Plötzlich war ein Regenbogen zu sehen. »Mein Gott«, rief ich unwillkürlich aus, »das ist doch ein Traum!«

Der Wintergarten Ludwigs II. auf dem Dach der Residenz. Man erkennt die bogenförmigen Träger des freitragenden Dachs, das innen und außen verglast war, und den künstlichen See, auf dem sich der König in einem Boot bewegen konnte.

Man konnte »diesen herrlichen Kunst-Park« auf zwei Wegen durchschreiten, erfahren wir aus einem anderen Augenzeugenbericht. Der eine begann an der Tür, »aus welcher der König aus seinen Gemächern tritt«, der andere bei »einem kleinen Eingang, den der Hof-Gärtner zu benützen hat.« An einer Stelle konnte man »eine höchst romantische Tropfstein-Grotte« bewundern, »in welcher rechts ein zierlicher Wasserfall herabrauscht, dessen Wasser an der linken Seite der Grotte, hart am Rande des königlichen Fußpfades, ein kleines Wasserbecken bildet«.[268]

Offenbar wurden bei diesem Wintergarten nicht nur bei der äußeren Hülle (freitragende Kuppel), sondern auch für die Inszenierung verschiedenster Effekte im Inneren (Regenbogen, künstlicher Mond, Wasserfall) alle Möglichkeiten zeitgenössischer Technik und Wissenschaft ausgereizt. Die »romantische Tropfstein-Grotte« wird uns an anderer Stelle wiederbegegnen, und dann wird noch deutlicher, welche physikalischen und chemischen Probleme die Erzeugung der vom König gewünschten Beleuchtung mit sich brachte. Beim künstlichen See mit Fontäne und Wasserfall handelte es sich eher um konventionelle Hydraulik mit Dampfmaschinen und Pumpen, die aber angesichts des ungewöhnlichen Ortes auf dem Dach der Residenz – wenn

[268] Ibid.

Die Königsfamilie vor der Kulisse des Wintergartens Maximilians II. in einer Fotomontage. Der Hoffotograf Joseph Albert benutzte dazu früher angefertigte Einzelaufnahmen, die er dann passend gruppierte und dem gemalten Hintergrund entsprechend retuschierte. Diese Montage entstand um 1862/63 und zeigt in der Bildmitte den König Maximilian II. (Nr. 14) mit seiner Gattin Maria von Preußen (Nr. 15) und ihren beiden Söhnen Ludwig (Nr. 16) und Otto (Nr. 17).

sie nicht durch störende Lärmentwicklung auffallen sollte – ebenfalls eine nicht geringe Herausforderung darstellte. Für den See wurde eine knapp 22 m lange und 12 m breite Kupferwanne auf dem Dach installiert. Das dem See über einen künstlichen Bach zufließende Wasser wurde aus einem nahen Stadtbach hochgepumpt und mit einem Umwälzsystem in Bewegung gehalten. Die für den Antrieb der Pumpen benutzte Dampfmaschine war vermutlich in einem nahen Brunnhaus außerhalb der Residenz untergebracht.[269]

Die technischen Einzelheiten dieses »Kunst-Parks« lassen sich nicht mehr am Objekt selbst untersuchen, denn der Wintergarten wurde kurz nach dem Tod Ludwigs II. wieder abgebaut. Teile der Dachkonstruktion nutzte Klett & Comp. beziehungsweise die daraus hervorgegangene Maschinenfabrik MAN in Nürnberg für eine Lehrlingswerkstätte – bis sie im Zweiten Weltkrieg zerstört wurden. Auch vom Wintergarten von Maximilian II. auf dem Südflügel der Residenz ist nichts erhalten. Er wurde 1921 abgebaut.[270] Die Gründe für den baldigen Abriss der Wintergärten liegen auf der Hand: Mit künstlichen Gewässern und dem Wurzelwerk üppiger Pflanzen im Dachgeschoss dürfte es schwer gewesen sein, keine Feuchtigkeit in die Decken der darunterliegenden Räume dringen zu lassen. Außerdem war fraglich, wie lange die Mauern der Residenz der enormen Last der Eisen-Glas-Konstruktionen auf dem Dach standhalten würden.

Dennoch können wir uns anhand von zeitgenössischen Fotografien von der äußeren Erscheinung der Wintergärten einen authentischen Eindruck verschaffen.

Diese Fotografien sind auch aus einem technik- und mediengeschichtlichen Blickwinkel von Interesse. Über die Schlossgärten der Renaissance und des Barock können uns nur Skizzen, Stiche oder Gemälde einen visuellen Eindruck aus der Zeit ihrer Entstehung vermitteln. Mitte des 19. Jahrhunderts trat mit der neuen Technik der Fotografie der Hoffotograf an die Seite der Hofmaler, um das Wirken der Herrscherhäuser im Bild zu dokumentieren. Am bayerischen Königshof war dies Joseph Albert. Er hatte Physik und Chemie studiert und ein Lichtdruckverfahren entwickelt (»Albertotypie«), um Fotografien mit hoher Detailtreue zu vervielfältigen. 1857 trat er in den Dienst des bayerischen Königshauses. Seine Fotografien liefern die ersten bildlichen Zeugnisse über den Stadtausbau Münchens

[269] Schlim (2015), S. 39.

[270] Ausstellung »Arkadien unter Glas – die königlichen Wintergärten in der Münchner Residenz«. Residenzmuseum München. Schlim (2015), S. 52–53.

in der Regierungszeit Maximilians II., die Schlösser Ludwigs II. – und die Wintergärten auf der Residenz. Die Fotografie machte den Wintergarten auch als Kulisse zum Gegenstand medialer Inszenierung. In einer Fotomontage platzierte Joseph Albert zum Beispiel die aus einzelnen Fotografien ausgeschnittenen Mitglieder der Königsfamilie vor dem gemalten Hintergrund des Wintergartens zum Gruppenbild.

Das Motiv für diese »dynastische Montage«, so der Biograf des Hoffotografen, war »nicht Prunksucht, sondern eher mediengerechtes Dokumentationsbedürfnis«.[271]

[271] Ranke (1977), S. 142.

DIE GROTTE IM SCHLOSSPARK VON LINDERHOF

In dem 1871 vollendeten Wintergarten Ludwigs II. auf der Residenz waren der Ausdehnung und Ausstattung natürliche Grenzen gesetzt. Bei den neuen Schlossanlagen Linderhof und Herrenchiemsee gab es in dieser Hinsicht keine Beschränkungen (Neuschwanstein bot durch seine Lage auf einem Felsen keine Möglichkeit für die Anlage eines Schlossparks). Dementsprechend finden wir hier auch die anspruchsvollste Technik, die sich der Märchenkönig für die Verwirklichung seiner Träume leistete. Die 1878 fertiggestellte Schlossparkanlage von Linderhof gilt als eine der bedeutendsten des 19. Jahrhunderts. Bei ihrer Gestaltung hatte der Hofgärtner Carl von Effner junior – er war 1877 in den Adelsstand erhoben worden – Elemente von Renaissance- und Barockgärten mit solchen moderner englischer Landschaftsparks in Einklang gebracht und auf gelungene Weise in die umgebende Bergwelt integriert. Am Abhang eines natürlichen steil abfallenden Hügels legte er eine »Wassertreppe« an, die in der Sichtachse vor der Schlafzimmer-Fassade des Schlosses in ein Bassin mündete, aus dem ein mächtiger Fontänenstrahl 30 m in die Höhe schoss. In einiger Entfernung vom Schloss gingen die geometrisch angelegten Gartenflächen und Baumalleen fast unmerklich in einen Landschaftsgarten und danach in die freie Natur über. An einem natürlichen Abhang im Übergangsbereich des Landschaftsgartens zur umgebenden Bergwelt befand sich eine Grotte, die man durch ein natürlich wirkendes Felsentor betreten konnte, um sich dann in ihrem Innern in einer gewaltigen Tropfsteinhöhle mit einem See wiederzufinden.[272]

Nichts an dieser Grotte war natürlich. An die Grotten in den Lustgärten der Renaissance, die mit ihren Wasserorgeln und anderen Wasserkünsten ebenfalls nicht an technischer Raffinesse gegeizt hatten, erinnerte die Grotte von Linderhof nur noch mit dem Namen. Vielleicht hatte Ludwigs Vater Maximilian II. dem Sohn damit eine erste Anregung geliefert, als er sich auf der Burg Hohenschwangau eine kleine, zu einem Marmorbad gestaltete Grotte in den Fels hatte hauen lassen – ähnlich wie der Vater mit dem Wintergarten auf der Residenz den Sohn zum Bau eines eigenen Wintergartens angeregt hatte. Aber auch die Grotte in Ludwigs Wintergarten auf der Residenz dürfte höchstens als eine Art Fingerübung für die Gestaltung künstlicher Tropfsteine als Vorbild für die Grottenanlage von Linderhof gedient haben. Mit ihrem Bau wurde der Hofbaudirektor (Georg Dollmann) und ein Landschaftsplastiker (August Dirigl) beauftragt. Der König wollte in dieser Grotte die Venusberg-Szene aus der Oper Tann-

[272] Baumgartner (1981), S. 194–198.

häuser von Richard Wagner nacherleben und Eindrücke wie in der Grotte von Capri hervorrufen. Zu diesem Zweck musste auch die Beleuchtung der Grotte farblich von rot nach blau variiert werden. Dementsprechend erhielt sie auch zwei Namen: Venusgrotte, in Anspielung auf die Tannhäuser-Szene, und Blaue Grotte, nach dem Vorbild von Capri. Was die damit beauftragten Architekten mithilfe von Ingenieuren und Wissenschaftlern in zweijähriger Bauzeit zustande brachten, wurde zum »Höhepunkt der Illusionsarchitektur König Ludwigs II.«.[273]

Schon der Bau erforderte besondere Maßnahmen. Als Erstes wurde eine etwa 40 m breite und 10 m tiefe Baugrube ausgeschachtet. Die darin errichtete Hauptgrotte bestand aus einem riesigen Gewölbe mit einem Mauerwerk aus Ziegeln, das außen mit Teer abgedichtet und mit einer Schicht Erde überdeckt wurde. Das Gewölbe wurde in der Mitte von einer Säule aus Gusseisen getragen, die mit einer Hülle von der Form eines riesigen zusammengewachsenen Tropfsteins ummantelt wurde. In der Gewölbedecke wurde ein Eisengitter aufgehängt, dem mit in Putz getränkten Stoffen das Aussehen einer natürlich gewölbten Felsenoberfläche gegeben wurde. Mit unterschiedlich fließfähigem Putz wurden schichtenweise verschiedene Tropfsteinformationen erzeugt. Um Glitzereffekte hervorzurufen, wurde der sich verfestigende Putz mit Glimmer (»Muskovit-Glimmerschuppen«) beworfen, stellenweise wurden auch künstliche Kristalle aus Glas angebracht. Der »Landschaftsplastiker« August Dirigl hatte nach eigenem Bekunden diese Techniken in Frankreich erlernt, wo in der Regierungszeit Napoleons III. Mitte des 19. Jahrhunderts im Rahmen von Programmen zur Stadtverschönerung neue Parkanlagen mit künstlichen Grotten angelegt wurden. Dirigl verwendete auch besondere Pumpen, um damit die Grottenwand mit flüssigem Zement zu übergießen und ihnen so das Aussehen natürlicher Felsen zu geben. »Offensichtlich hat das fließfähige und schnell erhärtende neue Material ›Zement‹ die Rocailleure, wie die Hersteller von Kunstfelsen in Frankreich heißen, dazu inspiriert, in verstärktem Maße Naturformen genau nachzuahmen«, vermutet ein mit der Wiederherstellung der Linderhof-Grotte befasster Baurestaurator. Mit dieser aus Frankreich importierten Technik wurden »nicht nur Felsen, sondern auch Äste, Rinde und Borke mit Zement nachempfunden, um dann z. B. als Brückengeländer Verwendung finden zu können«.[274]

273 http://www.schlosslinderhof.de/deutsch/aktuell/grotte.htm (zuletzt aufgerufen am 12. Dezember 2019). Siehe dazu ausführlich Wiesneth (2019).

274 Häfner (2013), S. 78.

Konnte man bei der Bautechnik noch auf Erfahrungen aus den industriell weiter fortgeschrittenen Nachbarländern England und Frankreich zurückgreifen, so war dies bei der Beleuchtungstechnik nicht mehr möglich. Die erste Wahl war natürlich das Gaslicht, eine in den 1870er-Jahren bereits gut erprobte und weithin genutzte künstliche Lichtquelle. Aus dem Jahr 1877 sind Rechnungen der Maschinen & Gasapparate-Fabrik L. A. Riedinger aus Augsburg für die Herstellung einer kompletten Gaserzeugungsanlage und die Verlegung von Gasleitungen in die Grotte erhalten. Das Gas wurde nicht aus Steinkohle, sondern aus Paraffinöl erzeugt. Allerdings hatte man von Anfang an Zweifel, ob damit allein die Farbwünsche des Königs befriedigt werden konnten. Der für Beleuchtungsfragen hinzugezogene Physiker (Max Thomas Edelmann) sah deshalb in den »combinirten Wirkungen electrischen Lichts und brennenden Leuchtgases« die Lösung.[275]

Das »elektrische Licht« wurde mit Bogenlampen erzeugt. Dabei führt die Gasentladung zwischen zwei Kohleelektroden, an die eine hohe elektrische Spannung angelegt wird, zu einem gleißend hellen Lichtbogen. Wie für das Gaslicht war auch für die Bogenlampen eine eigene Anlage erforderlich, um die notwendige Energie (in diesem Fall in Form von Elektrizität) bereitzustellen. Aber anders als beim Gas handelte es sich bei der Elektrizität für die Bogenlampen um eine Energieform, die auf einer völlig neuen Technologie beruhte. Sie wurde von durch Dampfmaschinen angetriebene Dynamomaschinen geliefert, die in einem eigenen Maschinenhaus untergebracht waren und von den Firmen Gramme in Paris und Schuckert in Nürnberg hergestellt wurden.[276] Das Maschinenhaus befand sich in Luftlinie etwa 120 m von der Grotte entfernt, sodass auch mehrere hundert Meter Kupferdraht dafür hergestellt und – mit Isolatoren gegeneinander und von den Wänden getrennt – verlegt werden mussten. Um das weiße Licht der Bogenlampen in farbige Beleuchtung zu verwandeln, wurden entsprechend beschichtete Gläser über den Bogenlampen angebracht, die durch Wasserkühlung vor der Hitze des Lichtbogens geschützt werden mussten. Die Installation dieser elektrischen Beleuchtung zog sich

[275] http://www.schlosslinderhof.de/deutsch/aktuell/grotte/Venusgrottentagung_Poster04_ElektrBeleuchtung.pdf.

[276] Frank Dittmann: Anfänge der Elektrizitätsgeschichte in Bayern: Zeugnisse der technischen Ausstattung der Venusgrotte im Deutschen Museum. Vortrag bei der Internationalen Tagung von ICOMOS und der Bayerischen Schlösserverwaltung im Schloss Nymphenburg in München (11.–13. Oktober 2017) über »Die Venusgrotte im Schlosspark Linderhof – Illusionskunst und High Tech im 19. Jahrhundert«. Siehe dazu auch Wiesneth (2019), S. 167–177.

über viele Monate hin und dürfte durch häufige Reparaturen immer wieder verzögert worden sein.[277]

Blick in das Maschinenhaus von Linderhof, das mit von Dampfmaschinen angetriebenen Dynamos die elektrische Spannung für die Bogenlampen in der Venus-Grotte lieferte.

Was diese neue elektrische Technologie an Problemen mit sich brachte, beschrieb der Physiker Wilhelm von Beetz kurz vor Abschluss der Arbeiten im November 1878 sehr ausführlich in einem »Gutachten über die elektrischen Beleuchtungsvorrichtungen auf dem Linderhof«:[278]

> *Sämtliche Maschinen funktionieren gut; die Leitungsdrähte der französischen* [von Gramme] *waren ziemlich stark erhitzt, so dass sie keinesfalls einen Betrieb mit größerem Kraftaufwande vertragen werden; die Nürnberger Maschinen* [von Schuckert] *zeigten eine geringere Erwärmung … Die Leitungsdrähte sind an Isolatoren aufgehängt, welche durch schmale Holzdächer gedeckt sind.* […] *Da die Leitungsdrähte während der Wirkung der Maschinen nicht mit dem Erdboden verbunden sein dürfen, so können sie bei einem Gewitter gefährlich werden und müssen mit Blitzableitern versehen werden.* […] *Eine Benutzung der Lampen während eines Gewitters, welches übrigens sehr gefährlich sein würde, ist hier-*

[277] http://www.schlosslinderhof.de/deutsch/aktuell/grotte/Venusgrottentagung_Poster04_ElektrBeleuchtung.pdf.

[278] Abgedruckt in Schlim (2015), S. 97–100.

durch allerdings ausgeschlossen. Das Maschinenhaus und die Grotte mit feststehenden Blitzableitern zu versehen, ist jedenfalls sehr zu empfehlen, wenn auch die Gefahr des Einschlagens durch die in der Umgebung stehenden hohen Bäume sehr vermindert ist. [...] *Die Einrichtung der* [Kohlebogenlampen] *steht auf der Höhe der heutigen Wissenschaft* [...], *so dass ein Grund zur Beschaffung anderer elektrischer Lampen nicht vorliegt. Die neuesten Bestrebungen zur Herstellung eines geräuschlosen elektrischen Lichts, vom Amerikaner Edison ausgehend, wobei an Stelle der abbrennenden Kohlen ein glühender Draht angewendet werden soll, haben bisher noch kein Licht und Helligkeit geliefert, dass es dem Kohlenlicht an die Seite gestellt werden könnte.* [...] *Die Konstruktion der Laternen* [als Hülle für die Kohlebogenlampen] *hat notwendig eine sehr leichte zu sein müssen, da bei Anbringung breiter Ränder starke Schatten unvermeidlich gewesen wären. Hierdurch ist es wohl veranlasst, dass die einzuschiebenden Glasplatten nicht in alle, übrigens gleich konstruierten Laternen passen und deshalb durch frei bleibende Ritzen störende Lichteffekte erzeugen.*

Doch auch mit den Bogenlampen und den dafür installierten Dynamomaschinen (die man als das erste Elektrizitätswerk in Bayern betrachten darf) war das Beleuchtungsproblem der Grotte noch nicht gelöst – jedenfalls nicht so, wie der König sich dies wünschte. »Ich will nicht wissen, wie es gemacht wird, ich will nur die Wirkung sehen«, soll er den für die rechte Beleuchtung zurate gezogenen Experten vorgehalten haben, als er ein ums andere Mal mit dem so aufwendig erzeugten Farbeindruck in der Grotte unzufrieden war.[279] Neben der Physik kam auch der Chemie eine wichtige Rolle dabei zu – personifiziert durch keinen Geringeren als den künftigen Chemie-Nobelpreisträger Adolf von Baeyer. Aus dem grell-weißen Lichtbogen in einer Kohlebogenlampe musste durch Einschalten von geeignet beschichteten Gläsern der jeweils gewünschte Farbeindruck erzeugt werden, und die richtigen Substanzen für diese Beschichtung zu finden, war Aufgabe des Chemikers. In dem gemeinsam mit Beetz verfassten Gutachten erläuterte Baeyer, welche Schritte er unternommen hatte, um das richtige Blau für den Capri-Eindruck zu erzeugen:[280]

[279] Luise von Kobell, zitiert in Krätz (1981), S. 24.

[280] Abgedruckt in Schlim (2015), S. 97–100.

Die Färbung der Gläser mittels einer aufgetragenen Collodiumschicht erscheint vollständig zweckentsprechend, da gefärbte Gläser, welche den richtigen Farbeffekt geben, nur in einigen Fällen zu beschaffen sind. Die Wahl der Farben dürfte ebenfalls im Allgemeinen als gelungen zu bezeichnen sein, nur erschien das Blau nicht vollständig rein, was umso störender ist, als das Auge beim längeren Betrachten einer Farbe ohnehin unempfindlich gegen den Eindruck derselben wird. Da dieser Punkt für den Effekt der Beleuchtung von besonderem Werte ist, haben wir eine große Anzahl blauer Farbstoffe spektralanalytisch untersucht und als den von allen Nebenfarben namentlich rot und grün möglichstfreien denjenigen erkannt, welcher in der badischen Anilin- und Sodafabrik zu Stuttgart unter der Bezeichnung Spritblau OE käuflich zu haben ist. (Eine Probe dieses Farbstoffs legen wir bei). Indessen wird auch bei der Anwendung dieses Stoffs nur dann ein reiner Effekt erziehlt werden können, wenn die Collodiumschicht ziemlich stark gefärbt ist, weil dünnere Schichten aller bekannten Farbstoffe neben dem Blau stets beträchtliche Mengen roter und grüner Streifen hindurch lassen.

Was für die Grotte in Linderhof an neuester Wissenschaft und Technik in Dienst genommen wurde, trat bei kaum einem anderen Bauprojekt in solcher Konzentration in Erscheinung. Die Spektralanalyse war erst 1859 von Gustav Kirchhoff und Robert Bunsen für die Untersuchung von chemischen Substanzen entwickelt worden. Das Prinzip der elektrischen Induktion war älter, aber erst mit der von Werner von Siemens 1867 bei der Weltausstellung in Paris gezeigten Dynamomaschine technisch nutzbar geworden. Als man in Linderhof im Jahr 2011 des 125. Todestages von Ludwig II. gedachte, nutzte Siemens dies auch als Anlass für einen Festakt »Pioniere des Stromzeitalters«. Mit den 24 »nach dem Siemensprinzip« in Linderhof installierten Dynamomaschinen sei hier »vier Jahre vor der Errichtung der ersten öffentlichen Elektrizitätswerke« Technikgeschichte geschrieben worden. »Man kann mit Fug und Recht sagen«, so der Siemens-Chef, »dass das Zeitalter der nutzbaren Elektrizität in Linderhof seinen Anfang nahm.«[281] Nimmt man die anderen für den Schlosspark und die Grotte ersonnenen Neuerungen hinzu – eine Wellenmaschine sorgte dafür, dass sich die Lichtreflexe von der Seeoberfläche über die Wände der Grotte bewegten; das Wasser des Sees wurde vor den Besuchen des Königs durch erhitzte Gussröhren gepumpt und auf eine angenehme Badetemperatur

[281] Siemens-Pressemitteilung, 25. Mai 2011.

von 26–28° erwärmt[282] –, so erscheint der »Märchenkönig« als Wegbereiter eines von Wissenschaft und Technik geprägten Landes. Nicht zuletzt hatte er schon in den ersten Jahren seiner Regierungszeit im Jahr 1868 in München die Gründung der »Polytechnischen Schule« veranlasst, aus der später die Technische Universität München hervorging. Wilhelm von Beetz und sein Assistent Max Edelmann, auf deren Sachverstand sich der König bei der elektrischen Beleuchtung der Grotte verließ, gehörten zu den ersten Physikprofessoren dieser Hochschule.

VERSAILLES AUF DER INSEL

Doch es wäre verfehlt, in Ludwig II. nun den verkannten Modernisierer zu sehen. Auf dem Dach der Residenz und in Linderhof wollte er nur seine Träume ausleben. Das Leitmotiv des Königs war die »Suche nach der perfekten Illusion«, und dafür bediente er sich aller ihm zu Gebote stehenden Mittel, auch aus Wissenschaft und Technik. Die Grotte von Linderhof war eine »interaktive Schaubühne« für das Nacherleben geliebter Opernszenen und eine »Illusionsmaschine für imaginäre Reisen zu verschiedenen Orten wie der Blauen Grotte in Capri«, so die Restauratoren, die sich seit 2015 die Wiederherstellung dieser Kunstwelt zur Aufgabe gemacht haben.[283]

Für eine andere imaginäre Reise ließ sich der Märchenkönig auf einer Insel im Chiemsee ein Schloss und einen mit grandiosen Wasserspielen ausgestatteten Schlosspark errichten, die dem Vorbild von Versailles nachempfunden waren. Auf Herrenchiemsee wird noch mehr als in Linderhof deutlich, dass Ludwig II. seinen Blick nicht in eine von Wissenschaft und Technik beherrschte Zukunft richtete, sondern 200 Jahre zurück in das Zeitalter des »Sonnenkönigs«. Als Standort war zunächst das am Ende für Linderhof genutzte Gelände vorgesehen. Für die Wiedererweckung des Geistes von Versailles erschien dieser Bauplatz jedoch als zu beengt. 1873 zog man dafür stattdessen Herrenchiemsee in Betracht. Die Insel besaß zwar keine Ähnlichkeit mit dem Gelände um Versailles, aber sie nährte die Illusion eines eigenen Königreichs im Kleinen, wie es sich Ludwig manchmal auf einer fernen Insel erträumte. Dabei war von Anfang an keine bloße Kopie der Anlage von Versailles geplant. Es genügte, hier und da eine auffallende Ähnlichkeit herzustellen, um einen Moment des Wiedererkennens mit der absolutistischen Machtentfaltung von Versailles

[282] Schlim (2015), S. 105.

[283] http://www.schlosslinderhof.de/deutsch/aktuell/grotte/Venusgrottentagung_Poster06_Illusion_Wiesneth.pdf.

zu erzeugen, die Ludwig II. so bewunderte. Auf Herrenchiemsee sollten »die Auffassungen und Anordnungen, wie sie von den Königen von Frankreich Louis XIV. und Louis XV. bei Erbauung des Schlosses Versailles geübt wurden, auf Allerhöchsten Befehl Verwendung finden«, so benannte der Hofbaudirektor die für dieses Schlossprojekt bestimmenden Motive.[284]

Wo es vom äußeren Eindruck her – wie beim »Wasserparterre« entlang der Mittelachse des Schlossparks – Anklänge an das Vorbild von Versailles gab, hörte bei der eher versteckten Technik, mit der die Wasserspiele auf Herrenchiemsee betrieben wurde, jede Ähnlichkeit auf. Es gab keine wasserrad-betriebene Maschine nach dem Muster von Marly und keine Kanäle zum Wassersammeln wie im Umland von Versailles. Das Prinzip glich eher dem von Sanssouci, wie es im 19. Jahrhundert realisiert wurde: Das Wasser wurde dem Chiemsee entnommen (in Sanssouci der Havel), mit dampfmaschinen-angetriebenen Pumpen durch gusseiserne Rohre in ein höher gelegenes Reservoir befördert (in Sanssouci auf den Ruinenberg), von wo es den tiefer liegenden Springbrunnen vor dem Schloss zugeführt wurde und mit dem aus dem Höhenunterschied resultierenden Druck Fontänen in die Höhe trieb. In Sanssouci hatte Borsig die anfangs missratene Anlage doch noch zum Funktionieren gebracht; auf Herrenchiemsee lag die Planung der hydraulischen Anlagen für die Wasserspiele ebenfalls in den Händen einer darauf spezialisierten Industriefirma (Gas- und Wasserleitungsgesellschaft Stuttgart). Die Dampfmaschinen- und Pumpentechnik wurde in einem Maschinenhaus am Südostufer der Insel installiert; von dort führte eine Leitung mit einem Rohrdurchmesser von 30 cm steil aufwärts zum Reservoir, das wenige Meter entfernt auf dem höchsten Punkt der Insel etwa 25 m über dem Niveau des Sees angelegt wurde. Von diesem Hochreservoir führte eine weitere gusseiserne Rohrleitung etwa 500 m weit zum Wasserparterre vor dem Schloss mit den Springbrunnen. Diese wurden mit Rohren aus Blei verbunden, das leichter als Gusseisen den Formen der Brunnenfiguren angepasst werden konnte.

Die Anlage ging erstmals im Frühjahr 1886 in Betrieb, scheint jedoch große Probleme bereitet zu haben. Das Hochreservoir war immer wieder undicht, und auch aus den Brunnenbecken vor dem Schloss sickerte Wasser durch Risse in den Boden. Kurz nach dem Tod Ludwigs II. im Juni 1886 – er hat die Wasserspiele selbst nicht mehr im Betrieb erlebt – wurde die Anlage stillgelegt. Die noch brauchbaren Teile der Anlage wurden verkauft, die Brunnenbecken vor dem Schloss mit Erde aufgefüllt und in Grün-

[284] Zitiert in Thiele (1994), S. 8.

flächen verwandelt und der Rest dem Verfall überlassen. Nur in wenigen zeitgenössischen Fotografien zeigen sich die Anlagen der Wasserspiele in dem Zustand, in dem sie 1886 in Betrieb genommen wurden. »So schien die Geschichte der Wasserspiele Herrenchiemsee, eines der großartigsten Brunnen-Ensembles des 19. Jahrhunderts, wenige Jahre nach dem Tod Ludwigs II. beendet. Die Einheit von Schloß und Gartenanlage hatte viel von ihrer Aussagekraft verloren.« Mit diesem Fazit hätte die Geschichte dieser kurzlebigen Wasserspiele ein unrühmliches Ende gefunden – wenn nicht 100 Jahre später ihre Wiederherstellung beschlossen und 1992 erfolgreich zum Abschluss gebracht worden wäre. »Daß ein Jahrhundert später die Wasserspiele in ihrem ursprünglichen Umfang wieder in Betrieb genommen werden, dürfte damals wohl für eine Utopie gehalten worden sein.«[285]

Der König wünschte für sein Versailles auf der Insel aber nicht nur Wasserspiele. Wie in der Grotte von Linderhof gehörte zur perfekten Inszenierung seiner Träume auch das richtige Licht. Dynamomaschinen und Bogenlampen, wie sie 1878 bei der Venusgrotte zum Einsatz gekommen waren, erschienen auch 1884, als die Anlage auf Herrenchiemsee der Vollendung entgegenging, als die probate Beleuchtungstechnik. Sie war in der Zwischenzeit auch bei anderen Anlässen, etwa als Theaterbeleuchtung und für die Beleuchtung von Fabriken, zum Einsatz gekommen, litt aber noch an verschiedenen Kinderkrankheiten. »Das Hauptaugenmerk musste man ja immer auf die Aufrechterhaltung der Spannung richten«, erinnerte sich Alois Zettler, der als Präzisionsmechaniker ausgebildet war und sich in den 1880er-Jahren mit einer Werkstatt für die neue Elektrotechnik selbstständig machte. Um die beim Dampfmaschinenantrieb der Dynamos auftretenden Schwankungen in der Umdrehungszahl auszugleichen, entwickelte Zettler einen Spannungsregler. Damit wurde er zum Zulieferer für Schuckert, der ihn sogleich »für sich in Beschlag« nahm, »weil er einen solchen dringend brauchte und in großer Verlegenheit war. Qualitätsarbeit vermehrte meinen Kundenkreis und zwang mich, meinen Betrieb zu vergrößern.«[286]

Danach sorgten Aufträge für elektrische Beleuchtungseinrichtungen, Telefonanlagen und andere elektrische Apparate für ein rasantes Wachstum. »Im gleichen Jahre«, so erinnerte sich Zettler an das für seine Firma entscheidende Jahr 1884, »hatte ich an die Militärtelegraphenschule die sämtlichen Telephonapparate, wie ich sie für die Post anfertigte, für die

[285] Thiele (1994), S. 38.

[286] Zettler (1940), S. 28.

Festung Ingolstadt und deren Vorwerke zu liefern und einen Telefonzentralumschalter hierfür anzufertigen.« Mitten in diese Wachstumsphase platzte im August 1884 der Auftrag des königlichen Hofbauamtes für die Beleuchtung auf Herrenchiemsee. Zettler ließ sich dabei nicht nur als Zulieferer von einzelnen Apparaturen, sondern als Betreiber der ganzen Beleuchtungsanlage in die Pflicht nehmen. In aller Eile besorgte er[287]

> *bei der Stadt einen Waggon Masten und Fahnenstangen zum Aufhängen der Bogenlampen und Leitungen, bei Zimmermeister Ehrengut eine Anzahl Zimmerleute zur Erstellung der verschiedenen Gerüste für die Farbscheinwerfer, die Fundamente für Vorgelege, Maschinen und Maschinenhaus. Vom Oberpostamt eine Anzahl Leute als Beihilfe zur Erstellung der ausgedehnten elektrischen Leitungen, von Schuckert eine Anzahl Bogenlampen und Farbscheinwerfer, 4 Dynamos und einen Marinereflektor, mehrere Farbscheinwerfer vom Hoftheater, von I. A. Maffei zu den auf der Insel schon vorhandenen 2 Dampfmaschinen noch eine Lokomobile usw.*

Mit »Lokomobile« wurde die bewegliche Dampfmaschine bezeichnet, die für den Betrieb der Dynamos gedacht war, mit denen die elektrische Spannung für die Bogenlampen erzeugt wurde. Die beiden schon vorhandenen Dampfmaschinen waren für den Antrieb der Pumpen reserviert, mit denen die Wasserspiele betrieben werden sollten. Nach etwas hektischen Vorbereitungen kam es dann im September 1884, als der König Herrenchiemsee einen Kurzbesuch abstattete, zur Erprobung der Lichtanlage:[288]

> *Um Mitternacht erschien der Lakai wieder mit den Worten: »S. M. läßt fragen, ob es möglich wäre, die Beleuchtung einzuschalten und bis wann.« Ich sagte: »In einer viertel Stunde« und schon nach 10 Minuten war alles in Betrieb. Der König besichtigte die einzelnen Lichteffekte, ließ sich verschiedene Farben mehrmals vorführen und erst gegen 2 Uhr morgens Schluss machen. Tags darauf wurde schon wieder mit den Abbrucharbeiten begonnen.*

287 Zettler (1940), S. 31.

288 Zettler (1940), S. 32–33. Man vergleiche dazu auch die ausführliche und nur in Kleinigkeiten abweichende Schilderung in Zettlers 1960 publizierten »Notizen und Gedanken zur Electro-Technik, 1877–1899«, zitiert in Schlim (2015), S. 82–84.

Es blieb bei dieser Generalprobe. Nach dem Tod des Königs verzichtete man auf die Lichtinszenierung ebenso wie auf die Wasserspiele.

VOM SCHLOSSPARK ZUM MUSEUM

Eigentlich war der Schlosspark als Bühne für die Präsentation neuer Technik schon zu Lebzeiten Ludwigs II. anachronistisch. Nur die Suche nach der perfekten Illusion machten die Grotte von Linderhof und die Insel Herrenchiemsee zum Schauplatz neuer Errungenschaften aus Wissenschaft und Technik. Man könnte noch eine Reihe anderer Neuerungen anführen, die der Märchenkönig für seine Traumwelt in Dienst nahm: einen Schlitten, der mit batteriebetriebenen Glühbirnen bei nächtlichen Fahrten die Schneelandschaft längs des Weges beleuchtete; das Dampfschiff »Tristan«, mit dem sich der König über den Starnberger See zur Anlagestelle an seinem Schloss Berg chauffieren ließ; die Telefonanlage auf Schloss Neuschwanstein – um nur einige Technologien zu nennen, die tatsächlich zum Einsatz kamen. Darüber hinaus gab es Pläne, den Alpsee bei Schloss Hohenschwangau mit einer Kombination aus Fesselballon und Drahtseilbahn zu überbrücken: »Mit Dir durch die Lüfte in Wirklichkeit zu fliegen«, schrieb der König an den von ihm umschwärmten Maschinenmeister am Münchner Hoftheater, »das wäre mein großer Wunsch«. Die danach projektierte »Flugmaschine zu Fahrten über den Alpsee« wurde in einem psychiatrischen Gutachten als Beleg für die Geisteskrankheit des Königs angeführt.[289]

Die Indienstnahme von neuester Technik durch einen, dem Wahnsinn nahen Monarchen sollte jedoch nicht als bloße Kuriosität abgetan werden. Auch wenn die wahren Schaubühnen für die Präsentation wissenschaftlich-technischer Neuerungen die internationalen Weltausstellungen und die nationalen Industrieausstellungen waren, so lassen sich auch zu diesen Großereignissen Querbeziehungen zu den Schlossgärten herstellen. Der für die erste Weltausstellung errichtete Londoner Crystal Palace wurde von demselben Architekten (Joseph Paxton) konzipiert, der zuvor mit dem Wintergarten von Chatsworth das Vorbild für den Wintergarten Maximilians II. auf der Residenz geliefert hatte. Und August von Voit, der mit diesem Wintergarten 1852 gleichsam sein Gesellenstück für den Entwurf neuer Eisen-Glas-Konstruktionen ablieferte, zeigte sein ganzes Können ein Jahr später mit dem Glaspalast.

Aber nicht nur bei den Eisen-Glas-Konstruktionen zeigen sich Beziehungen zwischen den königlichen Projekten und Industrieschauen im Glas-

[289] Schlim (1995), S. 11–27, Schlim (2015), S. 134–153.

Der Münchner Glaspalast wurde 1854 für die Erste Allgemeine Deutsche Industrieausstellung errichtet. Er wurde von dem gleichen Architekten (August von Voit) und der gleichen Firma (Cramer-Klett) konzipiert und gebaut, die sich kurz vorher mit dem Wintergarten Maximilians II. auf dem Dach der Residenz einen Namen gemacht hatten.

palast. Nach dem Einsatz der neuen Dynamomaschinen von Schuckert im Jahr 1878 für die Beleuchtung der Grotte in Linderhof demonstrierte Oskar von Miller vier Jahre später im Glaspalast bei der von ihm organisierten Münchener Elektrizitätsausstellung, dass man die Elektrizität noch auf viele andere Arten nutzbringend einsetzen konnte. »Das allseitige große Interesse für die Elektrizität rief Oskar von Miller, den kampfbereiten jungen Techniker, auf den Plan«, erinnerte sich Alois Zettler. Der damals gerade 26 Jahre alte Miller habe ihn mehrere Male besucht, als er sich mit der Regulierung der Spannungsschwankungen bei den Dynamomaschinen beschäftigt habe. »Dabei reifte sein Entschluss, die internationale Ausstellung 1882 in München ins Leben zu rufen.«[290] Die 1881 in Paris veranstaltete Elektrizitätsausstellung lieferte Miller weitere Anregungen. Aber auf dem Weg zur Realisierung einer, mit den großen internationalen Ausstellungen ebenbürtigen Veranstaltung sah sich der junge Miller noch mit einigen Schwierigkeiten konfrontiert. »Die erste große Schwierigkeit bestand in meiner Person«, erinnerte sich Miller. Wie sollte er als ein in Kreisen der Wissenschaft und Industrie noch unbekannter »Praktikant« Mitstreiter für seinen Plan finden? »Ich ging zu Professor Beetz und bat ihn, das Präsidium der Ausstellung zu übernehmen«, so bezog er den am Königshof

[290] Zettler (1940), S. 29.

angesehenen Physikprofessor und Sachverständigen für die Begutachtung der elektrischen Anlagen für die Grotte von Linderhof in den Plan ein. »Er willigte ein, und damit war die Sache gewonnen. Sein Name bürgte für die wissenschaftliche Bedeutung und für die gediegene Durchführung des Planes.«[291]

Die so ins Leben gerufene Münchner Elektrizitätsausstellung wurde zu einem weithin beachteten Ereignis – nicht zuletzt, weil es Oskar von Miller verstand, die Elektrizität öffentlichkeitswirksam in Szene zu setzen.[292] Besonderes Aufsehen erregte ein Wasserfall, der von Miesbach aus in einer Entfernung von 57 km durch Gleichstromübertragung mit zwei Telegrafendrähten betrieben wurde. »Die Spannung war eine ausserordentliche«, erinnerte sich Miller an den Moment, in dem er per Telefon die Anweisung gab, in Miesbach die Dynamomaschine anzuwerfen. »Plötzlich fing der Motor an, sich zu drehen, immer schneller, immer schneller, und der Wasserfall, den der Motor betreiben sollte, kam in Betrieb. Die Überraschung kann sich heute niemand mehr vorstellen.« Der französische Konstrukteur dieser Kraftübertragung sei ihm um den Hals gefallen. Beetz habe gleich ein Telegramm an die Bayerische Akademie der Wissenschaften geschickt, da er dies als einen »Schritt von weittragender Bedeutung« für die Entwicklung der Elektrotechnik betrachtete.[293] In Frankreich sorgte *La Lumière Électrique* mit einem Holzschnitt dafür, dass die in München demonstrierte Möglichkeit elektrischer Kraftübertragung augenfällig wurde.

Dabei erinnerte das Ambiente im Glaspalast mit hohen Pflanzen und Springbrunnen eher an die königlichen Wintergärten auf dem Dach der Residenz als an eine Ausstellung neuester Technik. Denselben Eindruck vermittelte auch das Parkgelände außerhalb des Glaspalastes. Wo 1882 das Zeitalter der Elektrizität mit einem Wasserfall eröffnet wurde, hatte 1807 König Max I. Joseph von seinem Gartenarchitekten Friedrich Ludwig von Sckell einen Garten für Pflanzen anlegen lassen, die in Gewächshäusern und in einem chemischen Laboratorium auch wissenschaftlich untersucht werden sollten. Die alten Bauten mussten dem Glaspalast weichen, aber die Gartenanlage und die Pflanzen im Inneren des Glaspalastes ließen die darin präsentierten Vorboten des elektrotechnischen Zeitalters in einem eher beschaulichen Licht erscheinen. Vor diesem Hintergrund erscheint die

[291] von Miller (1932), S. 156.

[292] Füssl (2005), S. 47–68, Dittmann (2011), Bäumler (2011).

[293] von Miller (1932), S. 168.

Bei der Internationalen Elektrizitätsausstellung im Münchner Glaspalast gab es einen Wasserfall zu bestaunen, der von einer elektrischen Pumpe angetrieben wurde. Der Strom kam von Schuckerts Dynamomaschinen, die in einer Entfernung von 57 km aufgestellt waren. Da die Leitungen für die Demonstration dieser Gleichstrom-Fernübertragung nur kurz der Belastung standhielten, setzte Oskar von Miller auch vor Ort eine Dynamomaschine für den Antrieb der Pumpe ein.

Präsentation der Elektrizität im Glaspalast wie eine Fortsetzung der Indienstnahme neuer Technik in den königlichen Winter- und Schlossgärten.

Das biedermeierliche Ambiente sollte aber nicht darüber hinwegtäuschen, dass es sich bei den Schaustücken der Internationalen Elektrizitätsausstellung im Münchner Glaspalast um bahnbrechende Innovationen handelte. Für Oskar von Miller markierte die Ausstellung den Auftakt zu einer Karriere als Planer und Konstrukteur von Kraftwerken – und als Museumsdirektor. In der Hartnäckigkeit, mit der er die Ausstellung im Glaspalast organisierte, offenbarte sich dasselbe Sendungsbewusstsein, mit dem er 1903 in München das Deutsche Museum gründete. Die öffentliche Zurschaustellung geschah nicht zufällig. Hätte man »lediglich die nackten technischen Thatsachen« sprechen lassen, »es wäre nicht halbwegs jener unzweifelhafte Effekt der Popularisierung unserer modernen Elektro-Technik erreicht worden, der thatsächlich als einer der Hauptnutzeffekte der Ausstellung bezeichnet werden muss«.[294] Und die Elektrotechnik entwickelte sich so rasant, dass aus den im Glaspalast präsentierten Innovationen des Jahres 1882 binnen Kurzem Museumsexponate wurden, die Miller dann im Deutschen Museum erneut vorzeigen konnte. So finden

[294] von Beetz u. a. (1883), S. 13.

Ansicht der Mittelpartie des Glaspalastes zur Zeit der Internationalen Elektrizitätsausstellung, 1882.

sich dort Dynamomaschinen und Bogenlampen, wie sie auch in der Venusgrotte in Linderhof und auf Herrenchiemsee zum Einsatz kamen.[295]

Oskar von Miller begnügte sich aber nicht mit der Elektrizität. In seinem Museum wollte er den Besuchern eine Sammlung »von Meisterwerken der Naturwissenschaft und Technik« präsentieren, von der Physik und Chemie bis zu den verschiedensten technischen Anwendungen. Damit verband er auch einen Bildungsauftrag. An herausragenden Schaustücken sollte nicht nur das Funktionieren der Technik erklärt werden, sondern auch ihre historische Entwicklung.[296] Es ist deshalb nicht verwunderlich, dass wir hier auch den älteren Innovationen wiederbegegnen, die in den Schlossgärten in den verschiedenen Epochen zur Anwendung kamen: von Vermessungsgeräten für die Nivellierung des Geländes bis zu hydraulischen Anlagen, wie man sie benötigt, um Fontänen in die Höhe zu treiben.

[295] Jeszensky (2011).

[296] Osietzki (1984, 1985).

9 AM ENDE DER ZEITREISE

Auch wenn das Museum der passende Ort ist, um die Zeitreise durch die Geschichte der Technik zu beenden, übertrifft nichts den lebhaften Eindruck eines Besuchs im Schlosspark selbst. Hier ist der authentische Platz, den physikalisch-technischen Innovationen in den Lustgärten von der Frühen Neuzeit bis heute nachzuspüren.

Für das Zeitalter der Renaissance ist dies freilich nur noch an wenigen Orten möglich: Im Park der Villa d'Este nahe Rom bekommt man immerhin noch eine Ahnung davon, wie in diesem berühmtesten Lustgarten der italienischen Renaissance vor 400 Jahren einem Besucher mit hydropneumatischer Technik eine Wunderwelt vorgegaukelt wurde. Nicht umsonst zählt diese Anlage seit 2001 zu den von der UNESCO ausgezeichneten Stätten des Weltkulturerbes.[297] Auch wenn die ursprüngliche Technik der Renaissancezeit längst dem Verfall preisgegeben wurde und die Wasserspiele heute mit modernen Mitteln zu neuem Leben erweckt werden, zeigt das Ambiente dieses Lustgartens, wie sehr seinen Erbauern daran gelegen war, diesen Ort mit allen zur Verfügung stehenden technischen Mitteln zu einem Gesamtkunstwerk zu gestalten. Nicht weniger eindrucksvoll ist der in seinen Ausmaßen kleinere Schlosspark von Hellbrunn bei Salzburg. Hier begegnet man den am besten erhaltenen Wasserspielen aus der Zeit der Spätrenaissance. Für einen Zeitgenossen um 1670 war Hellbrunn eine »Festung der Kurzweil«; das mit Wasserkraft in Gang gesetzte Theater war »des Vergnügens Schauspiel«; und in den Strahlen der Springbrunnen zeigte sich »der anmutige Jubel der Wasser«.[298]

Zwar sind in den Schlossgärten die historischen Anlagen, wenn überhaupt, nur noch in einem restaurierten Zustand zu besichtigen, doch auch der Prozess der Wiederherstellung verdient unser Interesse. So wurden von 1996 bis 1998 an der Rheinisch-Westfälischen Technischen Hochschule Aachen verschiedene Konstruktionen von Salomon de Caus nachgebaut,

[297] http://whc.unesco.org/en/list/1025/ (zuletzt aufgerufen am 12. Dezember 2019).

[298] Reisebericht von Domenico Gisberti, zitiert in https://www.hellbrunn.at/wasserspiele/#reiseberichte (zuletzt aufgerufen am 12. Dezember 2019).

um ihre Funktionsfähigkeit zu beweisen. In einer belgischen Orgelbauwerkstätte wurde eine Wasserorgel rekonstruiert, die de Caus für einen flötespielenden Zyklopen ersonnen hatte. Der Antrieb erfolgte mit zwei Wasserrädern, von denen das eine über eine Kurbelwelle mit Blasebälgen die Druckluft für die Orgelpfeifen erzeugte und das andere die Stiftwalze in Drehung versetzte, die die Luftzufuhr zu den Orgelpfeifen steuerte. Dieses Musterbeispiel eines »wasserbetriebenen Automatophons« aus dem frühen 17. Jahrhundert wurde 2003 von der Stiftung »Kloster Michaelstein – Musikakademie Sachsen-Anhalt für Bildung und Aufführungspraxis« in Blankenburg im Harz erworben und einige Jahre in einer Ausstellung vorgeführt.[299] Ein anderes Restaurierungsprojekt galt der barocken Wasserkunst im Schlosspark von Wilhelmshöhe bei Kassel. Auch hier wurde im Verlauf der anfallenden Baumaßnahmen die Geschichte der Wasserspiele gründlich erforscht. Die daraus hervorgegangene Broschüre dient auch »als Begleitbuch beim Besuch der Wasserkünste« und bringt historische Aufklärung und aktuelles Erleben im »Bergpark Wilhelmshöhe« miteinander in Einklang.[300] 2013 wurde diese »über 300 Jahre alte Kulturlandschaft mit ihren weltweit einmaligen Wasserspielen« ebenfalls zum UNESCO-Weltkulturerbe erklärt.[301]

Auch im Nymphenburger Schlosspark lässt sich die Geschichte der Wasserkunst noch an Originalanlagen in Augenschein nehmen. Die Energiezufuhr erfolgt nach wie vor mit Wasserrädern, deren Antrieb durch den Höhenunterschied des Wasserniveaus in den Kanälen ermöglicht wird. Entscheidend dafür war die um 1700 durchgeführte Nivellierung des relativ flachen Geländes. Der Höhenunterschied ist gering, aber ausreichend, um mächtige Fontänen in die Höhe schießen zu lassen. Von den Wassertürmen und Hochbehältern sind allerdings nur noch Zeichnungen erhalten, die im Grünen Brunnhaus ausgestellt sind – neben der neuen Technik, die Baader und sein Mechaniker zu Beginn des 19. Jahrhunderts hier installiert haben und die auch heute noch in Dienst ist. Die Pumpenanlage mit den Wasserrädern und Windkesseln wurde mehrfach restauriert, zuletzt anlässlich des 200. Jubiläums im Jahr 2003, blieb aber in ihren Grundzügen

[299] Ditsche (2017), S. 252–255.

[300] Hoß (2014).

[301] http://www.unesco.de/presse/pressearchiv/2013/ua36-2013.html.

unverändert. In den Sommermonaten kann man sie im Johannisbrunnhaus und im Grünen Brunnhaus im Betrieb erleben.[302]

Über die anderen physikalisch-technischen Entwicklungen im Schlosspark – von Epps Blitzableiter bis zu Baaders Eisenbahnversuchsstrecke und der Demonstrationsanlage für das Gaslicht – geben nur noch die schriftlich überlieferten Quellen in Archiven und Bibliotheken Auskunft. Dasselbe gilt für die Lichtanlage auf Herrenchiemsee, die nur ein einziges Mal in Betrieb genommen und dann abgebaut wurde. Die Venusgrotte von Linderhof wird gegenwärtig sehr aufwendig restauriert. Vorerst vermitteln nur die Beschreibungen der mit der Restaurierung beauftragten Experten einen Eindruck von der dort zu neuem Leben erweckten Technik.[303]

Die Physik im Schlosspark ist aber nicht auf historische Ereignisse begrenzt. Wasser, seit der Antike *das* belebende Element der Lustgärten, bietet mit seinen vielfältigen Bewegungsformen auch dem modernen Physiker reichlich Gelegenheit zum Staunen. Die Parabelform eines schräg nach oben gerichteten Wasserstrahls, wie sie in den Springbrunnen fast aller Schlossparks (und mit dem Wasserschlauch auch beim Gießen im eigenen Garten) zu beobachten ist, gehört noch zu den einfach erklärbaren Phänomenen: Sie gehorcht derselben »Wurfparabel« wie ein schräg nach oben geworfener Stein und ist seit Galilei auch theoretisch kein Geheimnis mehr. Aber was passiert mit einem senkrecht nach oben gerichteten Wasserstrahl? Er fällt auf sich selbst zurück und pulsiert manchmal mit einer regelmäßigen Auf- und Ab-Bewegung. Die Physik dieses Vorgangs ist alles andere als leicht zu durchschauen.

Einem anderen Phänomen begegnet man bei den großen Kaskaden in den Schlossparks von Schleißheim und Nymphenburg: Der Wasserschirm nimmt nach der Abbruchkante eine gewellte Form an und scheint zu flattern, was sich auch akustisch als rhythmisches Plätschern bemerkbar macht. Da diese Erscheinung bei größeren Wehranlagen zu Schäden führen kann, wurde sie von Wasserbauingenieuren gründlich untersucht. Man kann das Flattern unterbinden, indem man den Wasserschirm an mehreren Stellen mit Hindernissen an der Abbruchkante unterbricht. Aber man verfügt über keine Theorie, die das Auftreten des Phänomens mit den Dimensionen des Wehrs, der Strömungsgeschwindigkeit und möglichen weiteren

302 Bayerische Schlösserverwaltung (2003). Siehe dazu auch http://www.schloss-nymphenburg.de/deutsch/park/wasser.htm (zuletzt aufgerufen am 12. Dezember 2019).

303 http://www.schlosslinderhof.de/deutsch/aktuell/grotte.htm (zuletzt aufgerufen am 12. Dezember 2019).

Der flatternde Wehrüberfall – hier an der großen Kaskade im Nymphenburger Schlosspark – gehört zu den auch heute noch nicht vollständig verstandenen Phänomenen der Strömungsmechanik.

Einflüssen in Zusammenhang bringt (siehe Anhang, S. 191). Die Gartenarchitekten des Barockzeitalters mögen diesen Effekt bewusst eingesetzt haben, um den Reiz der Kaskaden noch zu steigern – erklären konnten sie diese Erscheinung nicht. Dass man dem Phänomen heute immer noch nicht die letzten Geheimnisse abgetrotzt hat, macht den Besuch des Schlossparks auch im 21. Jahrhundert noch zu einem physikalischen Erlebnis.

PHYSIKALISCHE ERGÄNZUNGEN

DAS PRINZIP DES HERONSBRUNNENS NACH SALOMON DE CAUS

Mit seinem Schema zur »Anzeigung der Höhe« verglich Salomon de Caus den Heronsbrunnen mit einem hydrostatischen Problem. Dass die Höhe der Wassersäule über dem Wasserstand im Behälter A im Idealfall der Sprunghöhe der Fontäne gleichgesetzt werden kann, wenn das nach oben gerichtete Rohr durch eine Düse ersetzt wird, war eine naheliegende Annahme, wurde aber erst einige Jahre später von Torricelli näher untersucht.

TORRICELLIS AUSFLUSS-GESETZ

Mit welcher Geschwindigkeit strömt Wasser durch ein Loch am Boden eines Gefäßes, das bis zu einer Höhe h gefüllt ist? Torricelli gab darauf diese Antwort:[304]

> *Die gewaltsam hervorschießenden Wasser haben in dieser Öffnung denselben Impuls wie ihn beliebige schwere Körper haben würden, oder sei es auch nur ein Tropfen dieses Wassers, wenn sie vom höchsten Punkt an der Wasseroberfläche bis zur Öffnung frei herunterfallen würden.*

In unserer modernen Formelsprache ausgedrückt, lautet dieses Gesetz: $v = \sqrt{2gh}$ (v = Geschwindigkeit in m/s; g = Fallbeschleunigung = 9,81 m/s^2; h = Höhe des Wasserspiegels über der Öffnung in m). Das ist dieselbe Formel, die Torricellis Lehrer Galilei 1609 für den freien Fall angegeben hat. Sie gilt auch in der umgekehrten Richtung: Ein vom Boden mit der Geschwindigkeit v hochspringender Ball erreicht in der Höhe h seinen Umkehrpunkt (Geschwindigkeit Null) und prallt nach Durchfallen dieser Höhe am Boden wieder mit der Geschwindigkeit v auf.

Doch dürfen die Verhältnisse beim freien Fall eines festen Körpers auf die Wasserströmung beim Ausfluss aus einem Behälter übertragen werden? Torricelli machte bei seiner Argumentation jedoch nicht einfach von der Formel seines Lehrers für den freien Fall Gebrauch (tatsächlich findet sich in seiner Abhandlung keine Formel), sondern argumentierte mit dem Verhalten von Wasser in kommunizierenden Röhren. Würde man einen immer bis zum Rand gefüllten Behälter über ein Rohr am unteren Ende

[304] Opera Geometrica Evangelistae Torricellii, S. 191–192. Siehe dazu Maffioli (1994), 78–84.

Salomon de Caus zeigte das Prinzip des Heronsbrunnens in seinem Werk *Von Gewaltsamen Bewegungen* mit dieser dreidimensionalen Skizze.

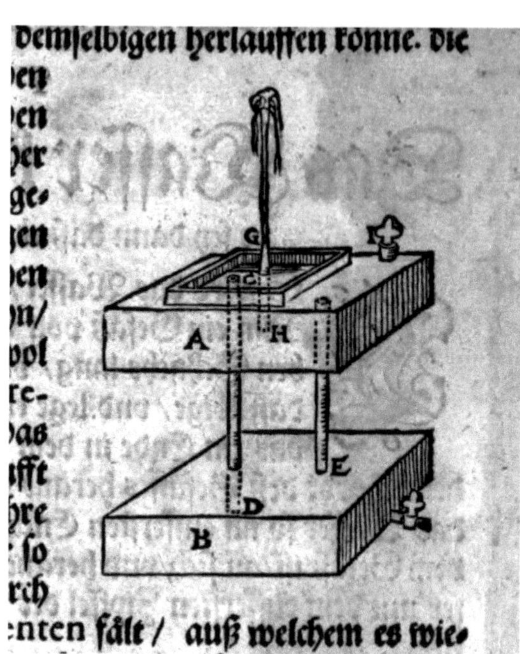

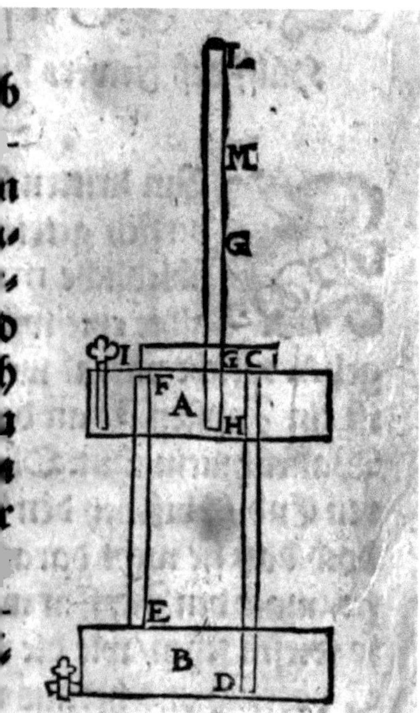

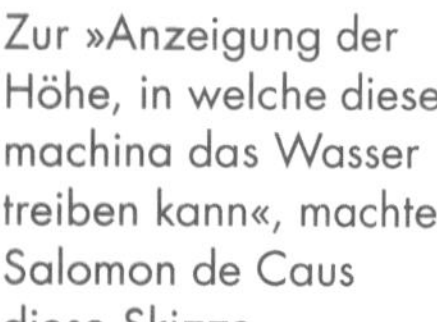

Zur »Anzeigung der Höhe, in welche diese machina das Wasser treiben kann«, machte Salomon de Caus diese Skizze.

In dieser Schemazeichnung soll die von Salomon de Caus in der unteren Skizze angedeutete Erklärung verdeutlicht werden: Ersetzt man die Düse, durch die das Wasser in die Höhe steigt, durch ein nach oben gerichtetes Rohr im Behälter A, so stellt sich ein statisches Gleichgewicht ein. Der Druck über der Wasseroberfläche in B entspricht einer Wassersäule der Höhe h. Dieser Druck wird über ein Verbindungsrohr in den Behälter A übertragen. Dort treibt er eine ebenso hohe Wassersäule h in die Höhe.

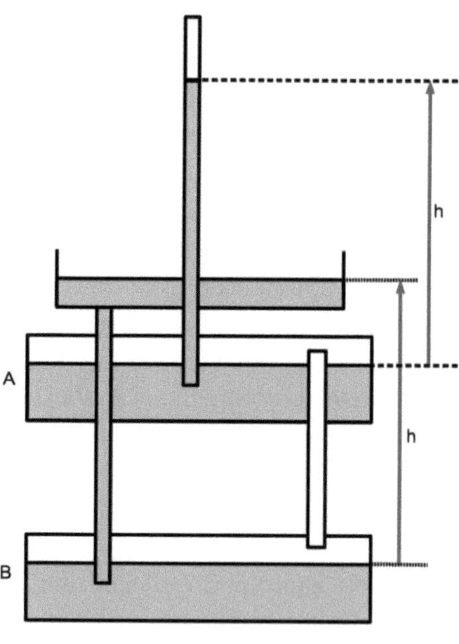

192 De motu Proiectorum

siue unius guttæ liberè cadentis ex a in b.

Experimentum etiam aliquo modo principium nostrum probat, quamquam aliqua ex parte reprobare videatur. Nam si osculum b sursum dirigatur, & sit aptè rotundum, & leuigatum, sitq; reliqua totius tubi latitudo multo capacior quàm orificiũ b, videbimus aquã salientẽ per lineã b c, quasi ad libellam suam a d ascẽdere. Defectionis autẽ c d causam adscribere possumus partim impedimento aeris qui cõtra quodcunq; corpus mobile luctatur; partim etiã ipsimet aquæ, quæ dum ex fastigio c reditum affectat deorsum, se ipsam venientem impedit, & retardat, neque sinit subeuntes guttas ad illud ipsum signum ad quod suo impetu peruenirent, ascendere posse. Hoc manifestè patebit, quando opposita manu foramen b penitus occludatur; deinde retracta quam citissime manu repente aperia-

Ein nach oben gerichteter Wasserstrahl, der aus einer Öffnung am Boden eines Gefäßes austritt, erreicht nach Torricelli (Opera Geometrica Evangelistae Torricellii, S. 192) im Idealfall, das heißt bei Vernachlässigen aller Widerstände, wieder die Höhe des Wasserspiegels im Gefäß.

mit einem zweiten, anfangs leeren Behälter verbinden, dann würde dort das Wasser bis zur Höhe des Wasserstandes im ersten Behälter steigen. Aus diesem Verhalten folgerte er, dass ein Wassertropfen, der im ersten Behälter von der Wasseroberfläche zur Öffnung im Boden absinkt, dabei gerade so viel Impuls gewinnt, dass er im zweiten Behälter wieder bis zur Oberfläche steigen kann. Würde man also das zweite Gefäß entfernen und nur das Verbindungsrohr mit einer nach oben gerichteten Öffnung anbringen, so sollte das austretende Wasser auch im Freien mit diesem Impuls in die Höhe springen. Torricelli war sich darüber im Klaren, dass dies nur im Idealfall gilt, denn er deutete in einer Skizze an, dass das Niveau des Wasserspiegels im Gefäß tatsächlich nicht mehr ganz erreicht wird.

Das Ausfluss-Gesetz von Torricelli wurde in der Geschichte der Hydrodynamik immer wieder zum Gegenstand theoretischer und experimenteller Untersuchungen.[305] Erst im 18. Jahrhundert wurde für Flüssigkeiten das Gesetz der Energieerhaltung (Satz von Bernoulli) formuliert, mit dem seither Torricellis Formel begründet wird. Dennoch blieb es strittig, ob damit das Ausflussproblem als gelöst betrachtet werden konnte. Phänomene wie die beim Austritt durch ein Loch in einer dünnen Wand beobachtete Strahlverengung (»vena contracta«) und der Einfluss der Reibung machten die

[305] Calero (2008), Kap. 6.

Theorie immer komplexer. Das Ausflussproblem blieb ein bis heute kontrovers diskutiertes Thema der Strömungsmechanik.[306]

EULERS PUMPEN- UND ROHRSTRÖMUNGSTHEORIE

Für die Berechnung des Drucks gegen die Innenwand eines Leitungsrohres, in das von einer Kolbenpumpe Wasser gepresst wird, legte Euler folgendes in nebenstehender Abbildung dargestellte Schema zugrunde:

Er zeigte damit erstmals auf, wie der Druck im Rohr von der auf den Pumpenkolben ausgeübten Kraft und den Dimensionen des Leitungsrohres abhängt. Seine Theorie lieferte folgendes Ergebnis:[307]

$$p = h + \frac{0{,}256\, a^2 b}{c^2 t^2}\, l$$

In seiner Abhandlung *Sur le mouvement de l'eau par des tuyaux de conduite* berechnete Euler den Druck an jeder Stelle in einem Leitungsrohr, wenn der Pumpenkolben mit einer gegebenen Kraft nach unten gedrückt wird.

wobei h die Höhe bedeutet, bis zu der das Wasser in der Rohrleitung steht, a den Durchmesser des Pumpenkolbens, b die maximale Auslenkung des Pumpenkolbens, t die Zeitdauer eines Pumpenzyklus, c den Innendurchmesser der Rohrleitung und l die Länge, bis zu der die Rohrleitung mit Wasser gefüllt ist.

Als Zahlenbeispiel wählte Euler die Maße, die der Pumpe und Rohrleitung bei ihrem Zerplatzen zugrunde lagen: a = ¾ Fuß; b = 4 Fuß; c = ¾ Fuß; t = 6 Sekunden; h = 60 Fuß; l = 3000 Fuß:

$$p = 60 + 270 = 330.$$

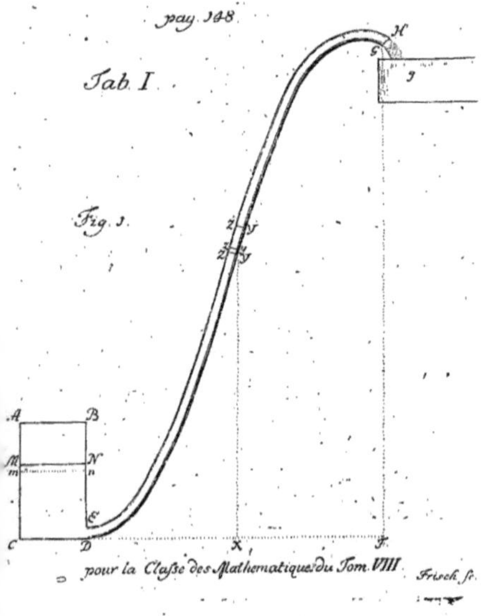

Mit anderen Worten: Der wirksame Druck in der Rohrleitung entsprach nicht – wie nach der Hydrostatik – nur der Höhe der Wassersäule (60 Fuß), sondern einem Vielfachen davon. Der zweite Term von Eulers Formel zeigte, dass der zusätzliche Druck proportional mit der Länge der Rohrleitung anwuchs und bei kleinem Rohrdurchmesser und kurzem Pumpenhub rasant zunahm. Diese Konsequenzen formulierte Euler in seinem Gutachten mit aller Deutlichkeit. Sie wurden jedoch nicht beachtet.

Selbst wenn Eulers Theorie von den Praktikern zur Kenntnis genommen worden wäre, hätte sie nicht als Blaupause im Sinn moderner Ingenieurentwürfe getaugt. Eulers Kritiker scheinen solche Erwartungen zu hegen, wenn sie in Eulers

[306] Malcherek (2016); Aigner u. Valentin (2016).

[307] Eckert (2002, 2008).

Rechnung den Grund für das fehlgeschlagene Wasserkunstprojekt erkennen. Es wäre aber anachronistisch, von einem Wissenschaftler im 18. Jahrhunderts zu erwarten, dass er auf dem Weg der Theorie Probleme löst, die selbst im 20. Jahrhundert noch nicht allein aus physikalischen Grundgesetzen heraus behandelt werden können.

Ein solches Problem betrifft den Einfluss der Reibung, die in der Eulerschen Theorie nicht berücksichtigt wird. Erklärt dies nicht den Vorwurf der Praxisferne? In der Tat wäre es bei einem modernen Ingenieurentwurf einer hydraulischen Anlage sträflich, dem Reibungseinfluss keine Beachtung zu schenken, der je nach gewählter Anordnung durchaus erheblich sein kann. Doch am Pfusch von Sanssouci hätte sich nichts geändert, wenn Eulers Analyse auch noch den Reibungseinfluss berücksichtigt hätte. Nachdem die »Fontainiers« schon die von Euler berechnete dynamisch verursachte Druckerhöhung ignorierten und auch den qualitativen Regeln Eulers keinerlei Beachtung schenkten, hätte ihnen eine Berechnung des Reibungseinflusses wohl kaum weitergeholfen. Euler war sich im Übrigen darüber im Klaren, dass Reibungsverluste für die Praxis durchaus einen wichtigen Faktor darstellen. Dennoch können schon aus der von Euler begründeten Theorie idealer (das heißt reibungsloser) Fluide grundlegende Einsichten und formelmäßige Zusammenhänge für hydraulische Anlagen gewonnen werden, die bei der technischen Realisierung nützliche Hinweise liefern. Die für die Wasserkunstanlage von Sanssouci entwickelte Rohrleitungstheorie ist ein Beispiel dafür. Wären die Regeln, die Euler daraus abgeleitet hat, rechtzeitig beachtet worden, so hätte ein Fehlschlag des Projekts vielleicht verhindert werden können.

DER WIRKUNGSGRAD VON WASSERRÄDERN

Vereinfacht lässt sich Parents Theorie des unterschlächtigen Wasserrades folgendermaßen beschreiben:[308] Das Wasserrad werde in einen Kanal gesetzt, in dem das Wasser mit der Geschwindigkeit V strömt. Im Extremfall wird das Wasserrad durch eine Kraft F zum Stehen gebracht. Bei einer kleineren Kraft f bewegen sich die Schaufeln mit v in Stromrichtung.

308 Ausführlicher dargestellt in Capecchi (2013), S. 132–134. Die Theorie der Wasserräder bei schräg gestellten und gekrümmten Schaufeln ist wesentlich komplizierter, vgl. dazu Bach (1886). Die Grundlagen für die modernen Theorien der Turbinen wurden erst im 20. Jahrhundert gelegt.

Parent setzte für das Kräfteverhältnis an:

$$\frac{f}{F} = \frac{(V - v)^2}{V^2}$$

Für die Leistung (Kraft mal Geschwindigkeit) erhält man damit als Funktion der Geschwindigkeit v:

$$L(v) = fv = F\,\frac{(V - v)^2}{V^2}\,v$$

Durch Differenzieren findet man die Geschwindigkeit, bei der die Leistung ein Maximum erreicht, als $v_{max} = v/3$. Daraus ergibt sich

$$L(v_{max}) = \frac{4}{27} FV = \frac{4}{27} L(V)$$

In Karstens *Lehrbegriff der gesamten Mathematik* sind im fünften, der Hydraulik gewidmeten Band mehrere Abschnitte den Wasserrädern gewidmet. Darin wird auch das oberschlächtige Wasserrad behandelt.

Theoretikern wie Karsten ging es dabei nicht nur um die Mathematik, sondern auch um die daraus für die Praxis folgenden Maßnahmen:[309]

Wenn man keinen hinlänglich hohen Abfall des Wassers haben kann, so lässt sich die Einrichtung auch so machen, daß das Wasser aus dem Gerinne ab seitwärts in die Sackschaufel DEFGHI eines Rades fällt, das übrigens eben so, wie die bisher beschriebenen oberschlächtigen Räder eingerichtet ist. Das Rad ist bey dieser Einrichtung etwa doppelt so hoch, als das Gefälle. [...] Die oberschlächtigen Räder sind demnach in allen solchen Fällen mit Vortheil zu gebrauchen, wo man nur wenig Aufschlage-Wasser hat, und wenigstens 3 bis 4 Fuß Gefälle. Bey hinlänglicher Menge Wasser und sehr geringem Gefälle sind dagegen die unterschlächtigen Räder nützlich.

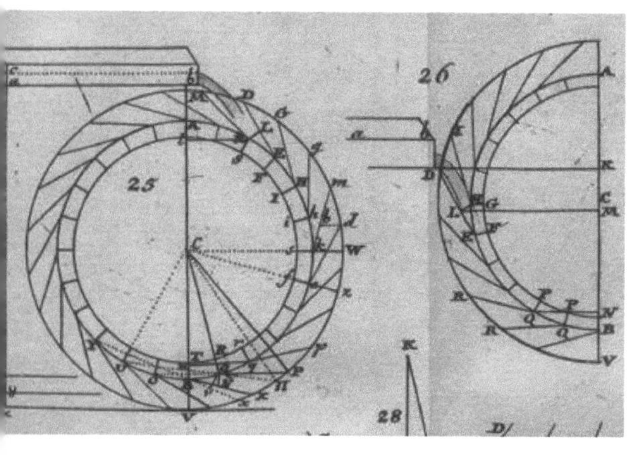

Karstens Abbildung zur Berechnung des Wirkungsgrades von Wasserrädern in seinem Lehrbegriff der gesamten Mathematik.

Je nach lokalen Gegebenheiten konnten also trotz des geringeren Wirkungsgrades unterschlächtige Wasserräder oder Zwischenformen den Vorzug verdienen.

[309] Karsten (1770), Abschnitt 147, S. 196–197.

DER WINDKESSEL

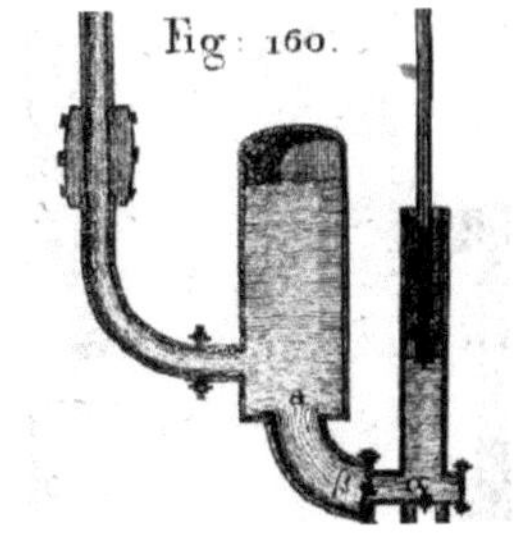

Der zwischen die Kolbenpumpe und dem Ausflussrohr angebrachte Windkessel verringert die durch das Auf und Ab des Pumpenkolbens verursachten Druckschwankungen.

»Der Gebrauch des Windkessels«, schrieb Langsdorf 1794 in seinem *Lehrbuch der Hydraulik*, sei bei Feuerspritzen schon »ganz alltäglich und den gemeinsten Künstlern bekannt«. Das mit jedem Kolbenhub in den Windkessel gedrückte Wasser setzt die darin eingeschlossene Luft unter Druck, und dieser Druck treibt auch in der Zeit, wenn der Kolben wieder zurückgeht und kein Wasser nachliefert, das Wasser aus dem Windkessel in das Ausflussrohr. Wenn das Volumen des Windkessels wesentlich mehr Wasser fasst, als mit einem Kolbenhub hineingedrückt wird, kommt es zu einem sehr gleichmäßigen Ausströmen. Auch bei »Druckwerken«, die Wasser aus Bergwerksschächten in die Höhe pumpen oder in einem Schlosspark Springbrunnen antreiben, »könnte das bessere Ansehen des ohnunterbrochenen Strahls zur Vorrichtung eines Windkessels veranlassen«, so warb Langsdorf 1794 für den breiteren Einsatz von Windkesseln.[310]

Für die Berechnung der Windkesselwirkung benötigt man das Mariottesche Gesetz, wonach »sich die Volumina einer und derselben Gasmasse umgekehrt wie deren Expansivkräfte verhalten.«[311] In der Sprache unserer Physikbücher formuliert:

$$\frac{V_1}{V_2} = \frac{p_2}{p_1}$$

wobei V_1 und p_1 Volumen und Druck der im Windkessel eingeschlossenen Luft vor einem Pumpenhub und V_2 und p_2 danach bedeuten. Der Wasserstand im Windkessel hebt und senkt sich mit dem zyklischen Auf und Ab der Pumpenkolben und verändert dabei jedes Mal das eingeschlossene Luftvolumen um $v = V_1 - V_2$, sodass

$$\frac{V_1}{V_1 - v} = \frac{p_2}{p_1} = \frac{h_2}{h_1}$$

Darin haben wir im letzten Schritt den Druck durch die Höhe einer entsprechenden Wassersäule ($p = \rho g h$) ersetzt. Speist das aus dem Windkessel strömende Wasser die Druckleitung zu einer Fontäne, so ist nach dem Torricellischen Gesetz die Höhe der Fontäne gleich der Höhe einer Wassersäule über der Fontänendüse. Je größer also der Windkessel gegenüber dem Hubvolumen der Kolbenpumpe ist, desto geringer wirkt sich das Auf und Ab der Pumpe auf die Höhenveränderung der Fontäne aus.

[310] Langsdorf (1794), S. 416 und **Fig. 160.**

[311] Weisbach (1845), S. 376.

Bei dieser, nur auf dem Mariotteschen Gesetz (heute nennt man es Boyle-Mariotte-Gesetz) und der Torricellischen Ausflussformel begründeten Rechnung sind die Rohrreibung und andere Einflüsse vernachlässigt. Sie macht aber wenigstens qualitativ verständlich, warum Baaders Pumpen in den Brunnhäusern des Nymphenburger Schlossparks mit großen Windkesseln versehen wurden.

PULSIERENDE FONTÄNEN UND FLATTERNDE WASSERSCHIRME

Bei sehr kleinen Springbrunnen mit vertikal nach oben gerichteten Wasserstrahlen beobachtet man ein rhythmisches Auf und Ab, das durch das Zurückfallen des oben angekommenen Wassers auf das nachströmende Wasser verursacht wird. Dabei bildet das Wasser am oberen Strahlende einen durch die Oberflächenspannung des Wassers zusammengehaltenen Tropfen, der durch sein Gewicht nach unten sinkt und sich dabei mit dem nach oben strömenden Wasser vergrößert, bis die Oberflächenspannung nicht mehr ausreicht, um den Wasserklumpen zusammen zu halten. Dann bricht er auf und schafft Raum für den erneut nach oben strömenden Strahl. Dieser Vorgang wurde 1998 in einem Experiment detailliert untersucht und auch theoretisch analysiert.[312]

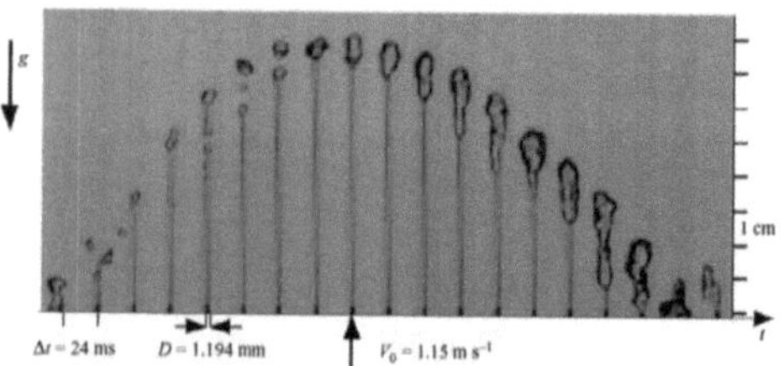

Die pulsierende Fontäne: Am oberen Ende des Strahls bildet sich ein durch die Oberflächenspannung des Wassers zusammengehaltener Tropfen, der durch das nachströmende Wasser anwächst und schließlich aufbricht.

Eine Modellrechnung, die von idealisierten und stark vereinfachenden Annahmen ausgeht, ergibt für die Frequenz der pulsierenden Fontäne die Formel

$$f = \frac{g}{3V}$$

wobei g = 9,81 m / s² die Schwerebeschleunigung und V die Geschwindigkeit des aus der Düse strömenden Fontänenstrahls bedeutet. Für V = 1,73 m / s erhält man zum Beispiel eine Frequenz von 1,9 Hz.

Dieses Phänomen tritt nur bei sehr dünnen »kapillaren« Wasserstrahlen auf, bei denen die Oberflächenspannung die in sich zurückfallende Wassermasse wie mit einer Haut zusammenhält. Bei mächtigeren Fontänen gewährleistet die Oberflächenspannung diesen Zusammenhalt nicht mehr. Dennoch treten auch bei mächtigen Fontänen Höhenschwankungen auf, die sich nicht einfach durch einen schwankenden Druck in der Wasserzuführung erklären lassen. Bei den großen Fontänen besteht der Strahl in der Regel nicht aus einem einzigen massiven Wasserzylinder, sondern aus mehreren Strahlen, die wie bei einem Duschkopf aus dicht beisammen-

312 Clanet (1998).

stehenden und regelmäßig angeordneten Düsen austreten. Dabei wird die Luft zwischen den einzelnen Strahlen mitgerissen. Die turbulente Strömung zwischen regelmäßig angeordneten Luftstrahlen wurde im Windkanal untersucht.[313] Sie zeigt unter gewissen Umständen ebenfalls ein pulsierendes Verhalten. Auch wenn die Versuchsergebnisse aus dem Windkanal nicht ohne Weiteres auf die Wasserfontänen der Schlossparks übertragbar sind, liegt es nahe, auch dort das manchmal beobachtete Pulsieren auf die mitgerissene Luft zwischen den Einzelstrahlen zurückzuführen. Warum und auf welche Weise diese turbulente Luftbewegung aber zu einem periodischen Auf und Ab der Wasserstrahlen führt, bleibt rätselhaft.

Wie die pulsierenden Fontänen bergen auch die flatternden Wasserschirme bei den Kaskaden im Schlosspark, was die physikalischen Ursachen angeht, noch einige Geheimnisse. Es fehlt nicht an Versuchen, das Flattern theoretisch zu erklären. Ein Physiker erkannte in dem Phänomen eine Parallele zu den Vorgängen beim Laser.[314] Auch dabei kommt es durch eine Art Rückkopplung zu selbst erregten Schwingungen. Mit dieser Vorstellung ließ sich unter vereinfachenden Annahmen auch eine Formel für die Frequenz des Flatterns ableiten, die eine Ähnlichkeit mit Formeln aus der Laserphysik aufweist:

$$f = 2{,}21 \frac{m + \frac{1}{4}}{\sqrt{h}}$$

wobei f die Frequenz in Hertz, h die Wehrhöhe in Metern und $m = 1,2,3 \ldots$ eine natürliche Zahl ist. Je nach m ergibt sich auch ein unterschiedliches Profil des Wasserschirms:

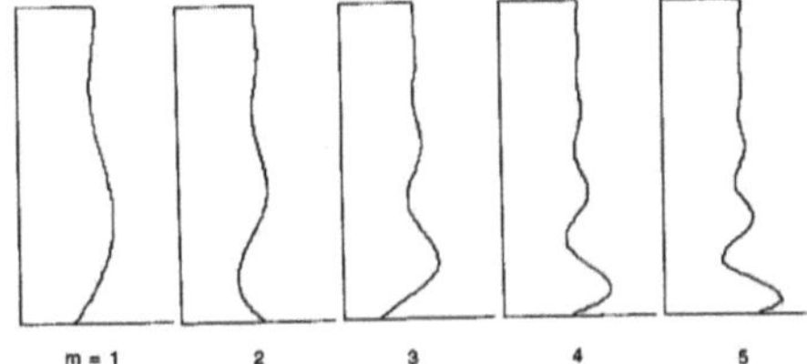

Im Profil zeigt der flatternde Wasserschirm unterschiedliche Schwingungsformen.

[313] Villermaux u. Hopfinger (1994).

[314] Casperson (1997).

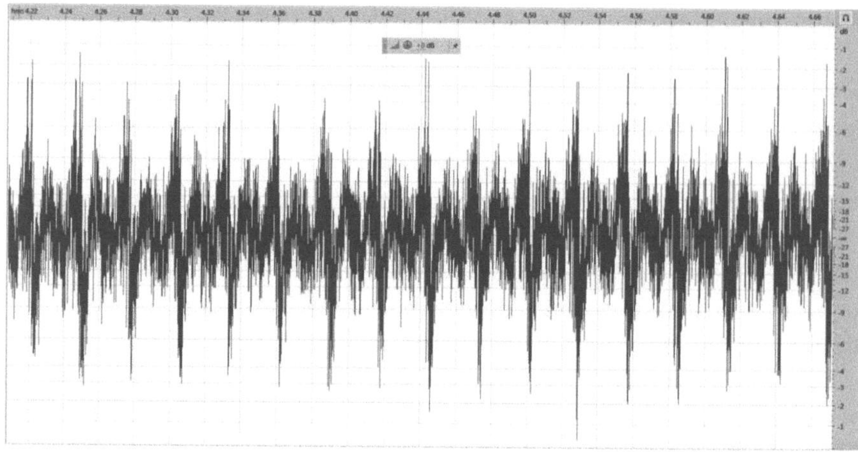

Die im Laborexperiment mit einem Mikrofon gemessene Tonaufzeichnung zeigt neben dem akustischen Rauschen das niederfrequente Auf- und Abschwellen des Geräuschs eines flatternden Wasserfallschirms. Auf der x-Achse ist die Zeit in Sekunden eingeteilt, auf der y-Achse die Schwankung des Schalldruckpegels in Dezibel.

Doch es gibt bislang keine Theorie, die alle Facetten des Phänomens erfasst. Das Phänomen hängt vor allem mit der mehr oder weniger abgeschlossenen Luftkammer hinter dem Wasserschirm zusammen. Unter kontrollierten Versuchsbedingungen im Labor zeigte sich eine deutliche Korrelation zwischen dem Flattern und dem Luftdruck hinter dem Wasserschirm.[315] Das Flattergeräusch kann mit einem Mikrofon aufgezeichnet werden und erlaubt so auch eine präzise Analyse der mit diesem Phänomen verbundenen Frequenzen.

Da dieses Phänomen auch bei größeren Wehranlagen auftritt, ist es im Wasserbau Gegenstand eingehender Untersuchungen.[316] Je nach Strömungsgeschwindigkeit, Größe des Wehrs und Art der Belüftung des Raums hinter dem Wasserschirm können die niederfrequenten Druckschwankungen in der Umgebung des Wehrs Schäden hervorrufen. Das Flattern lässt sich unterbinden, indem man dem abfallenden Wasser an der Kante des Wehrs Hindernisse in den Weg stellt oder auf andere Art dafür sorgt, dass größere Lücken im abfallenden Wasserschirm entstehen.

315 Sato u. a. (2007).

316 Anderson (2014).

LITERATURVERZEICHNIS

Accum, Friedrich C.: A practical treatise on gas-light: exhibiting a summary description of the apparatus and machinery best calculated for illuminating streets, houses, and manufactories, with carburetted hydrogen, or coal-gas: with remarks on the utility, safety and general nature of this new branch of civil economy. London 1815. – Deutsche Übersetzung von W. A. Lampadius mit dem Titel: Praktische Abhandlung über das Gaslicht. Weimar 1816

Ackeret, Jakob: Untersuchung einer nach Eulers Vorschlägen (1754) gebauten Wasserturbine. In: Schweizerische Bauzeitung 123 (1944), S. 9–15

Aigner, Detlef; Valentin, Franz: Diskussionsbeitrag zum Fachaufsatz ›Die irrtümliche Herleitung der Torricelli-Formel aus der Bernoulli-Gleichung‹. In: Wasserwirtschaft 106 (2016), Nr. 7 / 8, S. 47–49

Anderson, Aaron A.: Causes and Countermeasures for Nappe Oscillation. An Experimental Approach, Utah State University, Diss., 2014. https: //digitalcommons.usu.edu/etd/3296

Baader, Joseph: Beschreibung eines neu erfundenen Gebläses. Göttingen 1794

Baader, Joseph: Vollständige Theorie der Saug- und Hebepumpen, und Grundsätze zu ihrer vortheilhaftesten Anordnung, vorzüglich in Rücksicht auf Bergbau und Salinenwesen, nebst einer Beschreibung der in den englischen Bergwerken gebräuchlichen hohen Kunstsätze, und einigen Vorschlägen zur Verbesserung der deutschen Wasserkünste. Bayreuth 1797

Baader, Joseph: Neue Vorschläge und Erfindungen – Verbesserung der Wasserkünste im Bergbau und Salinenwesen. Bayreuth 1800

Baader, Joseph: Beschreibung und Theorie des englischen Cylinder-Gebläses, nebst einigen Vorschlägen zur Verbesserung dieser Maschine. München 1805

Baader, Joseph: Projet d'une nouvelle machine hydraulique pour remplacer l'ancienne machine de Marly. Paris 1806

Baader, Joseph: Bemerkungen über die von Hrn. v. Reichenbach angekündigte Verbesserung der Dampfmaschinen, und die Anwendung derselben auf Fuhrwerke. München 1816

Baader, Joseph: Ueber ein neues System der fortschaffenden Mechanik, als Programm eines über diesen Gegenstand nächstens zu erscheinenden großen Werkes. München 1817

Baader, Joseph: Neues System der fortschaffenden Mechanik. München 1822

Baader, Joseph: Vorschlag zur wohlthätigsten Verschönerung der königl. Haupt- und Residenz-Stadt München und zur würdigsten Verzierung des seine Majestät Unserm Könige zu errichtenden Monumentes. München 1824

Baader, Joseph: Ueber die Vortheile einer verbesserten Bauart von Eisenbahnen und Wagen, welche an einer auf Allerhöchsten Befehl zu Nymphenburg ausgeführten Vorrichtung durch wiederholte öffentliche Versuche sich bewährt haben. München 1826

Bach, Carl: Die Wasserräder. Stuttgart 1886

Bagot, M.: Art Hydraulique. In: Annales de l'agriculture française 26 (1806), S. 388–401

Barbet, Louis-Alexandre: Les grandes eaux de Versailles. Paris 1907

Bauer-Wild, Anna: Die erste Bau- und Ausstattungsphase des Schlosses Nymphenburg 1663–1680. s. l. 1986. – Schriften aus dem Institut für Kunstgeschichte der Universität München, Bd. 7

Baumgartner, Georg: Königliche Träume. Ludwig II. und seine Bauten. München 1981

Baur, Albrecht: Die Wasserkünste des Schlosses Hellbrunn bei Salzburg. In: Die Wasserversorgung in der Renaissancezeit, herausgegeben von der Frontinus-Gesellschaft. Mainz am Rhein 2000, S. 285–293

Bayerische Schlösserverwaltung: 200 Jahre Fontänen im Schlosspark Nymphenburg. München 2003 (http://www.schloss-nymphenburg.de/deutsch/park/ny_baader.pdf)

Bayerl, Günter: Historische Wasserversorgung. Bemerkungen zum Verhältnis von Technik, Mensch und Gesellschaft. In: Technik – Geschichte. Historische Beiträge und neuere Ansätze, herausgegeben von Ulrich Troitzsch und Gabriele Wohlauf. Frankfurt am Main 1980, S. 180–211

Beetz, W. von; Miller, O. v.; Pfeiffer, E.: Offizieller Bericht über die im Königliche Glaspalast zu München 1882 unter dem Protektorate Sr. Majestät des König Ludwig II. von Bayern stattgehabte Internationale Elektricitäts-Ausstellung verbunden mit elektrotechnischen Versuchen. München 1883

Bélidor, Bernard F.: Architecture hydraulique, ou l'art de conduire, d'élever et de ménager les eaux pour les différences besoins de la vie. Paris 1737

Bell, Eric T.: Die großen Mathematiker. Düsseldorf, Wien 1967

Berninger, Ernst (Hrsg.): Dokumente zur Geschichte von Naturwissenschaft, Medizin und Technik. Bd. 8: Joseph Ritter von Baader: Neues System der fortschaffenden Mechanik oder vollständige Beschreibung neuerfundener Eisenbahnen und Wagen. Weinheim 1985. – Nachdruck der Ausgabe von 1822

Besterman, Theodore (Hrsg.): The Complete Works of Voltaire, Vol. 129: Correspondence and related documents, XLV September 1777 – May 1778, letters D20780-D21221. Banbury 1976

Bischoff, Fritz (Hrsg.): Gespräche Friedrichs des Großen mit H. de Catt und dem Marchese Lucchesini. Leipzig 1885

Blay, Michel: Recherches sur les forces exercées par les fluides en mouvement à l'Académie des Sciences: 1668–1669. In: Mariotte, Savant et Philosophe (+ 168Jh). Analyse d'une Renommée, herausgegeben von Pierre Costabel. Paris 1986, S. 91–124

Boas, M: Heron's Pneumatica: a study of its transmission and influence. In: Isis 40 (1949), Nr. 1, S. 38–48

Branca, Giovanni: Le machine. Rom 1629

Brandstetter, Thomas: Kräfte messen: Die Maschine von Marly und die Kultur der Technik 1680–1840. Diss., Weimar 2006

Bretagne, Pierred.: Ausführliche Relation von denen herrlichen Festivitäten und öffentlichen Freuden-Bezeugungen. s. l. 1723

Bahr, Johannes; Banken, Ralf; Flemming, Thomas: Die MAN. Eine deutsche Industriegeschichte. München 2008

Bäumler, Klaus: Die Internationale Elektrizitätsausstellung 1882 in München. In: Überwindung der Distanz. 125 Jahre Gleichstromübertragung Miesbach – München, herausgegeben von Frank Dittmann. Berlin 2011, S. 75–79

Böckler, Georg A.: Theatrum Machinarum Novum. Nürnberg 1662

Böckler, Georg A.: Architectura Curiosa Nova. Nürnberg 1664

Böhme, Hartmut (Hrsg.): Kulturgeschichte des Wassers. Frankfurt am Main 1988

Bühler, Dirk: Technik für Fontänen: Die Pumpenanlage von 1767 im Nymphenburger Schlosspark. In: Augsburg und die Wasserwirtschaft. Studien zur Nominierung für das UNESCO-Welterbe im internationalen Vergleich, herausgegeben von der Stadt Augsburg. Augsburg 2017, S. 126–141

Calero, Julian S.: The Genesis of Fluid Mechanics, 1640–1780. Dordrecht 2008

Capecchi, Danilo: Over- and Undershot Waterwheels in the 18th Century. Science-Technology Controversy. In: Advances in Historical Studies 2 (2013), Nr. 3, S. 131–139
Casperson, Lee W.: Waterfall lasers. In: Journal of Applied Physics 82 (1997), Nr. 10, S. 4727–4731
Castellamonte, Amedeo d.: La Venaria Reale, Palazzo di Piacere. Turin 1672
Caus, Isaac de: Nouvelle invention de lever l'eau plus haut que sa source avec quelques machines mouvantes par le moyen de l'eau et un discours de la conduite d'ycelle. London 1644
Caus, Salomon de: Von Gewaltsamen Bewegungen. Frankfurt am Main 1615. – Nachdruck Hannover 1977
Caus, Salomon de: Hortus Palatinus. Frankfurt am Main 1620. – Nachdruck Worms 1980
Clanet, Christophe: On large-amplitude pulsating fountains. In: Journal of Fluid Mechanics 366 (1998), S. 333–350
Désaguliers, John T.: A Course of Experimental Philosophy. Bd. 2. London 1744
Deutinger, Stephan: Bayerns Weg zur Eisenbahn. Joseph von Baader und die Frühzeit der Eisenbahn in Bayern 1800 bis 1835. St. Ottilien 1997
Dézallier d'Argenville, Antoine-Joseph: La Théorie et la Pratique du Jardinage. Paris 1713
Diesel, Matthias: Erlustierender Augen-Weyde zweyte Fortsetzung: vorstellend die weltberühmte churfürstliche Residenz in München als auch vornemlich die herrliche Pallatia und Gärten. Augsburg 1722
Ditsche, Alexander: Klingende Wasser. Berlin, München 2017
Dittmann, Frank: Die Internationale Elektrizitätsausstellung in München 1882. In: Überwindung der Distanz. 125 Jahre Gleichstromübertragung Miesbach – München, herausgegeben von Frank Dittmann. Berlin 2011, S. 15–55
Dyck, Walther v.: Georg von Reichenbach. München 1912
Eckert, Michael: Euler and the Fountains of Sanssouci. In: Archive for History of Exact Sciences 56 (2002), S. 451–468
Eckert, Michael: Water-art problems at Sans-souci – Euler's involvement in practical hydrodynamics on the eve of ideal flow theory. In: Physica D 237 (2008), S. 1870–1877
Eckoldt, Martin: Die Entwicklung der Kammerschleuse. In: Wasserwirtschaft 40 (1950), Nr. 9/10, S. 255–260 und 290–295
Encyclopédie: Encyclopédie, ou dictionnaire raisonné des sciences, des arts et des métiers, tome huitième. Paris 1765
Epp, Franz X.: Abhandlung von dem Magnetismus der natürlichen Electricität. München 1777
Euler, Leonhard: Sur le mouvement de l'eau par des tuyaux de conduit. Mémoires de l'académie des sciences de Berlin 8, s. l. 1754, 111–148
François, Jean: L'art des fontaines. Paris 1665
Freyberg, Pankraz F.: Staatliche Schlösser, Gärten und S. d. (Hrsg.): Der Englische Garten in München. München 2000. – Erweiterte und aktualisierte Neuauflage der Festschrift »200 Jahre Englischer Garten in München«
Füssl, Wilhelm: Oskar von Miller, 1855–1931 München 2005
Fuchsberger, Doris: Kastenschleusen im Schlosspark Nymphenburg – ein letzter Rest »repraesentatio majestatis«. München 2014
Fuchsberger, Doris; Vorherr, Albrecht: Schloss Nymphenburg. Bauwerke – Menschen – Geschichte. München 2015
Gilly, David; Eytelwein, Johann A.: Praktische Anweisung zur Wasserbaukunst, welche eine Anleitung zum Entwerfen, Veranschlagen und Ausführen der am gewöhnlichsten vorkommenden Wasserbaue enthält. Bd. 1. 2. Auflage. Berlin 1809

Glaser, Hubert (Hrsg.): König Ludwig I. von Bayern und Leo von Klenze: Der Briefwechsel. Teil I: Kronprinzenzeit König Ludwigs I. Kommission für Bayerische Landesgeschichte, s. l. 2004. – Bearbeitet von Franziska Dunkel und Hannelore Putz

Glüsing, Jutta: Der Reisebericht Johann Jacob Michael Küchels von 1737. Edition, Kommentar und kunsthistorische Auswertung. Diss., Kiel 1978

Gottgetreu, Moritz: Der Fontainenbau in Sanssouci. In: Zeitschrift für Bauwesen 2 (1852), S. 252–270, 372–392, 458–481

Gottgetreu, Moritz: Der Fontainenbau in Sanssouci. In: Zeitschrift für Bauwesen 3 (1853), S. 197–210, 459–466

Guillerme, André: Les temps de l'eau: la cité, l'eau et les techniques: nord de la France fin Ule – début XIXe siècle. Seyssel 1983

Hafner, Klaus: Die Venusgrotte in Linderhof. Innovative Bautechniken um 1880. In: Historische Techniken und Rezepte – vergessen und wiederentdeckt, herausgegeben von Thomas Drachenberg, Brandenburgisches Landesamt für Denkmalpflege und Archäologisches Landesmuseum. Berlin 2013, S. 73–80

Hager, Luisa: Nymphenburg. München 1955

Hammermayer, Ludwig: Geschichte der Bayerischen Akademie der Wissenschaften 1759–1807. München 1983. – 2 Bände

Harssdoerffer, Georg P.: Deliciae Physico-Mathematicae. Oder Mathematematische und Philosophische Erquickstunden. Nürnberg 1677

Hauttmann, Max: Der Kurbayerische Hofbaumeister Joseph Effner. Straßburg 1913

Hemmer, Johann Jakob: Kurzer Begriff und Nuzen der Wetterleiter, bei Gelegenheit derjenigen, die auf dem Schlosse, und den übrigen kurfürstlichen Gebäuden zu Düsseldorf errichtet worden sind. Mannheim 1783

Hemmer, Johann Jakob: Anleitung, Wetterleiter an allen Gattungen von Gebäuden auf di sicherste Art anzulegen. Mannheim 1786

Henle, Ernst (Hrsg.): Die Wasserversorgung der Königl. Haupt- u. Residenzstadt München, ihre Entwicklung und ihr gegenwärtiger Stand. München 1912. – Festschrift zur 53. Jahresversammlung des Deutschen Vereins von Gas- und Wasserfachmännern

Hepp, Frieder (Hrsg.); Leiner, Rainer (Hrsg.); Popplow, Marcus (Hrsg.): Magische Maschinen. Salomon de Caus' Erfindungen für den Heidelberger Schlossgarten 1614–1619. Neustadt an der Weinstraße 2008

Hermann, Armin: Weltreich der Physik. Von Galilei bis Heisenberg. 5. Auflage. Stuttgart 1991

Heyd, Wilhelm: Handschriften und Handzeichnungen des herzoglich württembergischen Baumeisters Heinrich Schickhardt. Stuttgart 1902

Heym, Sabine: Henrico Zuccalli (um 1642–1724). Der kurbayerische Hofbaumeister. München, Zürich 1984

Hierl-Deronco, Norbert: Es ist eine Lust zu bauen. Von Bauherren, Bauleuten und vom Bauen im Barock in Kurbayern – Franken – Rheinland. Krailling 2001

Hilz, Helmut: Theatrum Machinarum. Das technische Schaubuch der frühen Neuzeit. München 2008

Hochadel, Oliver: Öffentliche Wissenschaft. Elektrizität in der deutschen Aufklärung. Göttingen 2003

Hoffmann, Albrecht: Zum Stand der städtischen Wasserversorgung in Mitteleuropa vor dem Dreißigjährigen Krieg. In: Die Wasserversorgung in der Renaissancezeit, herausgegeben von der Frontinus-Gesellschaft, Bd. 5 (2000), S. 100–144

Hoffmann, Franz: Franz von Baaders Biographie und Briefwechsel. Leipzig 1857

Holz, Christoph: Der Civil-Ingenieur Franz Jakob Kreuter. Tradition und Moderne 1813–1889. Berlin 2003

Holzer, Stefan M.: Zweihundert Jahre Soleleitung Reichenhall–Rosenheim. Ein bayerisches Wasserbau-Großprojekt vor dem Hintergrund der zeitgenössischen Ingenieurwissenschaft. Bautechnik 86 (2009), Heft 3, S. 168–187

Hoß, Siegfried; Kassel, Museumslandschaft H. (Hrsg.): Parkbroschüren MHK. Bd. 2: Welterbe Bergpark Wilhelmshöhe. Die Wasserkünste. Regensburg 2014

Hübschmann, Werner: Die Wasserversorgung der barocken Gartenanlagen in Hannover-Herrenhausen, ein Beispiel aus der Geschichte der Technik um 1700. In: Schriftenreihe der Frontinus-Gesellschaft, Heft 2: Historische Beiträge über die Entwicklung wassertechnischer Anlagen (1980), S. 69–88

Hütsch, Volker: Der Münchener Glaspalast des August von Voit von 1854 und seine Stellung in der zeitgenössischen Architektur und Ingenieurbaukunst. Diss., München 1979

Jeszensky, Sandor: Die Internationale Elektrizitäts-Ausstellung in München 1882 und zeitgenössische Objekte im Deutschen Museum. In: Überwindung der Distanz. 125 Jahre Gleichstromübertragung Miesbach – München, herausgegeben von Frank Dittmann. Berlin 2011, S. 81–100

Kahlow, Andreas: French influence on the development of applied mechanics in Germany in the nineteenth century. In: History and Technology 12 (1995), Nr. 2, S. 179–189

Kahlow, Andreas: Das Pumpwerk für die Fontänen von Sanssouci. (= Bd. 21 der Reihe: Historisches Wahrzeichen der Ingenieurbaukunst in Deutschland in Deutschland) Berlin 2017

Karsten, Wenceslaus Johann G.: Lehrbegriff der gesamten Mathematik. Der fünfte Theil. Die Hydraulik. Greifswald 1770

Karsten, Carl J. B: Metallurgische Reise durch einen Theil von Baiern und durch die süddeutschen Provinzen Oesterreichs. Halle 1821

Kasser, Michel: Picard et l'art du nivellement. In: Jean Picard et les débuts de l'astronomie de précision au XVIIe siècle. Actes du Colloque du tricentenaire, herausgegeben von Guy Picolet. Paris 1987, S. 265–273

Keller, A. G.: Pneumatics, Automata and the Vacuum in the Work of Giambattista Aleotti. In: British Journal for the History of Science 3 (1967), Nr. 4, S. 338–347

Kleinschroth, Adolf: Die historische Entwicklung der Soleförderung bei Bad Reichenhall. In: Schriftenreihe der Frontinus-Gesellschaft 8 (1985), S. 92–128

Kleinschroth, Adolf; Michel, Helmut: Schiffahrtskanäle aus dem 17. und 18. Jahrhundert im Raum München. In: Deutsches Schifffahrtsarchiv 7 (1984), S. 7–24

Klemm, Friedrich: Zur Kulturgeschichte der Technik. München 1982

Kohlmaier, Georg: Der Münchener Glaspalast des August von Voit von 1854 und seine Stellung in der zeitgenössischen Architektur und Ingenieurbaukunst. München 1979

Kottmann, Albrecht: Aus der Geschichte des gußeisernen Rohrs. In: Schriftenreihe der Frontinus-Gesellschaft 10 (1987), S. 67–90

Krafft, Fritz (Hrsg.): Otto von Guerickes neue (sogenannte) Magdeburger Versuche über den leeren Raum. Berlin, Heidelberg 1996. – 2. Auflage 2013

Krider, E. P.: Benjamin Franklin and Lightning Rods. In: Physics Today (2006), Januar, S. 42–48

Krätz, Otto: »Ein blaueres Blau …«. In: Charivari 7 (1981), Nr. 9, S. 19–26

Kurzel-Runtscheiner, Erich: Die Fischer von Erlach'schen Feuermaschinen. In: Beiträge zur Geschichte der Technik und Industrie (1929), S. 71–91

Lamey, Uli: Die 300 Jahre alten Kanäle zwischen der Residenz in München und den Schlössern Nymphenburg, Schleißheim und Dachau: ein Wegweiser. München 2007

Lange-Kothe, Irmgard: Die Wasserkunst in Herrenhausen. In: Hannoversche Geschichtsblätter, Neue Folge 13 (1959), S. 119–151

Langsdorf, Karl C.: Lehrbuch der Hydraulik mit beständiger Rücksicht auf die Erfahrung. Altenburg 1794
Langsdorf, Karl C.: Handbuch der Maschinenlehre für Praktiker und akademische Lehrer. I. Band. Altenburg 1797
Langsdorf, Karl C.: Handbuch der Maschinenlehre für Praktiker und akademische Lehrer. II. Band. Altenburg 1799
Lehner, Dorothea: Friedrich Ludwig von Sckell. In: von Freyberg (2000), S. 37–43
Leibl, Peter; Schegk, Ingrid: Die Rekonstruktion des Baader'schen Wasserschlittens von 1810. In: Technik in Bayern (2005), Nr. 6, S. 32–33
Lembruch, Hans: Ein neues München, 1800–1860. In: München wie geplant. Die Entwicklung der Stadt von 1158–2008, herausgegeben vom Stadtmuseum München, München 2004, S. 37–65
Leupold, Jakob: Theatri machinarum hydraulicarum, oder Schau-Platz der Wasser-Künste. Erster Theil. Leipzig 1724
Loriferne, Hubert: L'influence de Picard dans les traveaux d'alimentation en eau du château de Versailles sous Louis XIV. In: Jean Picard et les débuts de l'astronomie de précision au XVIIe siècle. Actes du Colloque du tricentenaire, herausgegeben von Guy Picolet. Paris 1987, S. 275–311
Loudon, John C: An Encyclopaedia of Gardening. London 1835
Maffioli, Cesare S.: Out of Galileo. The Science of Waters 1628–1718. Rotterdam 1994
Malcherek, Andreas: Die irrtümliche Herleitung der Torricelli-Formel aus der Bernoulli-Gleichung. In: Wasserwirtschaft 106 (2016), Nr. 2, S. 75–80
Manger, Heinrich L.: Baugeschichte von Potsdam, besonders unter der Regierung König Friedrichs des Zweiten. 3 Bde. Berlin, Stettin 1789
Mariotte, Edme: Traité du mouvement des eaux et autres corps fluides divisé en V parties. Paris 1686
Matschoss, Conrad: Geschichte der Dampfmaschine. Ihre kulturelle Bedeutung, technische Entwicklung und ihre grossen Männer. Berlin 1901
Meijer, Cornelis: L'arte di restituire à Roma la tralasciata navigatione del suo Tevere. Roma 1685 (http://dx.doi.org/10.3931/e-rara-13446)
Metzeltin, E.: Zur Geschichte der Druckluftlokomotive. In: Technikgeschichte 24 (1935), S. 77–82
Michel, Helmut: Historische Kanäle für die Schlösser und Parkanlagen im Münchner Raum. In: Mitteilungen aus Hydraulik und Gewässerkunde, München 40 (1983), S. 3–100
Miller, Oskar von: Erinnerungen an die internationale Elektrizitäts-Ausstellung im Glaspalast zu München im Jahre 1882. In: Abhandlungen und Berichte des Deutschen Museums 4 (1932), Nr. 6, S. 153–178
Möhring, Christa: Eine Geschichte des Blitzableiters. Die Ableitung des Blitzes und die Neuordnung des Wissens um 1800. Diss., Weimar, 2005
Montaigne, Michel d.: Tagebuch einer Reise durch Italien. Frankfurt am Main 1993. – 2. Auflage
Morgan, Luke: Nature as Model. Salomon de Caus and Early Seventeenth-Century Landscape Design. Philadelphia 2007
Morland, Samuel: Elevation des Eaux. Paris 1685
Mukerji, Chandra: Impossible Engineering. Technology and Territoriality on the Canal du Midi. Princeton 2009
O'Malley, Therese: Introduction to John Evelyn and the Elysium Britannicum. In: John Evelyns Elysium Britannicum and European Gardening, herausgegeben von Therese O'Malley, Joachim Wolschke-Bulmahn, Washington, D.C. 1998, S. 9–33

Ongyerth, Gerhard: 400 Jahre Schleißheimer Kanalsystem. In: Jahrbuch der Bayerischen Denkmalpflege. Forschungen und Berichte (2005), S. 139–161

Ongyerth, Gerhard: Das Schleißheimer Kanalsystem. 400 Jahre barocke Landschaftsgestaltung zwischen Dachau, Oberschleißheim, Garching und München. In: Amperland 42 (2006), Nr. 2, S. 288–294

Ord-Hume, Arthur W. J. G.: Perpetuum mobile: Die Geschichte eines Menschheitstraums. Rottenburg am Neckar 2014. – Englische Erstausgabe 1977

Osietzki, Maria: Die Gründung des Deutschen Museums. Motive und Kontroversen. In: Kultur und Technik 8 (1984), Nr. 1, S. 1–8

Osietzki, Maria: Die Gründungsgeschichte des Deutschen Museums von Meisterwerken der Naturwissenschaften und Technik in München. In: Technikgeschichte 52 (1985), Nr. 1, S. 49–75

Perkovitz, Sidney: The Rarest Element. In: The Sciences 39 (1999), January/February, S. 34–38

Perrault, Charles: Mémoires de ma vie. Paris 1909

Picard, Jean: Mesure de la Terre. Paris 1671

Picard, Jean: Traité du Nivellement. Paris 1684

Ponten, Josef: Die kurfürstlichen Kanalbauten in der Münchner Landschaft. In: Mitteilungen der geographischen Gesellschaft 2 (1928), S. 305–339

Ranke, Winfried: Joseph Albert – Hofphotograph der bayerischen Könige. München 1977

Reden, Sitta von (Hrsg.); Wieland, Christian (Hrsg.): Wasser – Alltagsbedarf Ingenieurskunst und Repräsentation zwischen Antike und Neuzeit. Göttingen 2015

Redtenbacher, Ferdinand: Theorie und Bau der Wasser-Räder. Mannheim 1858

Reichenbach, Georg: Erklärung der von Herrn v. Baader herausgegebenen Bemerkungen über meine Verbesserungen der Dampfmaschine. München 1816

Remmert, Volker R.: »Il faut être un peu Géomètre«. Die mathematischen Wissenschaften in der Gartenkunst der Frühen Neuzeit. In: Wunder und Wissenschaft. Salomon de Caus und die Automatenkunst in Gärten um 1600, herausgegeben von der Stiftung Schloss und Park Benrath. Düsseldorf 2008, S. 52–58

Remmert, Volker R.: The Art of Garden and Landscape Design and the Mathematical Sciences in the Early Modern Period. In: Gardens, Knowledge and the Sciences in the Early Modern Period, herausgegeben von Hubertus Fischer, Volker R. Remmert und Joachim Wolschke-Bulmahn, Basel 2016, S. 9–28

Reynolds, Terry S.: Stronger Than a Hundred Men. A History of the Vertical Water Wheel. Baltimore 1983

Rolt, Lionel Thomas C.; Allen, John S.: The Steam Engines of Thomas Newcomen. 2. Auflage. Hartington 1977

Roßbach, Nikola: Poiesis der Maschine. Barocke Konfigurationen von Technik, Literatur und Theater. Berlin 2013

Russo, Lucio: Die vergessene Revolution oder die Wiedergeburt des antiken Wissens. Berlin, Heidelberg 2005

Rädlinger, Christine; Stadtarchiv (Hrsg.): Geschichte der Münchner Stadtbäche. München 2004

Rühlmann, Moritz: Hydromechanik. 2. Auflage. Hannover 1880

Sato, Yuichi; Miura, Shuichi; Nagamine, Takuo; Morii, Shigeki; Ohkubo, Seiji: Behavior of a falling water sheet. In: Journal of Environment and Engineering 2 (2007), Nr. 2, S. 394–406

Scherf, Gregor: Giovanni Battista Aleotti (1546–1636): »architetto mathematico« der Este und der Päpste in Ferrara. Baden-Baden 1998

Schilling, Nikolaus H.: Zur Geschichte der Gasbeleuchtung in Bayern. München 1887

Schlim, Jean L.: Ludwigs Traum vom Fliegen ... und andere bayerische Flugphantasien. München 1995

Schlim, Jean L.: Ludwig II. – Traum und Technik. 4. Auflage. Stuttgart 2015. – Erstauflage 2001

Schmidt, Wilhelm: Herons von Alexandria Druckwerke und Automatentheater. Leipzig 1899. – Griechisch und Deutsch

Schneider, Ivo: Rashomon oder Georg Reichenbach. Der geheimnisvolle Aufenthalt des späteren Ingenieurs im Jahr 1791 bei Boulton & Watt in Soho. In: Kultur und Technik (1996), Nr. 2, S. 10–18

Schober, Gerhard: Prunkschiffe auf dem Starnberger See. Eine Geschichte der Lustflotten bayerischer Herrscher. Waakirchen 2008

Schott, Caspar: Mechanica hydraulico-pneumatica. Frankfurt am Main 1657

Schott, Caspar: Technica Curiosa Sive Mirabilia Artis. Nürnberg 1664

Sckell, Carl A.: Das königliche Lustschloß Nymphenburg und seine Gartenanlagen. München 1837

Siber, Thaddäus: Gedächtnisrede auf den verstorbenen königlichen Oberbergrath Joseph von Baader. In: Bayerische Akademie der Wissenschaften (1836)

Soullard, Eric: Les Académiciens des Sciences: Claude, Charles et Pierre Perrault, l'Abbe Picard, La Hire ... et le chantier des eaux de Versailles, sous Louis XIV. In: Colloque International OH2 »Origines et Histoire de l'Hydrologie«; Dijon 9–11 mai 2001, 1–11 (http://hydrologie.org/ACT/OH2/actes/16th2soullard.pdf)

Steinacker, Karl: Das Fürstliche Lustschloss in Salzdahlum. In: Jahrbuch des Geschichtsvereins für das Herzogtum Braunschweig 3 (1904), S. 69–110

Switzer, Stephen: An Introduction to a General System of Hydrostaticks and Hydraulicks, Philosophical and Practical, London 1729

Thiele, Ulrich: Die Randbebauung des Münchner Hofgartens. Baugeschichtliche Entwicklung vom ausgehenden 18. Jahrhundert bis zum Ersten Weltkrieg. In: Denkmäler am Münchner Hofgarten. Forschungen und Berichte zu Planungsgeschichte und historischem Baubestand. Arbeitsheft JH. Bayerisches Landesamt für Denkmalpflege (1988), S. 45–134

Thiele, Ulrich: Die Errichtung des Neuen Schlosses und der Wasserspiele Herrenchiemsee. In: Wasserspiele Herrenchiemsee – Baudokumentation der Wiedererrichtung, herausgegeben vom Landesbauamt Rosenheim. Rosenheim 1994, S. 8–31

Tönsmann, Frank: Pumpen mit Wasserradantrieb aus dem 18. und 19. Jahrhundert. In: Schriftenreihe der Frontinus-Gesellschaft 8 (1985) S. 20–46

Torricelli, Evangelista: Opera Geometrica. 1644

Valleriani, Matteo: Sixteenth-Century Hydraulic Engineers and the Emergence of Empiricism. In: Conflicting Values of Inquiry Ideologies of Epistemology in Early Modern Europe, herausgegeben von Tamds Demeter, Kathryn Murphy und Claus Zittel. Leiden, Boston 2005, S. 41–68

Valleriani, Matteo: Galileo Engineer. Heidelberg 2010

Valleriani, Matteo: Ancient pneumatics transformed during the early modern period. In: Nuncius 29 (2014), Nr. 1, S. 127–173

Villermaux, E.; Hopfinger, E. J.: Periodically arranged co-flowing jets. In: Journal of Fluid Mechanics 263 (1994), S. 63–92

Viollet, Pierre-Louis: Histoire de l'énergie hydraulique. Moulins, pompes, roues et turbines de l'antiquité au XXe siècle. Paris 2005

Voit, Ernst: Entwicklung der Beleuchtung und Beleuchtungstechnik. In: Darstellungen aus der Geschichte der Technik der Industrie und Landwirtschaft in Bayern: Festgabe der König-

lichen technischen Hochschule in München zur Jahrhundertfeier der Annahme der Königswürde durch Kurfürst Maximilian IV. Joseph von Bayern. München 1906, S. 53–66
Wahl, Ferdinand Franz Xaver Graf von d.: Traité de l'Elevation des Eaux. München 1716
Weber, Wolfhard: Industriespionage als technologischer Transfer in der Frühindustrialisierung Deutschlands. In: Technikgeschichte 42 (1975), S. 287–305
Weber, Wolfhard: Marly – ein Schnittpunkt für wen? In: Sozialgeschichte der Technik. Ulrich Troitzsch zum 60. Geburtstag, herausgegeben von Günter Bayerl und Wolfhard Weber (1998), S. 111–120
Weidner, Thomas; Stadtmuseum, Münchner (Hrsg.): Rumford. Rezepte für ein besseres Bayern. München 2014. – Ausstellungskatalog
Weis, Eberhard: Montgelas. Eine Biographie 1759–1838. München 2008. – Durchgesehene und ergänzte einbändige Sonderausgabe
Weisbach, Julius: Lehrbuch der Ingenieur- und Maschinen-Mechanik. Braunschweig 1845
Wening, Michael: Historico-Topographica Descriptio. Das ist: Beschreibung, deß Churfürsten- und Hertzogthums Ober- und Nidern Bayrn, Das Renntambt München. München 1701
Westenrieder, Lorenz v.: Beschreibung der Haupt- und Residenzstadt München. München 1783
Wiesneth, Alexander (Hg.): Die Venusgrotte im Schlosspark Linderhof. Illusionskunst und High Tech im 19. Jahrhundert. Berlin 2019
Winter, Eduard (Hrsg.): Die Registres der Berliner Akademie der Wissenschaften 1746–1766. Dokumente für das Wirken Eulers in Berlin. Berlin 1957
Wreden, Richard: Vorläufer und Entstehen der Kammerschleuse, ihre Würdigung und Weiterentwicklung. In: Beiträge zur Geschichte der Technik und Industrie 9 (1919), S. 130–168
Zettler, Alois: Lebenserinnerungen des Gründers der Firma Alois Zettler. München 1940. – Bibliothek des Deutschen Museums, Signatur 1959 B 544

ARCHIVE:

ABAdW	Archiv der Bayerischen Akademie der Wissenschaften
BayHStA	Bayerisches Hauptstaatsarchiv
DMA	Archiv des Deutschen Museums

BILDNACHWEIS

Bayerisches Hauptstaatsarchiv:
S. 119
Farbteil VIII (MF 16607)
Deutsches Museum:
S. 167 (BN 9790), 177 (BN 33209), 178 (BN 33208)
Farbteil I (BN 53726), II (BN 53725), III (BN 53727), IV (BN 55646), V (BN 55646), VI (BN 55647), VII (BN 55643), VIII (BN 55644)
Doris Fuchsberger:
S. 127
Privat:
S. 11, 12, 13, 15, 16, 18, 19, 21, 26, 27, 29, 30/31, 34, 39, 42, 44, 47, 50, 53, 59, 60, 62, 64, 65, 68, 73, 91, 100, 107, 113, 123, 126, 131, 141, 142, 143, 148, 151, 163, 175, 182, 184, 185, 186, 188, 189, 190, 191, 192
Residenzmuseum München:
S. 160

BILDUNTERSCHRIFTEN FARBTEIL:

1 Das Grüne Brunnhaus mit den Wassertürmen im 18. Jahrhundert.
2 Die Poitevinschen Pumpen im Grünen Brunnhaus.
3 Die Wasserräder im Grünen Brunnhaus.
4 Die Baadersche Pumpenanlage mit Wellfüßen und Windkessel im Grünen Brunnhaus.
5 Die Baadersche Anlage im Grünen Brunnhaus in der Frontansicht und Draufsicht.
6 Die Baadersche Anlage im Johannisbrunnhaus.
7 Die Baadersche Anlage im Johannisbrunnhaus in der Frontansicht.
8 Baaders Entwurf für die hydraulische Anlage im Hirschgartenbrunnhaus.